MINDWARE 逻辑思维

TOOLS FOR SMART THINKING

拥有智慧思考的工具

[美] 理查德 · 尼斯贝特◎著
张 媚◎译
Richard E. Nisbett

中信出版集团 | 北京

图书在版编目（CIP）数据

逻辑思维 /（美）理查德•尼斯贝特著；张媚译
. -- 北京：中信出版社，2017.8（2025.1重印）
书名原文：Mindware: Tools For Smart Thinking
ISBN 978-7-5086-7825-2

I. ①逻… II. ①理… ②张… III. ①逻辑思维–通
俗读物 IV. ①B804.1–49

中国版本图书馆CIP数据核字（2017）第148717号

逻辑思维

著　　者：[美] 理查德•尼斯贝特
译　　者：张　媚
出版发行：中信出版集团股份有限公司
（北京市朝阳区东三环北路27号嘉铭中心　邮编　100020）
承 印 者：北京盛通印刷股份有限公司
开　　本：880mm×1230mm　1/32　　印　　张：10.75　　字　　数：234千字
版　　次：2017年8月第1版　　印　　次：2025年1月第19次印刷
京权图字：01-2016-6370
书　　号：ISBN 978-7-5086-7825-2
定　　价：48.00元

目 录 MINDWARE Tools for Smart Thinking

第四部分 实验

第五部分 东西方的思维对话

第六部分 认识这个世界

序 言

MINDWARE
Tools for Smart Thinking

科学的逻辑即商业和生活的逻辑。

——约翰·穆勒

早些年，如果要涉足调查研究领域，几乎每个进了顶尖大学的学生都需要掌握一些三角学；而如今，最基础的理论则是概率，其中统计和决策分析尤为重要。

——劳伦斯·萨默斯，曾任哈佛大学校长

“余弦”这个词绝不会出现。

——罗兹·查斯特，《成年秘密》

你花 12 美元买了一张电影票，但是在观影一个半小时之后，你失望地发现影片极其无聊乏味。此刻，你应该坚持留在影院，还是立即离开呢？

你投资了两只股票，其中一只在过去几年一直表现极佳，不断上涨，另一只则让你遭受了微小的损失。眼下你需要一些钱，不得不抛售其中一只股票。你是会卖掉那只成功的股票，以避免被套牢在那只失败股票带来的确定损失里；还是会卖掉失败的股票，并寄望于那只成功的股票会继续表现良好，让你赚到更多的钱呢？

你必须在求职的两个候选人之间做出抉择。候选人A比候选人B的工作经验丰富，也有更强的推荐人。然而在面试中，候选人B表现得更出彩，也更具活力。你会雇用哪一位呢？

你是一家公司的人力资源部门负责人。有好几位女性应聘者写邮件给你，抱怨公司录用了实力不如她们的男性应聘者，而拒绝了她们的申请。你如何调查在招聘过程中是否真的存在性别歧视问题？

《时代》杂志最近的一篇报道指出，父母不应该试图控制孩子摄入的食物，因为如果父母这样做，他们的孩子可能会超重。你发现这个论断中的疑点了吗？

那些每天小酌一两杯的人比其他人面临的心血管方面的问题少。如果你先前只习惯略抿一两口酒，现在你会喝上一两杯吗？如果之前不喝够三五杯酒便不过瘾，现在你会少喝一些吗？

上述种种问题不会出现在你的智力测试题目中，但是针对这些两难问题，的确存在较拙劣和较明智的不同解决办法。当你读完这本书的时候，你便会拥有一个认知工具箱帮你有效思考这些问题，当然更重要的是，它会让你的思维方式焕然一新，决然不同于从前。这些工具包括科学家在多个领域中发展总结出的100多个概念、原则、推理的规则，它们多见于心理学和经济学领域，当然统计学家、逻辑学家和哲学家也贡献不小。有时候，基于常识去解决问题会导致错误的判断和不当的行为。这本书所介绍的概念会向你展示如何有效地思考和行动。这些想法为我们的常识提供了注脚——你能够学到新的原则和规则，将它们毫不费力地自然应用到日常生活中那些突然出现的诸多问题中。

本书还解释了一些如何实现推理和做出有效推断的最重要的问题。如何解释一件事？（可以是任何事，比如我们的朋友为什么做出如此恼人的事？为什么一件产品上市后不受欢迎？）我们如何辨别那些偶然联系的事件与只是在特定时间或地点彼此联系的事件之间的区别？什么样的知识是确定无疑的，什么样的知识只是某种推测？在科学研究和日常生活中，一个好的理论应具备怎样的特征？我们如何分辨出哪些理论是可以被检验的，哪些理论不能？如果我们已知一个理论，它讲述了某种有效的商务或专业实践方式，那么应当如何以一种令人信服的方式证明它？

媒体总是用海量的所谓科学发现轰炸我们的认知，然而它们当中的大部分都是错误的。我们怎样才能正确评价媒体呈现给我们的那些相互矛盾的科学论断呢？什么时候我们应当相信专家——假设我们在海量信息中能找到那些专业术语，而什么时候应当存疑？

最重要的是，我们如何才能更好地做出各种选择，让决策帮助我们以最佳方式实现目标，并且真正改善我们自己和他人的生活？

“推理”真的是可以传授的技能吗？

世上真的存在某种方法，可以让人们在学习之后更有效地思考吗？不仅仅是知晓更多的事情，比如乌兹别克斯坦的首都或者开平方根的步骤，更包括学到确切的推理思考方法，人们借此可以更加准确地处理个人和专业方面的问题，让结果更令人满意。

尽管 2 600 多年来，哲学家和教育家总是信心满满地宣称

“推理”是可以教授的，然而这个问题的答案远远谈不上清晰明朗。柏拉图曾说：“即使是愚笨之人，如果他们接受了算术训练……其反应速度也会比之前快……我们必须努力劝说那些将领导我们国家的人，去学习算术。”后来，罗马的哲学家们又摸索出学习语法和锻炼记忆力的方法，以此来提高人们的逻辑思维能力。中世纪的学者则强调逻辑的重要性，尤其是三段论（例如，所有人的生命最终都会衰亡。苏格拉底是一个人，因而他终将面临死亡）。到了文艺复兴时期，人文学者们又加上拉丁文和希腊语，可能是因为他们认为使用这两种语言有益于传承古典文明。

人们钻研算术、逻辑和语言学规则的信念是如此强烈，以至到了 19 世纪，一些人还笃信基于复杂规则体系的纯粹脑力训练足以让人们更加聪明——任何复杂规则体系皆可。一位 19 世纪的教育家坚持认为：“作为一个英国人和一位教师，我认为在教育英国的孩子时，拉丁文不可能是一个更好的教学工具，这一点很明显。就教育本身而言，掌握一门语言并不那么重要，要紧的是习得它的过程。如果说将拉丁文作为教学工具有一点好处的话，那便是它无与伦比的高难度。”

然而，并没有一丁点儿证据可以证明这些教育家的观点——无论是柏拉图的说法，还是那些年迈守旧的拉丁文教师的看法。因而，在 20 世纪初期，心理学家开始尝试挖掘一些科学证据，以支持存在思维推理过程，以及如何提升思考能力。

这些早期的研究对后来出现的“形式训练”（formal discipline），即训练人们如何思考而不是如何获知信息，没有什么帮助。19 世纪与 20 世纪之交，爱德华·桑代克坚持认为，再多的脑力训练或者钻研那些抽象的思考之术也无法让人更聪明，教育学中的“学习拉丁文”理论也并不奏效。他表示，自己通过实验证明了，那种把从一个认知任务上学到的技能代入另一个任务中的“迁移训练”（transfer of training）只会发生在两个问题的具体情境极其相似的情况下。但是，桑代克所研究的任务有时候并不能真正算是包括了逻辑推理过程的任务。比如，练习删除句子中的单词并不能让人提高删除整个文段中某些部分的速度。你很难认可这种状况包括了逻辑推理的过程。

20 世纪中期伟大的计算机科学家赫伯特·西蒙和艾伦·纽厄尔也表示，人们无法习得关于逻辑思维的抽象规则，并且提供了一些更有力的证据。然而，他们的论断仍是基于十分有限的观察。学会了解决汉诺塔问题（当你还是小孩子的时候可能玩过，将一根柱子上套着的一叠圆盘移动到另一根柱子上，其间不能将大圆盘放在小圆盘之上）并不能帮你解决传教士和野人问题——你需要设计出一个过河方案，需要保证在任何时候，船上野人的人数都不超过传教士的人数。这两个问题本质上是相同的，但是人们并不会因为会解决其中一个问题，就能自然地成功解决另一个问题。这个结果很有趣，但是仍不足以说服我们，人们不能通过训练而从特定的问题解决方法中总结出可用于解决同类问题的通用方法。

瑞士著名的认知心理学家让·皮亚杰致力于研究儿童的学习过程。20 世纪中期的主流思潮认为，不存在可用于逻辑思维的抽象法则，而皮亚杰是反主流的一个例外。他认为人们的确拥有这样的法则，包括逻辑法则和用以理解抽象概念（例如“概率”）的定式（schema）。然而，他相信这些法则无法被教授，孩子们只能在不断遇到问题的过程中总结出规律，他们需要自己发现解决每种具体问题的特定法则。并且，人的全部世界观将在青少年时期成形，每个具备正常认知状态的人都会终身保有他在青少年时期形成的世界观。

在皮亚杰的观点中，只有一点是正确的，即人们会将自己习得的对世界的认识应用于日常生活，而他的其余观点则是错误的。人们形成的世界观可能源自对自身经验的总结，也可以由他人教授（其实在青少年时期之后，我们仍在不断学习），人们在推理时运用的特定抽象规则体系往往大相径庭。

20 世纪初的心理学家们认为“形式训练”是无稽之谈，他们提出了十分重要的一点：单纯通过训练大脑并不能让人变得聪明。思维训练的原理有时类似肌肉训练，但两者并不完全相同。大量进行举重训练可以增强你的力量，但是用旧思维思考任何事都无法让你更聪明。学习拉丁文几乎不会让你在逻辑思维上获得任何提升。在构筑思维的“肌肉”时，你要学习的概念和规则背后的本质才是最重要的。当然，你学习的某些东西是无用的，而有些则是无价的。

跨界认知

我一直坚信，将某个科学领域中的观点放到另一个领域中可能会极有价值，而这一点也是我完成此书的契机。学术界有个颇受欢迎的流行说法——“跨学科”，但我敢肯定一些人在使用这个词的时候并不能解释“跨学科研究”究竟好在哪里。然而，它的确是无与伦比的，让我来告诉你原因。

科学常被比作“无缝隙的网”。意思是，一个研究领域中的事实、方法、理论和推理的原则可能对其他领域的研究大有裨益。哲学和逻辑确实能影响几乎所有科学领域的思维方式。

物理学中对场论的研究让心理学界开始关注场论的概念；粒子物理学家则会使用心理学家设计出的统计方法；研究农业应用的科学家发明的统计工具对于行为科学家意义深远；心理学家由老鼠如何学会走迷宫而推演出的理论启发了计算机科学家，后者借此研究如何让机器学会学习。

达尔文的自然选择理论在很大程度上要归功于18世纪苏格兰的哲学家关于社会系统的构想，尤其是亚当·斯密的理论，即社会财富来源于理性行动者对于自身私利的追求。

今天的经济学家对我们理解人类的智识行为和自我控制做出了巨大贡献。心理学家会从经济学中有关人如何做出选择的观点中汲取灵感，而经济学家的科学研究工具又因为吸纳了社会心理学领域的实验技术而得到长足发展。

现代的社会学家要特别感激18世纪、19世纪的哲学家，那时的哲学思想深刻启发了人们对社会本质的认知，其影响延续至今。认知和社会心理学家扩展了哲学家所提问题的范畴，并且找到一些长久以来悬而未决的谜题的答案。关于伦理的哲学讨论和涉及世界观的理论引导着心理学家和经济学家的研究。神经科学的研究和相关概念正让心理学、经济学，甚至是哲学领域悄然改变。

下面的几个例子来自我的研究经历，它们展现了从一个科学领域借来的东西是如何深远影响另一个领域的发展的。

我接受过社会心理学的学术训练，但是在我研究生涯的早期，我主要关注饮食和肥胖问题。在我开始研究工作的时候，无论在科学上还是在医学上，传统观点都是，超重的人是因为自身摄入食物过多。但实际上，大多数超重的人很明显都处在饥饿状态。心理学家借用了生物学中的“设定值”这一均衡概念来研究肥胖问题，例如人体会试图维持一个温度的“设定值”。肥胖的人体内脂肪与其他物质比值的“设定值”与体重正常的人不同。但是社会规范会催促他们变瘦，此时他们便会进入习惯性饥饿的状态。

我研究的另一个问题是，人们如何理解导致他人和自身行为的动因。物理学中的场论概念推进了这方面的研究，新近研究表明，人类行为更多是受到环境和情境因素的影响，而不是个体内在因素，例如性格、能力和偏好。这一认知让我们容易看清我们在解释行为动因时的随意性。在分析我们自己和他人的行为，甚至是某些客观事物的状态时，我们常会忽略一些环境的因素，反而过度强调了个体本身的特征。

在学习因果归因法时，我越发明显地意识到，大部分情况下，我们在探求自身行为的原因时视野是极其有限的；我们没有直接途径理解我们的思考过程。这一有关自我意识研究的进步主要归功于迈克尔·波兰尼，这位化学家扭转了科学哲学领域的发展趋势。他认为，我们拥有的大部分知识，甚至是对专业领域的认知（或者说尤其是这样的专业认知）都是“沉默的”，它们很难或者根本不可能用语言阐释。我和一些学者针对这种思考特性做了一些研究，我们对以前那些基于自我报告的思维过程和分析个人行为动因的科学研究提出了质疑。这项研究引起了心理学，乃至整个行为与社会科学领域的测量方法的变革。该研究也让一些学生确信，对行为动机和目标的自我报告在很大程度上是不可靠的——其原因并非自我提升或自我保护，而是思维过程本身是极难被感受和描述的。

在自我报告中发现的错误，让我开始怀疑我们在日常生活中进行推理的准确性。受到认知心理学家阿莫斯·特沃斯基和丹尼尔·卡尼曼的启发，我将人们的逻辑思维过程与科学的、具有统计学意义的、符合逻辑的标准进行比较，发现人们大部分的判断发生了系统性错误。人们的推论常常破坏了统计学、经济学、逻辑的原则和基本的科学方法论。而心理学家对这些问题的研究影响了哲学家、经济学家和政策制定者。

最后，我的一项研究表明，东亚地区的人和西方人在认知世界的过程中有时存在根本性的差异。哲学家、历史学家和人类学家的思考为这一学术议题提供了指引。随后，我更加确信，东方人的思维习惯，即辩证法，为思考提供了强大的工具，而这种方式可以造福西方人，就像这些年来西方人曾经为东方人带来理念帮助一样。

学会科学与哲学的认知方式，
让日常生活中做出的决策迅速而准确

我对逻辑推理的研究深深影响了我在日常生活中的思维过程。我不断地发现，许多跨学科的科学概念正左右着我解决专业和个人问题的思路。同时，我也不停地在自我学习和教授他人各种思维方法的过程中意识到自己犯了许多错误。

自然地，我开始思考其他人是否也会因为在学校里学到的思维框架而影响自己在日常生活中的一些判断。起初，我很好奇如果有人只是通过一两门课零散地接触了小部分逻辑推理的概念，而不是像我一样天天浸淫在思维概念中，那么他们受到的影响会有多大呢？在 20 世纪，人们仍旧怀疑思维方法是否能够习得，这个疑问也一直困扰着我。

我实在是大错特错了。事实上，人们在大学里修读的课程的确会影响他们对这个世界的理解——并且程度极深。逻辑法则、统计原理（例如大数定律和趋均数回归）、科学方法论的一些原则（例如在进行因果推断时如何设计控制组）、古典经济学理论、决策论的概念，以上种种都会影响人们在日常生活中的推理判断。这些原则和理论会辅助人们在运动赛事中拟定策略，让人们为雇用职员设置出最佳招聘流程，甚至帮助人们解决一些小问题，比如是否要放弃口味不佳的一餐。

自从人们利用大学课程的内容解决了不少日常生活中的问题后，我便决定看看自己是否能在实验室中传授这些有关思考的概念。我的同事与我一道研究出一些教授人们推理原则的方法，它们对于我们解决日常的个人和专业问题很有帮助，人们也可以很容易地通过这些简明步骤学会思考的方法。教给人们大数定律的概念，可以让他们明白在对某个事物或某个人做出准确判断时需要多少证据支持。教会人们利用经济学原理规避机会成本，可以让他们更有效地利用时间。更有趣的是，我们有时会在人们学习几周之后做回访，但是并不让被访者意识到自己正被调查，比如像某些社会调查研究者一样采取电话民意调查的形式。我们欣喜地发现人们常常会将那些他们在实验室中学到的重要能力应用在日常问题上。

最重要的是，我们发现了如何在最大程度上让人们将推理原则付诸实践。我们可以在特定的领域中将那些极佳的推理原则运用得炉火纯青，但是在遇到一些不那么明显的问题时就不知所措了。而实际上，这些推理的原则应当被更充分地使用，人们也能更好地掌握。关键有两点，一是明确思考的工具和具体问题的解决办法之间的关联，从而学习如何搭建出整个事件的框架；二是学习如何把思考的工具落到实处，应用它解决问题。我们通常不会想到深入认识一个人的性格特点在某个事件中的作用，也不会把这种对人的认知当作一个影响事件的重要因素来进行统计学意义上的分析，但它实际上是必要的。如果能这样思考问题，那么我们既能在分析人性在事件中的影响力时更加谨慎，也能更准确地预测一个人未来的行为。

我在本书中讨论的一些特定概念是依照以下一些标准确定的：

1. 这个概念应当是重要的——无论对于科学领域，还是对于日常生活。中世纪以来形成了许多三段论式的推理方法，但其中只有少量思考方法适用于我们的日常生活，而本书就将提及这些少量的方法。此外，已有众多逻辑推理的方法被证明是存在谬误的，但在这众多所谓的谬误中只有相当少的一部分被学者确证，因此本书中仍会提及这些所谓的“错误”的思考工具。

2. 这个概念应当是可被传授的——至少在我看来。我知道有许多概念都可以教给大家，以便你们在科学研究、专业工作或日常生活中遇到具体问题时使用。另外，有些概念是可以在大学课堂上学会的，而我也在实验室的项目中成功传授了不少概念。至于剩下的一些概念，我想它们都与我在本书中介绍的概念大同小异。

3. 大多数将被提及的概念都是构成我们思维体系的核心部分。例如，在传统的统计学专业第一学期的课程中会讲授的概念都将在本书中出现。这些概念对于我们在广泛领域内解决问题都是极为重要的：从选择哪项退休计划到你如何知道自己有足够的证据判断一个应聘者是否会是一个好雇员。当然，进修统计学的课程不会让你在解决问题时高枕无忧。不过，了解统计学之后，人们会明白可以针对特定的数据应用不同的统计工具，统计学的应用并不局限在某些类型的问题上。这本书会告诉你，在遇到事情时，你完全可以去使用那些设计的并不完美但的确有效的统计原则。书中还涉及微观经济学和决策论中的基本原则、将科学方法应用于日常生活中的事物时的基本法则、形式逻辑的基本概念、大量人们不甚熟悉的辩证推理方法，以及一些由哲学家演绎的最重要的概念——他们研究科学家和普通人如何思考（或者说应当如何思考）而生发出这些概念。

4. 本书介绍的各概念可以成为联合论证的工具，帮助我们从多个角度理解特定的问题。比如，一个在日常生活中的严重错误可以大致从三个侧面包含的细节来分析：事件中的人、事物和事件本身。这个严重的错误是由至少 4 个相互关联的错误类型导致的：一个是心理上的，一个是统计上的，一个是认识论上的，另一个则有关形而上学（形而上学关注人对于世界本质的信仰）。只要我们能充分理解其中任何一类概念，就能解决特定问题，而这些概念也可以相互补充和支持。

本书提及的每个概念都与你的生活和行为方式息息相关。我们失去了一个交朋友的机会，是因为信息不充分而做出了轻率的判断。我们雇用了能力并非最强的求职者，是因为我们太相信所谓的一手信息，而相对地，我们遗漏了大量更有价值且深入的信息源。我们会失去金钱，是因为我们没有意识到决策时需要应用统计学的概念（如标准差和回归）、相关的心理学概念（如禀赋效应，它会让我们为了并不好的理由保留一些东西），以及经济学概念（如沉没成本，它会让我们不当投资）。一些我们吃的食物、服用的药物、摄入的维生素和其他补品对我们的身体并无益处，之所以这样做，是因为我们在评估一些所谓的关于饮食的科学建议时没有足够的技巧。社会上存在一些导致我们的生活质量下降的政府政策和商业实践，这是因为它们没有被有效地评估，并且在其出现的很长一段时间里都没有被检验——有时我们甚至要付出几十年和上百亿美元的代价。

篇章概览

本书的第一部分是对我们所处的世界以及自身的思考——我们如何应对万事万物，事情如何被我们弄得很糟糕，如何去弥补，以及我们如何更好地利用头脑中的一些“暗物质”，比如说潜意识。

第二部分是关于选择的——在古典经济学家眼中人们是如何做出选择的，学者如何判断人们应该做出何种选择；现代行为经济学如何解释人们进行决策的过程和它们在哪些层面上要优于古典经济学中给出的解决方案。这一部分提供了不少建议，可以让你在生活中避免各个领域中的选择陷阱。

第三部分讲述了如何更准确地对这个世界上的事物进行分类，如何分辨清楚事件之间的关联，以及很重要的一点，即如何避免“看到”那些并不存在的“关联”。在此，我们探寻了在面对媒体信息、在办公室工作、遇到投资牛市时如何发现思考过程中的错误。

第四部分有关因果关系：如何分清楚两种情况，即一件事情确实引发了另一件事情的发生，两件事件的发生时间和地点恰好比较接近但实际上并无因果关联；如何通过确认实验中的一些情况（也只是在实验中），让我们确信有些事情是有因果联系的；我们如何学会在对自身进行实验时感受到更多的快乐，让自身行事更有效。

第五部分介绍了两种大相径庭的思考类型。一种是逻辑，它抽象而偏于形式化，一直是西方式思维的核心。另一种是辩证的思考方式，它包含了对事实进行判断的原则和具体的行事方法。这种思考方式占据了东方式思维的中心。西方式思维自苏格拉底时代起就有了较为成熟的描述，然而直到近期，思想家们才开始试着将辩证的思考方式纳入统一的体系，或者将它与形式逻辑的传统进行联系。

第六部分分析了一个可用来认知世界的良好理论需要哪些要素。我们如何确认我们信仰的事物的确是真实的？为什么一些简单的解释常比复杂的说明更具说服力？我们如何避免提出那些草率而通常像是随口讲出的理论？理论如何被证实？以及我们为何要对任何所谓的定论都保持怀疑的态度，即便这些定论至少在原则层面上不可被证伪？

本书的各部分相互支撑。当理解了在思维生活中我们能够观察什么、不能够观察什么之后，我们便会明白在解决问题时，什么时候该依赖直觉，什么时候该求助于外在的原则，比如分类、决策，或者对于因果解释的评估。是否能学会将选择的效益最大化，取决于你从潜意识中学到了什么，也取决于当你在选择如何行动或估测什么东西会让你幸福时，如何让理性和潜意识在你思考过程中扮演同等重要的角色。要学会统计法则，我们需要求助我们进行因果关系分析时所用的法则。因果关系分析法促使我们相信实验的说服力远大于对事件的简单观察，并且这些知识向我们展现了“做实验”对于我们判定“在个人行为和商业活动中哪些行动最有益于我们自身”的重要意义。学会逻辑和辩证式的思考过程会为我们以多元方式提出认知世界的理论提供建议，而这也反过来告诉我们哪类方法在检验理论的真伪时是必须采用的。

读完这本书，你在智商测验中的分数并不会提高，但是你会更明智。

第一部分

思考“思维”

MINDWARE
Tools for
Smart Thinking

在解释人类思维如何运转时，心理学领域形成了三种主要观点，这些观点会改变你对“自己到底在如何思考”这个问题的理解。

第一种观点是，我们的世界观是以解释的方式建立的——逻辑推理或者诠释。我们对于人、情境的判断，甚至是对整个物质世界的观念都仰仗我们既有的知识和潜在的思考过程，而并非来自对于现实的直接解读。如果能透彻理解“我们的世界观建立在逻辑思维之上”的内涵，你便会惊觉提升我们思考能力的逻辑工具极其重要。

第二种观点是，我们所处的情境塑造我们的想法，决定我们的行为，其影响程度之深远超出我们的想象。相对地，人内在的心性——个性、对事物的态度、能力和品味，实际上对我们处世方式的影响要小得多。因此，在寻找人类（包括我们自己）形成特定的观念、以特定的方式处世的原因时，我们常常犯错误。但是，我们还是有可能在一定程度上克服“基本归因谬误”。

第三种观点是，心理学家愈加注意到无意识思维的重要性，实际上，人脑在无意识状态下记录的外界信息甚至比有意识观察到的还要多。许多对于我们思维和行为产生影响的最重要的因素都隐藏在我们的视野之外，而我们也从来不会直接感受到帮助我们形成观念、信仰和行为的思维过程。幸运的是，也许应该说令人惊喜的是，所谓的“无意识思维”也几乎像“有意识思维”一样具有“理性”，它解决了许多有意识的思维无法有效解决的问题。学习一些简单的策略，我们就能培养出以“无意识思维”解决问题的能力。

第 1 章　推理的世界

如果对于世间万物没有一种适用性极强的简化方式，我们的世界将处于一种无尽扩展且无法定义的纠结状态，这样的世界会让我们失去辨明自身和采取行动的能力……我们必须要将所有的认知简化成一种模式。

——普里莫·莱维，《被淹没与被拯救的》

第一个棒球裁判说：“我依照自己看到他们的样子称呼他们。”

第二个裁判说：“我依照他们是谁来称呼他们。”

第三个裁判说：“直到我称呼他们，他们才有了意义。”

当我们看到一只飞鸟、一把椅子或是一次日落时，那种感觉就像是我们简单直白地记录下了这个世界的样子。然而，我们对整个物质世界的观感深刻地依赖于一些默认的知识和我们没有意识到的思维过程，是这些隐藏起来的东西在帮助我们了解一些事物，或者将其准确分类。我们知道，观念是头脑在分析了证据之后进行再造的结果，因为我们可能在推理过程中创造出一些场景，而这些场景会让我们在无意识的状态下误入歧途。

来看一看下面这两张桌子。很明显，其中一张桌子比另一张更长，也更窄。

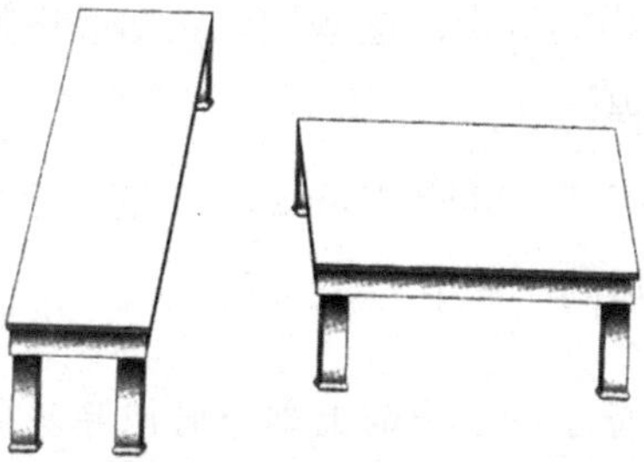

心理学家罗杰·谢巴德设计的视觉谬误图

明显，但并不正确。图中两张桌子的实际长度和宽度都是相同的。

错误的印象来自我们的认知系统的误导，我们注意到了左边那张桌子的短边和右边那张桌子的长边。我们的大脑就是这么奇怪，它会使那些出现在我们视点之外的线“伸长”。这是人类大脑的一个优势。我们逐渐适应了三维的世界，如果我们的思维不对落在视网膜上的视觉观感横加干预的话，那么我们感知到的物体会远比它们的实际尺寸要小。然而，潜意识会影响人类感知，它诱导我们在感知二维图形时犯错误。因为大脑会自动将我们看到的远处的事物放大，图中那张放在左边的桌子会显得比其实际长度长，而右边那张桌子则显得比其实际尺寸宽。当物体并未真正被挪向远处时，大脑的“自动纠错”系统会产生错误的认知。

思维定式

当我们发现大量的无意识思维过程让我们正确地理解这个世界时，我们就不会感到很沮丧了。我们生活在一个三维的世界里，大脑虽然会在被迫要处理一些二维信息时犯错误，我们却不必为此忧心忡忡。更让人不安的其实是我们对非物质世界的认知，包括我们对于他人性格的认识，这些抽象认知最终都建立在既有知识和潜藏的推理过程之上。

“遇见‘唐纳德’”（Meet “Donald”）是一个虚拟人物实验，它被应用在很多领域的研究中。

> 唐纳德花费了一生中的大部分时间寻找他所憧憬的激情时刻。他已经攀上了麦金利山，乘着皮筏拍摄了科罗拉多的激流，参与了撞车大赛，还在对船舶知识了解甚少的情况下驾驶过一艘喷气动力船。他数次因冒险而受伤，甚至危及生命。现在，他又开始寻求新的刺激。他在考虑，是尝试一些高空跳伞项目，还是乘帆船横渡大西洋。从唐纳德的行为中，人们很容易猜到这是一个对自己的各种能力极为了解的人。除了一些生意上的事儿，唐纳德和外界联系甚少，他觉得自己真的不需要依赖他人。一旦他打定主意要做什么事情，便一定能做得挺好，不论做这件事需要多久，或是有多难。他很少会改变自己的想法，即使他可能并不是完全正确。

在读到这段关于唐纳德的描述之前，实验对象先参与了一项伪“认知实验”，研究者向他们展示了一些描述人的性格特点的词汇。一半实验对象看到的是10个词中的“自信的”“独立的”“冒险的”“坚持不懈的”；另一半实验对象则看到“鲁莽的”“自负的”“冷漠的”“固执的”等词。接着，实验对象进入“下一个阶段的研究”，他们被要求阅读有关唐纳德的段落，并对他的人格特点做出评价。关于唐纳德的段落被故意写得语意模糊，人们无法判断他是一个有魅力的、具有冒险精神的人，还是一个讨人厌的、鲁莽的人。先前的伪认知实验降低了人们认知的模糊性，塑造了人们对唐纳德的评价。那些看到“自信的”“坚持不懈的”等词的人对唐纳德做出了基本正面的评价。那些词让他们在脑海中形成了一个积极的、充满激情的、有趣的人的形象。看到“鲁莽的”“固执的”等词的人则在头脑中形成了一个让人讨厌的人的形象，此人只关心自己的快乐和兴奋感。

自 20 世纪 20 年代以来，心理学家已对定式的概念进行了诸多应用。这一术语是指我们借以描述这个世界的意义时的认知框架、模板和规则系统。推动现代定式概念发展的先驱是瑞士的发展心理学家让·皮亚杰。比如，皮亚杰曾描述过孩子对于“物质守恒”的思维定式——孩子在成长中会明白事物的量不会随着盛放其容器的形状改变而发生变化。如果你将水从一个细高的容器里倒入一个矮粗的容器中，随后问一个特别小的孩子水是变多了、变少了，还是没有变，这个孩子可能会说水“变少了”或者“变多了”。而一个大一点儿的孩子则能认识到水量是没有变化的。皮亚杰同样通过研究确认了人所具有的更多的抽象认知体系，比如孩子对于概率的认知。

我们对于在实际生活中遇到的真实事物都形成了某种思维定式，比如“房屋”“家庭”，“国内战争”“昆虫”“快餐店”（这里常有许多塑料制品，基本配色是明亮的，许多孩子，一般的食物）和“豪华餐厅”（环境幽雅，装饰得体，昂贵，很可能有非常不错的食物）。我们依靠“定式”来解释生活中的际遇和自身所处的环境。

对各种事物的思维定式影响着人们的行为和判断。社会心理学家约翰·巴奇和他的同事让一些大学生利用一些无序的英文单词造出合乎语法的句子，比如“红色”“弗雷德”“灯”“一个”“闯过”。对一些实验对象而言，“佛罗里达”“年迈”“银灰色”“睿智”

这些词会让他们形成关于一位老年人的刻板印象，另一些实验对象则不会将这些词组成一个带有对老年人刻板印象的句子。在完成了这些句子重组任务后，研究者让实验对象离开实验室。那些刚接触过隐含了某种老年人特征的词语的人走向电梯的速度比没有接触过那些词语的人要慢。

如果你要和一位老年人交流——就是那种在上述造句任务中勾勒出的老年人，那么你最好不要表现得过于活泼好动。（意思就是，如果你想以一种积极的方式对待老年人的话，这样做不太妥当。那些不尊重老年人的学生才会在长者身后走得飞快！）

如果没有思维定式，那么生活便会如威廉·詹姆斯所言："处于一种流光溢彩又嘈杂无序的混乱状态下。"如果我们不了解关于婚礼、葬礼，或者只是看医生的各种注意事项，我们就不知如何在这些场景中表现，那么便会造成持续的混乱。

这种模式也适用于我们的"刻板印象"（stereotypes），即对特定人群形成的认知"偏见"。常见的刻板印象包括"内向者""派对动物""警官""常春藤校毕业生""物理学家""牛仔""牧师"。伴随这些刻板印象而来的还有我们对待这些人的习惯性方式，或者是应该对待他们的方式。

通常情况下，"刻板印象"一词是带有贬义色彩的；但若是你以对待警官的方式对待物理学家，或是像对待乐天派一样对待内向者，那么就会有麻烦。关于"刻板印象"存在两个问题：它们在某些层面甚至所有层面上是错误的；它们会让我们在对他人判断时产生偏误。

普林斯顿大学的心理学家让学生们观看了一段有关四年级学生汉娜的视频。视频分两个版本：一个版本展示出汉娜的父母都是专业人士，她明显成长在中上阶层的社会环境中；另一个版本则体现出汉娜的父母均为工薪阶层，而她生活在社会中比较底层的环境里。

视频的下一个部分是汉娜回答了 25 个和数学、科学以及阅读有关的学术成就测试问题。汉娜的表现让人很难判断：一些难题她答得不错，有时却在一些简单的题目上表现不佳。研究者问观看了视频的学生：汉娜和她的同学们相比，表现得怎么样？那些看到汉娜属于中上社会阶层的学生评估她的表现会比平均水平好，而那些看到汉娜来自工薪阶层家庭的学生则推断她会比平均水平表现差。

一个令人悲伤但毋庸置疑的事实是，如果你知道汉娜所属的社会阶层的话，你的确更有可能对她的表现做出正确的预测。一般来讲，来自中上社会阶层的孩子在学业上会比来自工薪阶层的孩子表现得好。任何时候，如果你直接判断某个人或某件事比较困难，那么借助思维定式或刻板印象就能够提高判断的准确性，这是因为刻板印象总是或多或少来源于现实生活。

更让人伤怀的是，出身工薪阶层的汉娜在生命之初就遇到了两股阻力——人们对她的期待和要求少，人们认为她的表现将会不如那些来自社会中上阶层家庭的孩子。

我们依赖思维定式和刻板印象而做出判断会面临一个严肃的问题：这种判断往往会由一些并不相关的和带有误导性的偶然事件触发。我们遇到的任何外部刺激都会触发大脑的发散性思维，让我们联想到相关的概念。在最初的概念被激活后，刺激会产生进一步的影响，我们会从记忆中搜索与之有关的概念。如果你听到“狗”这个词，那么“吠”这个概念、“柯利犬”这个类别、你邻居家的狗“雷克斯”的形象会同时被激活。

认知心理学家发现，当遇到特定单词或概念时，我们会更快地辨认出相关单词和概念，以此我们意识到发散激活机制的效果。例如，如果你前一分钟对人们说“护士”这个词，随后让他们判断“医院是为生病的人开设的”这句话的正误，那么人们判断这话“正确”的速度会比他们没听到“护士”这个词时快很多。因而，偶然性的刺激不仅会影响我们辨明一个事实的速度，而且会影响我们已有的信念和实际的行为。

回想本章开头提到的那三位裁判。大多数时候，我们会像第二个裁判那样，认为我们看到的世界就是它本来的样子，“依照他们是谁来称呼他们”。这个裁判即哲学家和社会心理学家眼中的“朴素实在论者”，他认为现实中的场景为我们提供了直接的、未经转述的世界的模样。但实际上，我们对世界和各种事件的意义的解释在很大程度上依赖于我们固有的思维定式和由这种思维所触发、引导的推断过程。

我们在日常生活中会辨明事实的一部分，像第一个裁判那样，我们真的会“依照自己看到他们的样子称呼他们”。至少，我们明白这对他人而言是正确的。我们倾向于认为：“我看到了这个世界本来的样子，你有不同的观点是因为狭隘的视野、混乱的思路，或者自利的动机！”

第三个裁判会想，“直到我称呼他们，他们才有了意义”。所有“事实”都只是对这个世界武断的说明。这个观点由来已久。眼下，支持这一观点的人们自诩为“后现代主义者”或“解构主义者”。这些人坚称，世界是一个“文本”，没有任何一种解读会比其他解读更准确。关于这一点，我们会在第 16 章中讨论。

要打动一个裁判的心，先刺激他的胃

思维发散机制让我们开始怀疑各种影响我们判断和行为的不良因素。进入我们认知过程的偶发性刺激会影响我们的所思所行，甚至那些与我们正进行的认知任务并无关联的刺激也能发挥作用。词汇、视觉、听觉、触觉，甚至嗅觉都能影响我们对事物的理解，进而引导我们的行动。这是一把双刃剑，结果好坏取决于具体情形。

哪一次飓风可能会夺去更多人的生命，黑兹尔飓风还是贺拉斯飓风？当然，这两者并没有太大差别。一个名字里能有什么呢，尤其是一个由电脑随机挑选的名字？实际情况是，黑兹尔飓风让更多的人丧命。看起来，以女性名字命名的飓风没有以男性名字命名的飓风危险，因而人们采取了较少的防护措施。

想让你的雇员更有创造力？那让他们多看苹果公司的标志吧，避免让他们看 IBM（国际商业机器公司）的标志。

让你的雇员待在绿色或蓝色的环境里也可以帮助他们提高创造力（要不惜一切避免红色）。想在社交网站上增加自己页面的点击率吗？放一张你穿红色衬衫的照片做头像吧，或者至少给照片加上红色的边框。想让纳税人支持教育债券的发行？游说政府将主要投票点设在学校里吧。想让投票者认同怀孕晚期堕胎是违法行为？尽量将教堂设为主要的投票地点吧。

想让人们在买咖啡的时候顺便捐点儿钱？那么请在架子上的咖啡罐上方摆放一个如下图左侧显示的椰子（coconut）。这样做会让人们更有可能发自内心地行动。然而，一个如下图右侧的倒置的椰子则会让你不愿掏腰包。图片左侧的椰子会让你联想到人脸（coco在西班牙语里即头部的意思），人们会在潜意识里觉得他们的行为被监视了。（当然，我们都明白若是有人真的以为他们看到的是一张人脸的话，他就急需去看验光师或者精神病医生了，也可能两者都需要看一下。）

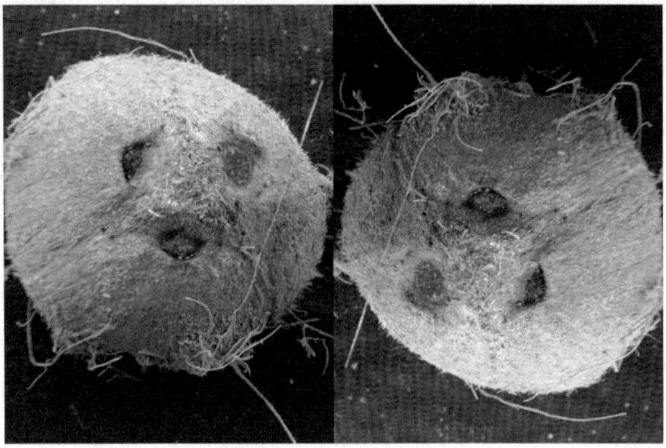

实际上，只需要一幅由三个点组成的画，而画中的三个点按照椰子壳上那三个洞的位置排列，就会有效地获取更多的捐款。

想要让某人读一篇社论，劝说他接受某个观点吗？那么，请保证这篇文章的字体是清晰而吸引人的。看上去印刷（或手书）得一团糟的信息极其缺乏说服力。而如果一个人在一家海产品商店里或是码头上读到一篇社论，那么文章中的观点可能也不会被接受——只要这个人所属的文化环境用“与鱼有关的”（fishy）这个词表示“愚蠢”的意思，就会这样。就算这个人没在这样的文化环境之下，那些地方的鱼腥味无论如何也不会让一个人改变看法。

想开一家帮助儿童提高智商的公司？别为它起一个类似明尼苏达学习公司这种无趣的名字。试试FatBrain.com（FatBrain意为“让大脑丰盈”）吧。拥有性感、有趣的名字的公司更容易吸引消费者和投资者。（但是，不要真的使用FatBrain.com这个名字，那家从无聊的名字改为这个名字的公司已经倒闭了。）

身体状态也会对人的意识产生影响。监狱中的囚犯若想获得假释的机会，可以争取一次聆讯，时间要在法官刚吃过午餐之后。研究者发现，在以色列，若在法官刚吃过饭时进行聆讯，则囚犯有 66% 的概率会获得假释。如果是在法官们正要吃午饭之前进行聆讯，那么囚犯能获得假释的概率为零。

想让一个要和你约见的人感到你是个温暖的、惹人喜爱的人，那么递给这个人一杯热咖啡，千万不要递一杯冰咖啡过去。

你可能会想起电影《生死时速》（*Speed*）中的场景，在刚从一辆侧翻的公共汽车中惊险逃生后，两个之前并不熟悉的人（分别由基努·里维斯和桑德拉·布洛克扮演）热烈地亲吻对方。这在实际生活中是可能发生的。如果在一座高悬于河面的摇晃的吊桥上，一个女性调查者向一个男性被调查者发放问卷，那么这位男士更有可能在调查之后与这位女士约会；如果当时的受访地点是在平地上，则两人之后约会的概率会低得多。此类探索人类行为的实验还有许多，而这些实验表明人会被一件事情误导，从而激起某种生理意识，进而去做另一件事，而这两件事其实毫无关系。

现在，如果你开始猜想心理学家是不是已经发现了大量类似的现象，那么恭喜你，抓住重点了。关于偶然刺激的重要性，最明显的证据是，你会有意布置事件发生的环境，让那里存在一些可引发人们反应的刺激因素，这样便可以让你自己、你的物品和你的目标具有吸引力。采取这种方式的效果是很明显的。但有两点还不甚明了：第一，这种偶然性刺激的效果是否可以很大；第二，目前你并不能明确哪种类型的刺激可以产生哪种类型的效果。

亚当·奥尔特在其著作《粉红牢房效应》中很好地总结了许多我们在约会中会着意营造的效果。（奥尔特选择了这个书名，是因为许多监狱官员和一些研究者相信，如果把喝得醉醺醺的人投进有粉红色墙壁的牢房，即使那里人满为患，发生暴力事件的概率也会降低。）

对于人会受到“偶然性刺激”的影响，还有一个方面我们会更少注意到。因为我们在不同的“偶然性刺激”下会对遇到的人或事物产生不同的判断，因此需要体验不同的场景，去接触不同的人和事物。偶然性刺激与特定的相遇联系起来会产生相互抵消的效果，从而产生一个更加准确的判断。亚伯拉罕·林肯曾说过：“我不喜欢那个人。我必须更好地了解他。”在林肯的这句箴言之外，我想加上一点：尽量去体验不同的情境吧。

建立解释框架

来看两个特拉比斯特派修道士的故事（纯属虚构）。一个修道士问自己所在的修道院院长，他能否在做祷告时吸烟。修道院院长大吃一惊，他说道：“当然不行，这近乎亵渎圣灵。”另一个修道士问他的修道院院长：“我能否在吸烟时做祷告？”这个修道院院长则说：“当然可以，上帝希望在任何时候都能聆听我们的声音。”

我们对于事物的解释不仅会受到在特定情境中被激发的思维定式的影响，也会受到我们选择的解释框架的影响。我们接受不同类别信息的顺序就是一种解释框架。上述故事中的第二个修道士就深刻洞悉了他在传递信息时表达顺序的重要性。

在我们对相互冲突的标签做选择时，建立解释框架也会发生作用。这些标签不仅会影响我们对事件的思考过程和所采取的行动，而且也会影响到商品在市场中的表现和公共政策辩论的结果。

你所谓的“无证工人”在我这里便是“非法移民”。你言谈中的“自由斗士”对我而言则是“恐怖分子”。你说“遗产税”，在我看来是“死亡税”。你支持堕胎，因为你将此看作一种“自主选择”的行为；而我反对堕胎则因为我是“维护生命”的人。

我这里的半加工过的肉制品，瘦肉含量为 75%，这听起来比你的产品更有吸引力，因为你的产品描述是“脂肪比例为 25%”。你在挑避孕套的时候，会选择一个避孕成功率为 90% 的产品，还是一个避孕失败率为 10% 的产品呢？其实这两个避孕套的使用效果并无差别。并且，对于同样一个避孕套，那些被告知“使用它后通常能成功避孕”的学生会比被告知“使用这个避孕套有时会失败”的学生认为这个产品更好。

建立解释框架也会对人们在做事关生死的抉择时产生影响。心理学家阿莫斯·特沃斯基和他的同事向一些物理学家描述了外科手术和放射性治疗法对于特定癌症患者的疗效。他们告诉一些物理学家，有 100 位病人接受了外科手术，其中 90% 的人在手术结束初期活了下来，68% 的人在手术后活了一年，34% 的人在手术后 5 年还活着。听到这些信息的物理学家中有 82% 的人建议采取外科手术治疗。另一组物理学家被告知了“同样”的信息，但是信息被传递的形式有所不同：研究者们告诉他们，100 位病人中有 10% 的人在手术中或者手术结束后没多久就去世了，32% 的人在手术后一年去世，66% 的人在手术后 5 年去世。结果是，这组物理学家中只有 56% 的人建议病人进行外科手术。建立解释框架又奏效了，并且威力很大。

纠正偏见的一个方法

我们经常会利用“启发法”进行判断或解决问题，经验法则为我们提供了一个解决问题之法。心理学家总结出了不少启发法的类型。效果启发法促使我们相信，耗时长或花费大的项目要比那些不需投入太多精力和时间的项目更有价值。价格启发法鼓励我们相信（大多数情况下是正确的），一分钱一分货。稀缺性启发法让我们认为物以稀为贵。熟悉性启发法会让美国人相信，在法国，马赛的人口比尼斯多，而尼斯的人口则多于图卢兹。这些启发法在我们进行判断时能提供有效的指引，它们通常会带我们找出正确答案，常在黑暗中为我们指点光明，但有时也会失于绝对。实际上，马赛的人口的确比尼斯多，但图卢兹的人口也比尼斯多。

以色列认知心理学家阿莫斯·特沃斯基和丹尼尔·卡尼曼总结出了几种重要的思维启发法。

这些启发法中最重要的当属“典型性启发法”。这个经验法则主要倚重的是相似判断原则。在对事件进行判断时，人们更会根据与其相似的典型事件进行推断。启发法毫无疑问是有效的。在判断一个人的死因时，他杀比哮喘或自杀更具代表性，所以他杀比哮喘和自杀更容易成为一个人死亡的原因。因他杀而死亡的人数的确比得哮喘而死亡的人数多，然而在美国，研究者发现在特定的年份，自杀身亡的人是因他杀而死亡的人的两倍。

她是一个共和党人吗？在缺乏其他背景信息的条件下，采用典型性启发法是最好的选择。她看上去和我对共和党人的典型印象更相似。

使用这种典型性启发法的一个问题是，我们常会接触到一些信息，它们会干扰我们进行“相似性”判断。如果我们是在一个商务宴会的房间里遇到这位女士，那么我们会将这一点考虑进来，从而倾向于猜测她是“共和党人”。如果我们是在一个一神论教派信徒组织的早餐会上碰到她，那我们会倾向于猜测她是“民主党人”。

一个关于典型性启发法的特别令人失望的例子是“琳达问题”，启发法在这里引发了错误。“琳达 30 岁了，单身，性格直爽，十分聪明。她主修哲学。在学生时期，她特别关注歧视和社会公平事务，并且投身于反核武器游行活动。”在读完这段描述后，实验对象被要求对琳达未来的 8 种可能状态进行评级。其中有两项是“银行柜员”和“银行柜员并且在女权运动中表现得活跃”。大多数人都认为琳达更可能是一个在女权运动中表现得活跃的银行柜员。“带有女权主义立场的银行柜员”是一个比单纯的“银行柜员”更适合形容琳达的表达。但是，这当然犯了逻辑上的错误。这两件事情合起来传达出的意思不会比每件事单独表达的意思更多。银行柜员中有女权主义者、共和党人和素食主义者。然而，人们对琳达的描述更接近于“带有女权主义立场的银行柜员”，而不是“银行柜员”，这种结合其实是不当的。

请仔细看一看下面这 4 行数字。其中两行数字是由机器随机生成的，另外两行则是我编写的。现在，请你从中选出最有可能是由机器随机生成的那两行数字。我随后会告诉你究竟哪两行是。

1 1 0 0 0 1 1 1 1 1 1 1 0 0 1 0 0 1 0 0 1

1 1 0 0 0 0 0 1 0 1 0 1 0 1 0 1 0 0 0 0 0

1 0 1 0 1 1 1 1 0 1 0 1 0 0 0 1 1 1 0 1 0

0 0 1 1 0 0 0 1 1 0 1 0 0 0 0 0 1 1 1 0 1 1

“典型性”判断方法会影响人们对各种概率问题的估计。卡尼曼和特沃斯基给一些没修过统计学课程的本科生出了下面这个问题。

> 某一座小镇上有两家医院。在那家规模大一些的医院里，每天有 45 个婴儿降生；而规模小一些的那家每天只有 15 个婴儿出世。如你所知，所有这些新生儿中，大约有 50% 是男孩，而男婴占婴儿总数的确切百分比则每天都有变化。有时候会高于 50%，有时候则低一些。
>
> 在一年的某一段时间里，两家医院都记录下了一些男婴出生率高于 60% 的日子。你认为哪家医院男婴出生率高于 60% 的日子更多呢？

大多数学生认为，两家医院的男婴出生率高于 60% 的日期数是一样的。在剩下的人中，认为那家规模大的医院的男婴比例高的日子会更多的学生较多。

实际上，男婴比例高于 60% 的情况更有可能在较小规模的医院出现。60% 的比例无论对于规模大的医院还是规模小的医院都不是一个特别具有代表性的人口值（甚至根本没有代表性）。但是相较于数量比较大的样本，极端值更容易出现在数量小的样本中。

如果你怀疑这个结论，请看下面的例子。假设有两家医院，一家医院每天有 5 个婴儿出生，而另一家每天有 50 个婴儿出生。你认为，在某一天中，哪家医院更有可能出现新生儿中男婴比例超过 60% 的情况呢？仍然不信服吗？那么，请将每天有 5 个婴儿出生的医院与每天有 5 000 个婴儿出生的医院做个对比。

典型性启发法会影响人们对大量事件的发生概率的判断。我的祖父曾是美国俄克拉何马州的一个富裕的农夫。有一年，他种的庄稼被突如其来的冰雹吞噬。他没有为庄稼购买过保险，但他并不担心，相信来年会有转机，因为同样的事不大可能会连续两年发生。那次的冰雹并不具有典型性。冰雹是极难发生的事，因此连续下冰雹的可能性更小。不幸的是，冰雹并不会记得自己去年是下在了塔尔萨西北部还是诺曼东南部（塔尔萨和诺曼都是俄克拉何马州的城市）。我的祖父第二年又受到了冰雹的打击。然而，他仍固执己见，认为冰雹不会连续三年袭击同一个地方，这实在是太罕见了。最终，这个小概率事件竟然真的发生了。我的祖父破产了，这正是因为他依赖了典型性启发法去判断一件事情发生的概率。结果就是，我只是个心理学家，而不是一个可以提供谷物的男爵。

现在回到我在前文中提到的数字串。答案是，四行中的上面两行数字是真正由机器随机生成的。它们是我从机器随机生成的前三段数字序列中取出的两串数字。说实话，我并不是经过精挑细选才抛弃了另一个数字串。我编出来的最后那两行“随机”数字比起真正的随机数字序列显得更带有随机性。问题是，我们对于“随机”的典型概念是打破平衡，呈现无序化。随机的序列其实会有特别多的连续重复数字串（如 00000）和有规律排列的数字串（如 01010101），比我们想象的它们“应该”有的数量要更多。设想这样一幕，一位篮球运动员连续五次投篮命中得分，此刻没有理由继续把球传给他，而应该传给其他队员。这位“手感正佳”的球员并不会比其他球员更有可能成为这个赛季的最佳投手。（你对篮球比赛越熟悉，就越不会相信这一点。你对统计学知识和概率理论越熟悉，就越会相信这一点。）

这种“篮球之误”只是我们所犯过的众多推理错误中的一种。简单来说，我们在一个并不存在什么结构的世界里臆想出了结构，因为我们根本无法理解看起来不像随机排列的随机序列怎么会出现。我们会怀疑掷骰子的人作弊，因为他连续三次掷出了 7 点。事实上，连续三次掷出 7 点比掷出了 3 点、7 点、4 点更有可能，这一点是毫无疑问的。我们会推崇一个朋友为股票大师仅仅因为他去年买进的 4 只股票都比大盘的整体表现要好。但实际上，4 只股票都有上扬表现的概率并不比两赔两赚或是一赔三赚出现的概率高。因此，将你的投资计划交由你的这位朋友打理并不是成熟的做法。典型性启发法有时候会影响人对事件的因果关系的判断。我不知道李·哈·奥斯瓦尔德在刺杀约翰·肯尼迪事件中是独自行动，还是有同谋。但我很怀疑的一点是，为什么如此多的人笃定地认为，这一事件一定是一个有多人参与的阴谋。这些人认定，这样一个轰动性事件仅由一个独身的、貌不惊人的小角色独自完成是解释不通的。

我们在对一些疾病及其治疗方法进行类比推测时，也会用到一些重要的对因果关系进行判断的方法。中非地区的阿赞德人曾经相信，红疣猴被烤过的头盖骨可以有效地治疗癫痫。红疣猴那种抽搐的、狂躁的行为与癫痫病患者的痉挛状态相似。

直到近些年，西方的内科医生才开始对阿赞德人的这种对于癫痫的“合理”的治疗方法产生怀疑。18 世纪的医生坚持一种理念，即形象学说。这种学说认为，治愈疾病的良方是一种与此疾病在一定层面上有相似性的自然物质。比如，呈黄色的姜黄可以有效治疗黄疸病，患这种病的人皮肤会发黄。狐狸的肺因其在呼吸时表现出的强大动力而被人们认为，它们的肺可以用于治疗哮喘。

“形象学说”可以说是源自一种神学原则：上帝期望帮助我们找到治疗疾病的方法，并且为我们提供了各种形式的线索，例如色彩、形状和动作等。他知道我们希望症状能传达疾病的特点。这一点对我们大多数人而言是匪夷所思的，但实际上典型性启发法一直都在一些医疗方法中发挥着潜在作用，比如顺势疗法和传统的中医疗法——这两种疗法在今天的西方社会已被越来越多的人接受。

当其他信息实际上更有用时，典型性启发法常常会成为我们进行推断的基础。从研究生院毕业 20 年之后，我和一个朋友谈起了我们当年的那些同学是如何成功地成为科学家的。我们惊讶地发现，当年我们对他们的认识是那么肤浅和错误。那些我们曾以为一定会在科学领域成就一番伟业的同学常常在前沿科学的道路上举步维艰，而那些我们并不看好的同学反而完成了极其出色的工作。在反思我们为什么会犯下这种错误的过程中，我们意识到自己太过于依赖典型性启发法了。我们的判断是基于那些好的方面，即我们的同学是多么符合一个杰出心理学家的典型特点——聪明、学识渊博、对人性具有洞察力、思维流畅。接下来，我们试图寻找是否有其他方法让我们做出更准确的判断。很快，有一点清晰起来：那些在研究生院时期就表现良好的学生在他们今后的职业生涯中也发展得很好；而在学生时期就不甚出色的人后来表现得也不尽如人意。

这个结论在心理学领域是极其有力的一个论断。对于未来最好的指向标就是过去的表现。你很少会在糟糕的过去的基础上表现得很好。去判断一个人未来是否会诚实最好是看他过去是否诚实，而不是去看他注视你的眼神是否笃定或者他最近是否宣告了自己的宗教信仰。去判断一个编辑是否出色的最好方式是看他以前做编辑时的工作表现，或至少是看他当作家时的作品，而不是看他有多么能说会道，或者他掌握的词汇量有多大。

特沃斯基和卡尼曼总结出的另一个重要启发法是“可触及性启发法”。这是一种我们可以用来判断特定事件发生的概率和合理性的经验法则。某个事件越容易出现在我们的脑海中，它发生的概率就越高，合理性就越强。这是一个在大多数情况下都十分有效的法则。相比于伟大的瑞典小说家，你总是更容易想起一些伟大的俄罗斯小说家的名字，事实上，俄罗斯的著名小说家也确实比瑞典的多一些。但是，美国的堪萨斯州真的比内布拉斯加州更经常发生龙卷风吗？你很有可能会说是堪萨斯州吧？真抱歉，你想象中的堪萨斯州的龙卷风还真是没发生过。

当字母“r”出现在单词中，它会更多地在单词的首位，还是第三位呢？大多数人会说是在首位。因为，人们会更容易地想到一些以“r”开头的单词，而不是“r”在第三位的单词。这是由于我们在脑海中将单词“归档”时会依据它们的首字母，因此当我们在记忆中搜寻时，这些首字母引领的单词触手可及。而实际上，在更多的单词中，“r”位于第三位。

使用可触及性启发法判断事件发生的频率或合理性时会遇到一个问题，即“可触及性”总是与“显著性”相伴相生。跟哮喘引发的死亡相比，人们更容易想起地震带来的死亡，因此人们会高估他们的国家在地震中死亡的人数（高估许多），并且低估哮喘导致的死亡人数（低估许多）。

启发法，包括典型性启发法和可触及性启发法，通常是自发的，我们常意识不到它就在我们的潜意识里。这意味着我们很难辨明这些启发法的影响力究竟有多大。但是，意识到它们的存在让我们可以反思一点——在特定情形下被它们引入歧途的可能性。

小结

如果能利用本章中提到的几个简单建议，那么我们在判断的过程中可能会少犯一些错误。

请记住，所有的概念、判断、信仰都来源于某种推断，而不是对事实的直接反映。认识到这一点可以让我们更谨慎地思考，我们究竟应该在多大程度上确信自己的判断，以及当我们对一些事物得出与他人不同的观点时，也许他人的看法比我们的直觉更有说服力。

请注意，我们的思维定式会影响我们对事物的解读。思维定式和刻板印象引导着我们去理解这个世界，但是它们也可能使我们陷入误区，以致逃避自己过分依赖它们进行判断的事实。我们可以尽力分辨出那些我们依靠刻板印象得出的论断。

请留心，那些偶然的、看似不相关的感觉和认知会影响我们的判断和行为。即使我们并不知道那些影响因素到底是什么，我们也应当明白这些未知的因素对我们思维和行为的影响要比我们已经意识到的大得多。重要的一点是，这些偶发和看似不相关的因素会提升我们在许多不同情境下对所遇到的一些事、一些人的判断的准确性，如果这个判断重要的话。

请保持警惕，在进行判断的过程中可能会受到启发法的影响。各类事物、事件之间的相似性会误导你的判断。请记住，事情发生的原因在任何情况下都不是一定要与结果有相似性的。对事件发生的可能性或频率的评估常会受到它跳入你脑海中的难易程度的影响。

在本书中，你将会读到许多概念和原则，它们会有效地帮助你避免一些在推理过程中会犯的错误，这些错误本章中已有所涉及。这些新的概念和原则会补充你的原有思维工具，而实际上很有可能，它们甚至会取代你已习惯了的旧有思维方式。

第 2 章　情境的力量

前一章展示了我们常会忽略的一些影响到我们的判断和行为的刺激，它们看似无关紧要、偶然发生，也很难被注意到。不幸的是，我们总会对这些偶发或转瞬即逝的因素扮演的角色视而不见，而它们实际上是我们进行判断和行动的重要推手。特别是，我们常会低估（或者根本就忽视了）一些最重要的情境性因素对我们的行为和信仰的巨大影响力。

这种“情境盲区”（context blindness）带来的直接后果是，我们会夸大个人因素的影响力，即“内在的”因素——偏好、个人性格特点、能力、计划和动机——对特定情境中的行为的影响。

甚至在我们试图分析自己做判断的根据和产生某种行为的原因时，我们也会忽略情境因素并且夸大个人内在因素。在我们分析他人行为的原因时，问题会更严重。如果我们想形成某种判断或者采取某种行动，我们就必须注意情境当中的各种因素。然而，对于他人面对的情境，我们观察起来会颇为费力。因此，我们更有可能在分析他人行为时，低估情境的影响力，而高估他们的个人内在因素。

我相信，对于这种“低估情境、高估个人因素”的事实缺乏认识是人们会犯下的最普遍、最严重的思考推理上的错误。社会心理学家李·罗斯将这种现象定命为“基本归因谬误”（fundamental attribution error）。

在实际生活中，犯下这种谬误的人之间存在巨大的文化差异性。这便解释了对于更具质疑文化背景的人们而言，他们在一定程度上有可能避免这类错误。

基本归因谬误

比尔·盖茨是世界上最富有的人。他 19 岁从哈佛大学退学，创办了微软公司。在很短的几年时间内，他让微软公司成为世界上赢利能力最强的公司。人们可能由此判断他一定是世界上最聪明的人之一。

毋庸置疑，盖茨当然极其优秀。但很少有人知道他在进入大学以前就沉浸在计算机语言的汪洋大海中了。1968 年，他是西雅图一所公立学校八年级的学生，但对自己的功课已感到厌倦。因此，他的父母让他转入了另一所私立学校，而这所新学校恰好拥有一个连接到美国国家计算机系统主机的终端。盖茨加入了一个小组，和他的朋友们花费了大量时间探索这台高性能的计算机。他的好运气在接下来的 6 年中一直持续。他获准帮助当地一家公司测试软件，从而换取自由编程的时间。他常在凌晨 3 点从家里溜出来，进入华盛顿大学的计算机中心，利用该中心那段对公众开放的时间使用计算机。这个世界上恐怕没有哪个少年会有像盖茨这样的条件接触计算机。

在每一个成功者的身后都有一系列我们并不知道的幸运。如果经济学家史密斯发表在期刊上的论文篇数是经济学家琼斯的两倍，那么我们会很自然地认为，史密斯比琼斯更有天赋，并且更加勤奋。但实际上，如果经济学家在“大年”取得博士学位，就意味着会有许多大学的教职虚位以待，他们会在学术市场上表现得更好，拥有更成功的学术生涯；相反，那些在“小年”取得博士学位的经济学家的运气就不会这么好了。史密斯与琼斯成功与否的差别可能更多会与纯粹的运气而不是自身的智力有关，但我们都没有看清这一点。

许多在新世纪美国经济大衰退时期获得学位的大学毕业生可能终其一生都在苦苦挣扎，命运不济。失业状况十分残酷，不只是因为这些人灰心丧气找不到工作，而且因为经济回暖似乎也遥遥无期。父母们会迷惑，他们那 2009 年从大学毕业的孩子简为何如此命途多舛，而 2004 年大学毕业的琼则在事业上做得风生水起。

最重要的影响因素会隐藏起来，即使那些对我们的行为影响最大的情境性决定因素就在眼前，我们可能也会对其作用视而不见。

在 20 世纪 60 年代的一个经典实验中，社会心理学家爱德华·琼斯和维克多·哈里斯向实验对象展示了两篇论述古巴政治制度的论文中的一篇，这两篇论文据说都是由一位大学生为完成一位教授的要求而写就的。一篇论文支持古巴的政治制度，而另一篇论文持反对态度。研究者告诉读过支持古巴那篇文章的实验对象，这篇文章是一份作业：一位教授政治哲学的教师（在另一个实验中，是一位辩论队教练）要求学生写一篇支持古巴的论文。研究者告诉另外的实验对象，写出了反对古巴政策的学生是被要求写这样一篇持反对立场的文章的。我想，我们应该会同意，实验对象并没有因此而了解这些学生对古巴的真实态度，尽管，这些实验对象会评定写第一篇文章的学生实际上更加支持古巴。

在日常生活中，我们会忽略同样一些对人们的行为产生重要影响的因素。我的一位教授朋友在斯坦福大学长期教授两门本科课程。一门是统计学课程，另一门是社区服务课程。修读他统计学课程的学生在学期末的课程测评中给他的评价是严苛、缺乏幽默感、异常冷漠。那些选修他社区服务课程的学生则评价他思维敏捷、有趣、十分温暖。

无论你有英雄主义情结还是缺乏勇气，这些都可能取决于具体的情境因素，它们的影响力比我们想象的要大得多。社会心理学家约翰·达利和比伯·拉塔奈做了一系列实验研究后来广为人知的“旁观者效应”（bystander intervention）。他们设计了一些看上去是紧急情况的场景——癫痫病患者突然发病，隔壁房间里一个书架倒在了一个人的身上，一个人在地铁里晕倒了。人们会给这些“受害者”提供帮助的可能性极大地取决于其他人的存在情况。如果人们认为自己是唯一的目击者，他们通常会施予援手。如果现场还有另外一个“目击者”（实际上是实验者的同谋），选择上前帮忙的人会少一些。如果有许多“目击者”的话，人们则几乎不会提供帮助了。

在达利和拉塔奈的“突发情况”实验中，参与者可以通过对讲机和外部交流。当实验对象以为事发现场只有他们自己时，有86%的人会急切地帮助“受害者”。如果他们认为现场共有两个旁观者，62%的人会提供帮助。当现场有四个人听到了呼救声时，则只有31%的实验对象会去伸手帮忙。

为了更好地理解善意和对他人的关心这两种内在因素可能不如情境性因素重要，达利和他的同事丹尼尔·巴特森以学习神学的学生为实验对象进行了一项研究——人们一般会认为学神学的人更有可能对处于困境中的人施予援手。研究者让一些普林斯顿大学神学系的学生到校园里的一栋教学楼里向好撒马利亚人布道，告诉他们一些可行的途径。其中一些学生被告知，他们有足够的时间到教学楼那儿去；另一些学生则被告知，他们已经迟到了。在这些学生前去布道的途中，他们每个人都会经过一条走廊，走廊里坐着一个人，他低着头，不断地呻吟和咳嗽，明显需要救助。在那些不用赶时间的学生中，几乎有 2/3 的人给那个人提供了帮助。而在知道自己已经迟到的学生中，只有 10% 的人上前帮忙。

当然，如果你只知道某一个神学系的学生帮助了他人，而另一个人没有，你可能会对帮助他人的那个人有更好的印象。那种匆匆忙忙的情境不太可能发生在你身上，就像存在某种因素会让一个神学系的学生无法成为一个好撒马利亚人一样。事实上，当你对人们描述这个实验的情境设置时，他们并不认为这（迟到与否）会对一个神学系的学生是否会帮助一个在困境中的人有任何影响。鉴于此，这些人会把那些学生没有助人归因于他们糟糕的个人属性——个人的内在性格之类。

隐藏的情境因素可能也会影响一个人能否发挥其聪明才智。社会心理学家李·罗斯和他的同事邀请一些学生参与一项研究，这个研究是以电视智力竞猜节目的形式进行的。他们要求一个被随机选出的学生提出问题，而其他学生回答他的问题。提问者要提出 10 个“有挑战性但并非不可解的问题”，而“参赛者”需要大声作答。提问者可以充分利用他们的特权在问题中涉及各种偏门冷知识。“从鲸鱼身上提取的、闻上去甜甜的、呈蜡状的，并且可用于制作香水的东西是什么？”（是龙涎香——除非最近读过《白鲸》的话）参赛者们最终只回答出了所有问题中的一小部分。

在这个实验的最后阶段，双方参与者（提问者与回答者）和研究者都被要求分别对提问者和回答者大体的知识水平状况进行评分。你可能会认为，结果很清楚，即因为提问者的角色在实验中占了很大便宜，所以实验对象与研究者都会对他们评价较高。提问者的角色保证了他们不会暴露知识中的盲区，而答题者则没有机会有选择地展示自己。然而，所谓的提问者的优势并没有让人们（无论是答题者还是研究者）明显地给出“提问者有极其渊博的知识储备”这样的判断。答题者和研究者只是认为，提问者的知识量比答题者多了一点儿，或者是比大学生们的“平均水平”高了一点儿。

在日常生活中也能见到与这个答题研究（反映出的问题）相关性很强的事例。组织心理学家罗纳德·汉弗莱在实验室中设置了一个微型商业公司的办公室环境。他告诉实验对象，他很有兴趣研究一下“人们在办公室环境下如何共同工作”。他用了一个向所有人公开的随机方法选取了一些实验对象作为“经理”，并赋予他们监督的责任。另一些人则仅仅被设定为“职员”，听从经理的命令。汉弗莱给经理们一些时间学习他们的任务手册。在经理们阅读期间，研究者给职员们展示了一些类似邮箱、文件存档系统的东西。接下来，这个新组成的办公室团队要在一起办公两个小时。经理会给职员布置各种各样的不需要什么技巧的、重复性的工作去做，而且职员的自主权很少。就像在真正的办公室中一样，经理会恰如其分地做一些高技术含量的工作，并指挥着职员的行动。

在工作的最后阶段，经理和职员会为自己和对方在基于其角色的各种特点打分。这些特点包括领导力、智力、克服困难的能力、决策力、支持力。对所有这些特点，经理对自己的同伴（其他经理）的评分要高于他们对职员的评分。除了克服困难的能力这一项，在对其他项目的评分中，职员对经理的评分要高于他们对自身群体（职员）的评分。

人们会发现，很难透过表面现象辨别社会角色在何种程度上影响人的行为，即使社会角色是随机分配且特权群体的角色都特别明显的时候。当然，在日常生活中，人们是如何完成自己所扮演的角色一事就更难清楚理解了。因此，我们也就很难分清楚哪些行为是社会角色使然，而哪些行为是源自人的内在性格因素。

在看过了以上这些实验后，我才明白为什么我总对我的同事在博士资格口试中提出的机敏问题印象深刻——而通常或多或少会对我的学生给出的不那么有力的回答感到失望。

基本归因谬误常常会让我们陷入麻烦当中。我们相信了那些本不该相信的人，我们离开了那些其实各方面都很优秀的人，我们雇用了那些一点儿也不称职的人——所有这些都是因为我们没能意识到情境性因素的影响力，而它们的确在左右我们的行为。我们会认为人未来的行为能够反映出我们从他当前的行为中推测出的特点。（所以，你不会想到这种判断与“过去的行为是未来行为的最好指南”的论断是不相符的，相反，一个人在过去很长一段时间内、在各种情境之下的行为，才是最佳的判断依据。在极少数情境下观察到的行为，尤其是在极少数同类型的情境下观察到的行为不大有说服力。）

分道扬镳的人生路

你能达到的水平是和你在一起时间最多的5个人的平均水平。

——吉米·罗恩，美国企业家、励志演说家

在儿子 15 岁时，有一天，我碰巧从办公室的窗口看到他和另一个男孩步行穿过停车场。他们俩当时正抽着烟，而这是我妻子和我无论如何都想不到的，他不可能这么做。当天晚上，我对我的儿子说："今天，我看到你抽烟了，感到很失望。""是的，我抽烟了，"他挑衅式地回答我，"但这并不是因为同辈压力。"

而实际上，正是因为同辈压力。无论如何，他抽烟，正是因为他的同伴中有很多人都抽烟。我们总是因为别人做一些事情而去效仿。他人为我们做出了榜样，并且常常或直接或笑而不语地鼓励我们模仿他们。他们的成功超乎我们的想象。

社会影响力或许是社会心理学所有领域中被研究最多的课题。然而，我们仍然时常忽视社会影响力，不论是我们在观察他人行为的时候，还是我们试图向他人解释自身行为原因的时候。

最早有记录的社会心理学实验是由诺曼 · 特里普利特在 1898 年进行的。他发现一个自行车手在和他人竞速的时候会比独自计时训练时获得更多快感。这个现象在之后的一系列实验中也得到了验证。人们不仅会在和他人竞争的时候表现得更有活力，甚至在只是有旁观者的时候都会更有动力。社会促进效应（social facilitation effect）的影响力也存在于狗、负鼠、犰狳、青蛙和鱼类的身上。

（你可能会好奇蟑螂身上是否也存在这种效应。是的，存在！社会心理学家罗伯特 · 扎荣茨打开灯，让蟑螂畏光逃跑。一只蟑螂会在有另一只蟑螂紧跟着它的时候跑得更快。蟑螂甚至会在旁边仅仅有其他蟑螂看着的时候就跑得更快，更何况是当旁观的蟑螂在搭建起来的看台上时。）

很多年前，我买了一辆萨博汽车，然而不久后便发现我有好几个同事都在开萨博汽车。后来，我的妻子和我开始打网球，随后我们惊讶地发现我们的许多朋友和亲戚也都开始打网球。几年之后，我们对网球的热情渐渐褪去。同时，我也发现过去常去的网球场已不复当日人们排队入场的盛景，已然是空荡荡的了。我们去玩越野滑雪，同时期，我的几个朋友也很热衷。同样地，当我们最终对滑雪失去兴趣时，我竟然发现曾经那些热爱滑雪的朋友中的大多数人也差不多放弃了这一爱好。我也不怕告诉你，在诸如餐后小酌一杯、热衷小型货车、去看晦涩难懂的艺术电影等事情上都存在这个现象。

我仍不甚明白究竟是什么因素让我的朋友、邻居影响了我和妻子的行为。但是，我可以说，当时《消费者报告》对萨博汽车给出的好评是我们决定买一辆萨博的主要原因。我和妻子想进行定期锻炼，而家附近恰好有一个网球场，所以似乎自然而然地，我们就去打网球了。总是有另外一些事情，而不是熟人的影响力，可以被归为我们做一些事情的原因。

我们需要谨慎选择自己要交往的人，因为我们在很大程度上会受他们影响。这对于年轻人而言尤甚：你越年轻，受到同伴态度和行为的影响便越大。对于一位家长而言，他最重要和最具挑战性的任务之一就是要确保自己孩子的同伴会对自家孩子有好的影响。

经济学家迈克尔·克雷默和丹·莱维调查了一些大一随机分配室友的学生们的平均绩点。研究者调查了所有学生在高中时期对酒的消费情况。结果发现，那些高中时的室友有持续饮酒历史的学生的绩点要比高中室友滴酒不沾的学生的绩点低 0.25。两者的绩点可能分别是B+和A–，或是C+和B–。如果这个学生本身在中学时就是饮酒者，那么他的绩点会比那种自己不饮酒但室友在高中饮酒的学生低整整 1。这个差距意味着一个人可以上一所很好的医学院，而另一个人根本进不了医学院。（我在这里有意使用了“他”，因为对于一个女学生，是否有一个饮酒的室友对其并无影响。）

不过，有很大的可能性是，一个对室友不怎么怀疑的学生不大会把室友饮酒看作自己糟糕的学术成绩的主要原因。确实，研究者自己也无法确切地知道室友的行为为何如此重要，因为也许室友饮酒只是一种自然的消遣方式而已。当然，如果你喝酒时间越长，学习的时间就越短，你在学习时的效率也越低。

顺便提一句，你也可以简单地告诉学生们饮酒会在多大程度上影响他们的学业，而期望喝酒的大学生人数在减少。但这可能并不能打消学生们要与自己的同伴打成一片的想法。

> 我知道为什么（奥巴马总统）想让你上大学。他想以他的形象为蓝本重新打造你。
>
> ——参议员里克·桑托勒姆，
>
> 在其 2012 年总统竞选活动期间如是说

桑托勒姆参议员关于大学对人的作用的论断是正确的吗？这会真正把人们推向奥巴马总统的政治阵营吗？

是的，这话起了作用。经济学家艾米·刘和她的同事对来自 148 所社区学院和大学（包括规模较大和较小的，公立和私立的，有宗教传统和非宗教性质的学校）的学生进行了一项研究。他们发现，那些在大学即将毕业时标定自己为自由主义者或极“左”派的人数比新生中如此自评的人增加了 32%。而认为自己是保守主义者或极右派的人在即将毕业的学生中的人数则下降了 28%。

学生们在大麻合法化、同性恋婚姻、堕胎、废除死刑、增收财产税等问题上的态度逐渐“左”倾。如果有更少的人进入大学，那么共和党可能赢得更多的选票。

看起来你也可能在大学里变得“左”倾。如果是这样，那似乎是因为你的教授们的自由主义思想要对此负责吗？你想听取那些有威望的高年级学生的观点吗？我打赌这不会发生。对我而言，我在大学期间变得更加“左”倾，并不是像海绵一样吸取了教授们的观点或盲目地跟从我的同学们，我有新观点是因为我自己对社会本质以及促进其发展的各类事物有了更深刻的理解。

当然，我在政治观点上逐渐“左”倾也的确与我从同伴和教授们那里受到的社会性影响有极大关系。那些教授们不仅对自己的学生影响深远，他们也会彼此影响。一个保守派学生组织宣称，联邦选举委员会公开的统计数据表明，2012年，常春藤大学的教授中有96%的人为奥巴马总统进行了政治捐款。委员会还特别指出有一位布朗大学的教授给米特·罗姆尼捐了款。（而这有可能是因为纯粹的固执，而不是他的政治立场！）

以上所述的政治捐献倾向或许比较夸张，但作为一个社会心理学家和曾经的常春藤盟校的教授，我可以向你保证，那些教授的确是极其“左”倾的，而且并未意识到从众的压力已经影响到了自己的立场。对于他们自己的生活，那96%的常春藤盟校的教授倒是不会报告说他们认为每天刷牙是个好主意。

其他一些机构也是自由主义的温床。一位试图从谷歌公司招募工程师的共和党人发现，比起公开支持共和党，人们更有可能公开承认自己是同性恋。

毋庸置疑，一些机构团体在让人们形成和加强保守主义立场方面做得同样成功。在我眼里，这其中就包括鲍勃·琼斯大学和达拉斯商会。

当然，美国人不会连续 12 代人都大规模地转向“左”派。从那些自由意识强的大学毕业的学生会重新进入一个存在广泛多样观点的世界，而这种环境又会开始影响他们，一般而言会通过一种更加右倾的方式。

并不是只有态度和意识形态才会受到他人的影响。在和一个人谈话的过程中，你会不时有意识地改变你的体态。双臂交叠保持一会儿，把身体重心放在一边，把一只手放在口袋里。看着和你交谈的人变换的每一个姿势，并竭力忍住不笑出声来。“意念行动模仿”（ideomotor mimicry）是我们无意识进入的一种状态。当人们没有进行这种模仿时，交谈的另一方会感觉到尴尬和不安。但是，参与者并不明白是哪里出了问题。换句话说：“他真是个冷冰冰的人”；或是“我们并没有太多共同点”。

社会影响力无处不在

社会心理学家乔治·吉奥索和理查德·莱克曼做出一项有关社会影响力的开创性研究，他们之前也不曾预料到这项研究会带来令人欣喜的发现。他们询问了一群白人高中生对于大量社会议题的观点，包括一个当时在这些学生所处的社区中十分突出而极具争议性的问题，即为促进种族融合而开设的校车接送服务。几周后，调查者召集了那些学生，让他们对校车接送服务进行讨论。每个小组都有 4 个人，而小组中总会有 3 个人的观点相似——他们都对此表示支持，或者都反对。每个组中的第 4 个人是由调查者有意安排的“捣乱者”，他会准备好一大堆与其他组员相反的观点去说服他们。讨论结束后，实验对象又填写了另一份与先前格式不同的问卷，其中有一个问题是询问他们对于校车问题的看法。

最初反对提供校车服务的学生从根本上改变了他们的看法，转而支持这项服务。大多数原先支持此计划的学生则开始反对。研究者要求实验对象们尽力回想他们对校车计划的最初的观点究竟是什么。但在开始前，研究者提醒学生们他们最初的观点已经被记录下来了，然后会借此检验学生们回忆的准确性。结果发现，那些被要求参与讨论的学生在回忆自己最初的观点时有比较高的准确性。但是，在参与小组讨论的成员中，那些最初反对校车计划的参与者在“回想”他们先前的观点时，认为自己支持这一计划的程度比他们实际支持的程度要高。而最初支持的参与者在回想自己当初的想法时，得出的基本观点竟然是，他们反对这一计划！

除了揭示出社会影响力的巨大作用和我们对其的忽视之外，吉奥索和莱克曼的研究还得出了一个令人惊讶的重要观点，即我们对许多事物（包括对一些极其重要的事物）的态度不是来自某个“思维档案库”，而是在遇事时即刻形成的。就像人的观点会转向一样，我们对自己过去想法的印象也常常是“编造”出来的。2007 年，我的一个朋友告诉我，他会给任何一个共和党的候选人投票，而不会投票给当时人气颇高却没经过什么历练的奥巴马。2008 年，当他狂热地要给奥巴马投票之前，我向他提起了那件往事，他十分生气，还认为那一定是我捏造的故事。我自己也常常会被别人提醒，现在我强烈支持的某种观点和我过去的想法是矛盾的。每到这种时候，我总是觉得真难想象这个曾经表达过那种观点的人（竟然是我自己）。

评估行为动因时的“行动者－观察者”差异

几年前，和我共事的一名研究生告诉我一件关于他自己的事，让我惊诧不已。他曾因为谋杀而入狱。他并没有直接杀人，只是因为他的熟人犯案时他在场，检方便因此以协同谋杀而起诉了他。

我的这个学生又告诉了我一件关于他的谋杀犯狱友的事，着实令人震惊。杀人者总会把凶案发生归咎于他们所处的环境。“我让柜台后的那个家伙把所有的钱都交出来，他却躲进了柜台底下。这样我就不得不拿刀捅向他。我对此感觉糟透了。”

这一类的归因背后明显有为自己辩护的动机。但是，很重要的一点是，我们因此而明白，人们通常会认为他们自己的行为在很大程度上是对其所处环境的一种理智的回应——无论这种行为是善行还是可鄙。然而，我们很难认可他人行动中的情境因素的影响，所以我们更有可能在评判他人时犯下基本归因谬误——将个人性格因素看作其行为最主要或唯一的动因。

如果你问一个年轻人，为何要与某一个女孩约会，他可能会回答“她是个十分温暖的人”。如果你问同一个年轻人，他的一个朋友为何要与某一个女孩约会，他则可能回答说“因为他需要一个没什么压力的女朋友”。

当你问一个人，他们的行为，或者他们最好朋友的行为通常是会反映出他们的个性，还是他们的行为主要受环境影响，他们会告诉你，他们朋友的行为在不同场景下有高度的一致性，且一致程度比他们自己要高。

行动者与观察者对行为归因产生差异的主要原因是，情境对于行动者而言更明显。我需要知道我所处情境中的重要信息，这样我才能够做出恰当的反应（虽然我肯定会有意丢开或忽视一些重要信息）。但是，你并不需要对我所面对的情境给予特别细致的关注。相反，对你而言，最明显的是我的行为。因此，你很容易从描述我的行为（好或劣）转而描述我的个性（善良或残酷）。你常看不到，或可能会忽略，我所在的情境中的重要因素。无论如何都无法避免你在评价我的行为时将其归因于我的个性。

文化、情境和基本归因谬误

在西方文化背景下成长起来的人会高度关注自身的状况。他们往往专注于追求自身的兴趣所在，较少关注他人关心的事物，而在许多文化背景下生活的人则会在自己的生活中受到很多限制。西方人的这种自由始于古希腊人推崇的一种极强烈的个体主导。相较而言，同样古老而发达的中国文明则更多地强调群体的和谐之感，而不是个人行为的自由。在中国，有效的行为总会要求与他人顺利地合作，无论是与上级还是同伴。直到今天，西方文明中的独立自主与东方文明中的相互依存之间的差异依然明显。

在《思维的版图》[①]一书中，我曾指出，东西方这种不同的社会文明根植于其相异的经济源起。希腊人的生计维系在相对独立的职业类型上，比如经商、捕鱼、畜牧养殖，在农耕上有家庭菜园、橄榄树种植。中国人的生计主要就维系在农业种植上，尤其是种植稻米，这项工作对合作的要求更高。如果一个社会中的每个人都无法独立完成一项工作，那么治理这个社会最有效的方式或许就是专制统治（统治者大多会表现出仁慈，但有时不会）。

---

① 《思维的版图》中文版已由中信出版社于 2006 年 2 月出版。——编者注

所以，对中国人而言，关注社会情境是必要的，但对希腊人而言则不是。这些在关注点上的差别已经通过各类实验得到证实，实验者有来自西方的希腊独立传统继承者，也有东方中国儒家传统的传承者。我最喜欢的一个实验是由日本的社会心理学家益田孝彦设计的。他让日本和美国的大学生对下面这幅漫画中位于中间的那个人物的表情进行评价。

日本学生的描述是，当画面中间的人被四周悲伤的人（或是生气的人）包围时，会比他被快乐的人包围时显得悲伤。而美国大学生对画面中间那个人物的评价则不太受到他周围人物表情的影响。（这个实验还以其他形式进行过，即画面中间的人物的表情是悲伤的或者生气的，而周围的人则是快乐的、悲伤的或生气的，得出的结果相似。）

人对情境的关注也体现在物理环境上。如果想看一下人们对以人为背景的情境和以物为背景的情境的关注有多大的差异，请看下面这个从一段时长 20 秒钟的彩色视频中截取的场景，它表现的是水下的画面。益田和我向很多人展示了这段视频，然后让他们描述看到了什么。

美国人一般这样开始叙述:“我看到了三条大鱼向左边游，它们有粉红色的鳍，白色的腹部，背上有垂直的条纹。”日本人则更可能会这么说:“我看到了一条溪流，水是绿色的，在溪流的底部有岩石和贝壳，有三条大鱼向左边游。”只有当把情境搭建起来之后，日本人的焦点才会集中到对美国人而言最明显的事物上。总体而言，日本人报告自己看到背景事物的比例比美国人高60%。这就是你能预想到的，东亚文化背景下的人会比西方人更关注情境。

这种对情境性因素不同的关注点使得东方人在对人的行为进行归因时，更倾向于情境性解释，而西方人则更可能将行为动因归结于个人性格。韩国社会心理学家的一项研究发现，如果你告诉一个人，某个人在一个场景中的行为与大多数人的表现一样，那么韩国人会相当肯定地推断，某种情境性因素是导致人们行为的主要因素。但是，美国人会认为是个人的性格因素引导了他的行为——而忽略其他人在情境中会有同样的行为。

东方人容易受到基本归因谬误的影响，但不会像西方人那么明显。比如，一个和琼斯与哈里斯所做的实验相似的实验表明，人们倾向于认为，一篇论文作者的观点与文章本身的观点是契合的。崔仁哲和他的同事证明了，来自韩国的实验对象也会犯和美国人同样的错误。研究者提供给这些实验对象的情境类似于那个要求人们读论文的情境，韩国人抓住了重点，但并不认为作者的真实态度就是反映在文章中的态度。美国人则不会从明显的情境中获取什么信息，而是从作者的观点中得出结论。

东方人倾向于对这个世界抱有一种整体性的观点。他们将事物（包括人）放在情境中来看，因此更愿意把行为成因归于情境性因素，他们密切关注人与人之间、人与物之间的关系。西方人则有更具解析性的思维。他们关注事物，注意它们的特质，按其特质分类，然后会以这一类事物所具有的标准来看待某个具体的事物。

这两种思维方式都有其合理性。我毫不怀疑，解析性的思维方式在西方人占主导的科学世界里扮演了重要角色。科学的基础即是对事物进行分类，以及探究不同类别的事物所遵循的法则。事实上，当中国文明萌发生长之时，希腊人也发展出了自己的科学，虽然在数学等领域取得了长足进展，但并没有建立起真正的现代意义上的科学体系。

但是，整体性思维帮助东方人避免了在理解他人行为时会犯的严重错误。此外，那种不情愿将行为原因归于人的个性的心态帮助东方人建立了一种信念，即人有能力做出改变。正如我们将在第 14 章中看到的那样，在辩证思维方面，认为人的行为具有可变性的想法让东方人对一些重要问题做出了正确判断，而西方式的思维则常犯错误。

小结

在前两章中我们学到的重要一课是，我们的思维过程远比我们想象的要丰富。这项关于日常生活的研究所得出的结论复杂且深刻。

关注情境。这会让你更准确地辨识影响你自己和他人行为的情境性因素。具体而言，关注情境会帮助你识别出有效的社会影响力，反思可能无法让你明白对你的思考过程和行为造成影响的社会情境因素。但是，如果你能看到社会影响力因素对他人的作用，那么其实肯定你也会受到它们的影响。

意识到情境性因素通常会比它们看上去更深刻地影响你和他人的行为，而个性因素通常比它们看上去的影响力要小。不要以为，通过某个人在一个或两个情境中的行为就能够预测其未来的行为。也不要认为，一个人所拥有的个性、信仰或偏好导致了他的行为。

意识到他人对自己行为的归因会更偏于情境性因素，而你更愿意将他人的行为动因归结于其个性因素——他们其实比你更正确。他们对自己所处的情境（以及自己的过往）了解得更全面，比你知道得更清楚。

承认人会改变。自古希腊时期开始，西方人一直相信，世界是恒定的，各种事物，包括人，都会依照他们固有的个体特征而行事。东亚文化背景下的人则坚信，变化才是唯一的恒常之事。改变环境，就会改变一个人。后面的章节中会论述，变化的世界观通常会比恒常的世界观更正确，也更有用。

上述建议会成为你思维工具的一部分，帮助你理解这个世界。这些工具中的任何一种，你使用一次就会有更多的应用机会，因为你会看到它们的实用性，而同时你还会发现可以在越来越多的情境中应用这些思维的工具。

第 3 章　发现“理性的”无意识思维

我们总是自认为很了解自己的思维过程——我们在思考什么内容，以及思维过程具体是怎样进行的。然而，这种想法和现实之间横亘着一条鸿沟。

正如我们在前两章中读到的内容，一系列对我们的判断和行为产生了巨大作用的因素隐匿在黑暗中，不为我们所知。那些我们极少能意识到的外界刺激——如果我们能稍微注意到的话——能够对我们的行为产生深远影响。而许多我们注意到的外界刺激所产生的作用比它们看上去的作用要大得多。

我们并没有意识到，当我们想到老年人时，自己走路的速度会变慢；我们对詹妮弗表现的评价比对杰西的评价高，部分是因为我们知道詹妮弗的社会阶层出身比杰西要好；我们一反常态投票支持对我们所处社区征收较高的教育税，一部分原因是投票点设立在学校；我们会在鲍勃的请愿书上签字，而比尔的请愿书上则没签，部分原因是鲍勃的请愿书的字迹更清晰；我们觉得玛丽亚是个比玛莎更温暖的人，在某种程度上是因为我们和玛丽亚一起喝咖啡，而与玛莎一同喝了冰茶。尽管看上去我们能够掌控我们的思维，但其实在许多情况下并不能。我们仍然很积极地为自己的判断和行为找借口，但这些解释其实和真正的原因相差甚远。

从这些关于意识与感受的事实中，我们可以找到许多对于日常生活有帮助的重要信息。

意识与虚构

许多年前，蒂莫西·威尔逊和我进行了一项研究，旨在发现人们如何对自己解释发生在日常生活场景中的那些影响其判断的认知过程。我们假设当人们缺乏或有一种错误的理论解释他们的思维过程时，他们可能会误解所发生的事情。他们这样做是因为他们没有了解认知过程的途径，即一些可以解释事情发生的理论。

我们进行了一项简单的研究，即让人们记忆词汇组。然后，我们要求人们参与一个词语联想实验。例如，在第一项研究中，有一个词汇组是“海洋—月亮”。在第二个实验的词汇联想任务中，我们要求参与者说出一种洗衣粉的名称。你可能不会惊讶，在有了特定的词汇组的记忆后，人们更有可能联想到的洗衣粉的名称是“汰渍”。（当然有一些参与者并没有被告知“海洋—月亮”这组词，他们是对照组。）当词汇联想任务结束后，我们询问实验对象为什么会想到自己说出的词。他们几乎都没有提到自己先前获知的那个词汇组，而只是关注了联想目标的某个明显的特征（“汰渍是个非常知名的洗衣粉品牌”），或是一些有关它的个体性意义（“我妈妈用汰渍”），或是对它的一种情感上的反应（“我喜欢汰渍的包装盒”）。

当被详细地询问到这些词汇的线索所发挥的作用时，大约有 1/3 的实验对象表示其中有一些词可能发挥了作用，但并没有实验可以支撑这个结论，即没有人真切地感受到了词汇之间的联系。对于一些影响力强的词汇组而言，不止一个实验对象认为他们在联想时受到了词汇组的影响。对另一些词汇组来说，许多实验对象承认受到了影响，然而实际上只有极少数联想结果受到了影响。（我们要了解这一点，是因为先习得的词汇组会在不同程度上影响实验对象联想到目标词汇的概率。）这项研究揭示了，人们不仅会对脑海中的思维过程无力感知，而且当他们直接被问及这个过程时，他们也并不能回想起来。

人们可能不仅辨别不出来在因素A的影响下导致了结果B，他们还可能相信，是结果B影响了因素A。

在我们的一些研究中，实验对象报告出来的对事件的归因可能颠倒了实际上的因果顺序。例如，我们向一些学生展示一段面试内容，面试中，一位大学教师在用欧洲口音说话。有一半学生看到的是，这位教师以一种温暖的、和蔼的、热情的形象展示了自己；另一半学生则看到，同一位教师表现得冷漠、专制和严苛，并且不信任自己的学生。随后，这些实验对象需要评价教师的受欢迎程度及其在两种不同实验状态下的三个本质特征：他的外表、他的行为习惯、他的口音。

那些看到了温暖的教师的学生当然比看到冷漠教师的学生更喜欢这位教师，同时学生们对该教师其他特征的评价也显然受到了"成见效应"的影响。成见效应是指当知道一个人的一些非常好（或极其恶劣）的特征后，对他的其他方面的评价也会受到这个信息的影响。绝大多数看到温暖教师的学生认为这位教师的外表和行为举止是有魅力的，并对他的口音给出了中立的评价，而大多数看到冷酷教师的学生对他的评价是令人讨厌和恼火的。

那些看到温暖的教师的学生是否意识到自己对他的好感影响了对他其他特征的评价，而看到了冷酷教师的学生又是否意识到那种负面感觉影响了他们的评价，我们向一些实验对象问了这个问题。他们都强烈否认了自己对教师本质特征的评价受到对其印象的影响。（实际上，“让我想一下，我当然会恰当地评价一个人的口音，不会受到‘我有多喜欢他’这种因素的影响”。）我们问了另一些实验对象相反的问题，即在多大程度上他们对这位教师个人特征的评价影响了他们对这位教师的整体喜欢程度？那些看到温暖教师的学生否认存在这种影响。而那些看到冷酷教师的学生则认为他们对每一个特征（外表、行为、口音）的厌恶都可能影响了他们对这位教师的整体评价。所以这些学生让整件事情变得十分难解。他们厌恶这位教师，这降低了他们对他的外表、行为和口音的评价，但是他们却否认这种影响，同时还坚持认为他们对每一个特征的厌恶影响了他们对他整体上的好感！

因此，我们会自信地认为，自己没有被一些实际上影响了我们的因素影响；也会同样自信地觉得，那些实际上没有产生影响的因素影响了我们。这种混淆会让我们在对人进行判断时犯下严重的错误。我们总是弄不清楚自己为什么喜欢或者讨厌一些人，这会使我们在与他们相处的过程中犯错误。例如，我们试图让他们改掉一些我们认为导致他们招人厌恶的个性或行为，但实际上这些行为是中性的，并且与我们做出的整体评价无关。

潜在认知与潜在劝导

当某种外界刺激影响到一个人的行为时，人们往往意识不到。“潜意识”这个术语是指一种人们无法意识到的刺激。（“阈限”是指像光、噪声或某种事物出现这类刺激开始被感知到的那个临界点。）

心理学中的一个著名发现是，若在人们面前展现一种特定类型刺激的次数越多——比如小调、汉字、土耳其语单词、人脸，人们就会越喜欢这种刺激（只要他们在一开始不讨厌这种刺激）。这种所谓的“多看效应”（mere familiarity effect）在一项研究中得到证实。在研究中，实验对象用一只耳朵听一段对话，而用另一只耳朵听音调序列不同的声音。研究结果证明，人们听到某一种特定音调序列的次数越多，就会越喜欢它。这种情况甚至会发生在人们根本没有意识到给他们播放了某段声音的时候，而且当人们在实验后分不清给他们播放了许多遍的声音与从未给他们播放过的声音时，这种效应也是存在的。

心理学家约翰·巴奇和宝拉·皮切莫纳克在计算机的屏幕上展示了一些单词，但都不超过 1/10 秒，以保证实验对象并没有意识到他们看到了这些词。研究者使用了一种“遮蔽刺激”，即在一行“XXXX……”中夹杂着遮蔽的单词。他们给一些实验对象展示的是有敌对意味的单词，而给另一些对象展示的是中性词。接着，实验对象会阅读描述唐纳德这个人的段落，其中唐纳德的行为可能被描述为有敌意的，或者仅仅是中性的。（“一个推销员敲门，但是唐纳德拒绝让他进来。”）那些看到了有敌对意味单词的实验对象比那些看到中性词的人对唐纳德的评价更负面，认为他更带有敌意。而即便在刚读完这段内容的时候，实验对象也不能分辨出他们看到了的词和没看到的词，他们甚至不知道那些词是否曾一闪而过。

类似的实验给我们抛出了一个问题：是否存在一种“潜在劝导”的作用——人们会受其影响相信或做一些事情，算是对外界刺激的一种回应，即使这种刺激的存在感很低，人们甚至都无法确认他们是否真的感知到它了。多年来，人们就这一问题进行了相当多的研究，然而几乎没有一种实验能充分证明存在这种刺激作用。

最近的一些市场调查表明，“潜在刺激”实际上会影响人们对商品的选择。例如，让一些口渴的人在无意中看到一个特定品牌，他们更可能会选择这个牌子的饮品，而不会选一个他们没看到的牌子的饮品。

然而，毫无疑问，在人的阈限之上（人们能够意识到）的刺激——尽管看上去是偶然发生的或很难意识到——的确会影响消费者的选择。即使是像某个人使用的钢笔的颜色这种微小的刺激对其选择商品的影响也是巨大的。在一项消费者调查中，用橙色钢笔写字的人比用绿色钢笔写字的人更有可能选择橙色的商品。情境性暗示会像对其他事物产生影响一样，也会对消费者的选择产生作用。

如何在“觉察”前感知

在大众眼中，无意识的东西主要是有关暴力、性和其他一些最好不要被提及的被压抑的想法。实际上，这是锅嫌壶黑，人们能意识到的想法并不都是纯洁的。大量关于暴力和性的想法也萦绕在人们的脑海中，并不只是存在于潜意识中。如果你交给一些大学生一个蜂鸣器，让他们写下自己每次听到蜂鸣器发声时在想什么，大多数时候这些学生的想法都与性有关。还有一大部分学生说，他们产生了要杀掉某人的快感。

其实，除了一些不被人们接受的想法之外，潜意识一直在帮助我们做些有用的事情，甚至是不可或缺的事情。

潜意识中的想法对我们来说是“在觉察之前发生的事”。想一想，我们的感知系统是在无意识的情况下控制着一系列的刺激。我们头脑中能意识到的事物只是这些刺激中的一小部分。那些在有意识的想法之前的无意识想法才是你会感兴趣的刺激，或是你需要好好应对的刺激。

如果你质疑这种说法，那么请设想这样一个情境，你在一间摆放了一座落地钟的房间里。无论你是否能意识到，你其实一直在听着钟嘀嗒嘀嗒地走着。我们如何确认这件事呢？因为如果钟停止走动，那么你会立刻注意到。或者，你也可以想一下“鸡尾酒派对现象”。你站在一个还有另外 30 个人的房间里，努力想在一屋子人的喧闹声中听到那个和你交谈的人说的话。她一直在说，可是你却听不到。不，事实上，你听到了，但听到的是周围人说的话。然而，如果一个离你大约 1.5 米的人提到了你的名字，你会立刻听到，并且转向他。

正如潜意识会比你真正意识到的东西发挥更大的认知作用一样，我们的思维拥有比想象中强大得多的各种元素，而这些元素在我们的思维中发挥作用的领域也极其广阔。在这种情况下，如果你放任“有意识的思维”发挥作用，那么它可能会把你对事物的评价弄得很糟糕。如果有人鼓励你用语言表达出你对某些事物的选择（喜欢或是不喜欢），比如艺术招贴画或果酱，那么相比于只是自己思索一会儿而后直接选择，你的选择会更加糟糕。我们明白自己的判断之所以会变糟，是因为当人们被要求说出自己的选择时，他们在很大程度上会说出一些他们并不是很满意的选择。

“有意识的思维”会使我们误入歧途的一部分原因是，它会让我们更多地关注可以用语言表达出的一些特征，而那些特征只是事物最重要的特征中的一部分。那些无法用语言表达出来的潜意识部分像能表达出来的东西一样重要，双管齐下才能做出更好的选择。

如果你能在选择过程中排除有意识的思维的影响，有时会得到更好的结果。在一项支持这个结论的研究中，荷兰研究者让一些学生从四套公寓中挑选最好的一套。每套公寓都有一些吸引人的地方（例如“位置极佳”）和不尽如人意之处（例如“难以应付的房东”）。其中一套公寓从客观上讲明显好于其他公寓，因为它有 8 项优点、4 项缺点和 3 个比较中性的特点——这种组合让它优于另外三套。一些实验对象必须立刻做出选择，几乎没有时间去想自己的选择是有意识的，还是来自直觉。另一些实验对象则需要花三分钟时间仔细权衡自己的选择，并且尽量评估所有信息，这些学生有充足的时间做一个理性的选择。第三组实验对象和其他人得到的信息一样，但是他们并不能仔细考虑这些信息，因为在三分钟的时间里他们要同时完成另一项很难的任务。如果他们考虑了有关公寓的信息，那么他们就是在无意识中完成的。

研究结果很显著，第三组学生，即那些要分心完成困难工作的人，做出正确选择的人数比那组被给予足够时间思考的人要多出 1/3。此外，被给予足够时间做选择的小组中做出正确选择的人数也不如那组需要立即做出选择的学生多。这些发现与我们在日常生活中做选择的过程有着深刻的联系。我们在本书的第二部分中将讨论这个话题，即关于人们如何做选择的理论，以及他们如何让自己所做的选择在最大程度上成为最佳选择。

学习“潜意识”

事实上，潜意识思维在我们学习特别复杂的事物时比有意识的思维更加有效。更重要的是，潜意识能帮助我们做一些“有意识的思维”做不到的事。帕维尔·勒维克和他的同事让实验对象关注被分成了四个象限的电脑屏幕，一个“X”会出现在其中一个象限中。实验对象的任务是摁下一个按钮，预测“X”将会出现在哪个象限当中。他们并不知道，“X”会出现在某一个特定象限中其实是遵循了一套极为复杂的指令。例如，“X”不会在同一个象限中连续出现两次，“X”不会返回其最初出现的位置直到它至少两次出现在了其他象限中，“X”第二次出现的位置决定了它第三次出现的位置，而它第四次出现的位置则取决于前面两次的位置。人们真的能学会这样一套复杂的规则吗？

他们能。我们知道人们能学会，这是因为：首先，实验对象在实验次数增多之后，摁下正确按钮的速度会越来越快；其次，当规则突然改变时，他们的表现会迅速一塌糊涂。然而，有意识的思维并不能让人们知晓究竟发生了什么。实验对象甚至都不会意识到存在这样一套字符出现规则，更别说确切地知道规则是什么了。

然而，实验对象很擅长解释自己突然变得很糟糕的表现。这种情况可能是真实的，尤其当他们是心理学教授时（他们碰巧知道了自己在参与一项有关无意识学习的研究）。其中三位教授表示，他们只是“失去了自己的节奏”。有两位教授归咎于研究者，认为研究者在屏幕上放了一些分散其注意力的潜在信息。

为什么我们不能有意识地辨识出我们学到的那套规则呢？在此，我想问一个简单的问题：“为什么我们应该辨识出来呢？”最重要的是，我们认识到存在这套规则结构，而不是一定要用语言确切地表达出这套结构背后具体的规则。

潜意识十分擅长辨识出各种结构。想象一个计算机网格包含了 1 000 个像素点，其中有黑色的，也有白色的。取出那个方格的一半，然后随机分配这些像素点，让一些成为黑色，另一些成为白色。然后把这半个方格翻过来，制作成一个和其最初样子相对应的镜像图像。把这两个图像并置，你会立刻注意到两者之间的对称关系。你是怎么看到这个完美的对称呢？这肯定不是经过了有意识的计算去确定是否每一个像素点都有和其形成镜面对称的点。如果你要通过计算得出存在完美对称，那么你必须计算 500 000 次。这种计算技巧即使是现在也不可能通过计算机来完成。

在你辨认出复杂结构的时候，显然没有用到烦琐的计算。观察出镜像是瞬间的，自动的。只要它在那里，你就不可能看不到它。如果一个人来问你，像素点的结构到底是什么，你可能会彻底感到绝望（除非有奇迹出现，这些像素点自己形成了一些十分清晰，并且可以让人明确描述的图形）。你的神经系统是一个被精心设计的结构辨识器。但是，我们对它辨识出结构的过程一无所知。

不幸的是，我们真的极其不擅长辨识结构。我们看到了一些根本不存在的结构。正如我们将在本书第三部分中看到的那样，我们常常会自信地解释一系列随机事件发生的原因，比如那些事情是由另一个人引发的。

潜意识是一把钥匙

质数是指那些只能被 1 和自身整除的自然数，而欧几里得在 2 000 多年前就证明了存在无穷多的质数。一个有趣的事实是，常会出现“孪生质数”，它们之间只相差 2，例如 3 和 5、17 和 19。那么这种“质数对”也有无限多吗？这个问题在过去的 2 000 多年中深深吸引着杰出的数学家和大量的数学爱好者，但人们并没有找到答案。目前，人们通过计算机找到的“质数对”多达 $3\ 756\ 801\ 695\ 685 \times 2^{666\ 689} - 1$ 个。然而，这种粗略的借助计算机的方式并不能真正解决这个问题，因而关于“质数对是否有无穷多”的猜想便成为数学领域的圣杯。

2012 年 4 月 17 日，《数学年刊》收到了一位籍籍无名的数学家的论文，这位作者来自新罕布什尔大学，他宣称自己在“孪生质数猜想”的证明上取得了重大进展。这位名叫张益唐的作者在其获得新罕布什尔大学的教职之前的很多年中，曾做过诸如会计、甚至是赛百味公司的职员等许多类型的工作。

各类数学期刊会不断收到默默无闻的数学家寄来的论文，声称自己有伟大发现。《数学年刊》的编辑发现张益唐的论断从表面上看是有道理的，于是很快把这篇论文发送给了期刊审稿人。三个星期之后这篇文章被接受了——这在学术界是不可思议的速度，所有的审稿人都表示，文中内容是正确的。

张益唐在论文中证明了存在无穷多个质数对，每对的两个质数相差都小于 700 000 000。无论你在极其大的质数域中找到多大的数，无论它们的出现多么罕见，你所找到的质数对中，两个质数的差会小于 700 000 000。

数论学家宣布这个发现是“令人震惊的”。应哈佛大学的邀请，张益唐在哈佛大学的所在地剑桥城给一众学者做了报告。就像他的论文令审稿人震惊一样，他的演讲也震撼了现场的听众。

张益唐曾花费三年时间研究“孪生质数猜想”，然而一筹莫展。有一天问题的答案突然跳入了他的脑海，那时他并不是在办公室苦心孤诣地研究这个猜想，而是坐在朋友家的庭院里，朋友家位于科罗拉多州，他正等着朋友一起出发去听音乐会。他说：“我突然间意识到该怎么解了。”

既然潜意识已经完成了它的任务，接下来费力的有意识的思维工作开始了。张益唐又花费了好几个月完善了这个证明方法的所有细节。

张益唐的经历是在最高层面上解决了创造性问题的一个典型案例。对于一些有创造力的人而言，比如艺术家、作家、数学家和科学家，他们在描述自己的作品产生过程时具有惊人的一致性。美国诗人布鲁斯特·吉塞利搜集整理了一卷关于创造性过程的论文，文章的作者都是一些创造力惊人的人，从庞加莱到毕加索，不一而足。

吉塞利认为：“通过纯粹的有意识的计算过程而得出的思维成果似乎从不会有。”他书卷中的那些论文作者几乎都会把自己描述为“旁观者”，不同于那种只因置身于情境中而首先见证了创造性成果产生的“观察者”，而这些成果也不会通过有意识的思维而产生。

这些创造者不仅坚持认为自己并不知道是什么原因催生出了成果，而且他们有时候甚至都意识不到那些自己头脑中出现的一切解决问题之法。

数学家雅克·阿达马这样写道：“（我能感到自己）极其突然地被一个外界的声音唤醒，一个我长久寻觅的解法在我没有一点儿防备的情况下立刻出现了……而且它与我之前苦苦追寻的一切解法大相径庭。”数学家亨利·庞加莱记录下来：“旅途中的那些改变让我忘了自己的数学工作……就在我要踏上公共汽车的那一刻，那个想法造访了我，它没有出现在我之前的任何一种数学思想当中，我曾经利用那套新想法去阐释富克斯方程和非欧几里得几何学是等价的。”哲学和数学家阿尔弗雷德·诺思·怀特黑德则写下：“那种头脑中被各种天马行空的猜想塞满了的状态可以成功地促使你归纳出事物的一般规律。”

诗人斯蒂芬·斯彭德如此描绘:“冲撞着我内心的那一片晦暗的云一定在酝酿着一阵诗化的雨。”诗人艾米·洛威尔写道:“没有特别的缘由,一个念头就进入了我的脑海,比如‘青铜的马’。我会将马当作一篇诗作中的意象放在心中,我很看重它,但并不会特别地多想什么。我会把我保存的意象扔进潜意识里,挺像一个人把一封信丢进邮箱里。6个月之后,诗句就降临了,诗篇(会自动使用我储存的那些词汇)就在‘那儿’。”

历史上那些最有创意的人如何得到最有意思的想法,你和我就应当如何应对我们那些世俗得多的问题,其要领是一样的。

半个多世纪以前,心理学家诺曼·迈尔在实验室的天花板上悬挂了两条绳子,同时给人们提供了许多夹钳、镊子、额外的绳子之类的物品。他要求实验对象将那两条绳子的末端系在一起。困难在于,这两条绳子相隔很远,以至于当人们握住一条绳子的时候,无法够到另一条绳子。实验对象们迅速想出了一些解决办法,例如利用额外的绳子连接两条绳子中的一条。在他们每想出一个解法后,迈尔都会说:“现在请换一种方法。”

在所有解法中有一种明显比其他解法要难很多,大多数实验对象都不能独立想出来。在实验对象苦苦思索的时候,迈尔在房间里踱步。如果他们过了好一阵都没有进展,迈尔会随意地晃动其中一条绳子。随后,通常是在得到这个暗示后的45秒之内,实验对象会捡起一个辅助的物件,将它系在一条绳子的末端,让它像钟摆一样荡起来。之后走到另一条绳子那儿,抓住它,等着第一条绳子摆动到足够近的位置时抓住它。迈尔随即问实验对象是怎么想到钟摆这种方法的。他得到的回答有:“它就那么出现了”,“这是唯一可行的方法”,“我只是意识到,如果我在上面系上了重物的话，绳子可以晃动”。

一位参与实验的心理学教授给出了特别动人的解释：“在试尽了其他一切方法之后，下一件事就是让它摆动。我想到了一个在摆动中渡河的场景。我想象着猴子在树枝间摆动。而那个解决办法几乎同时跟着我对猴子的想象出现了。它完整地出现了。”

在听完实验对象的解释后，迈尔进一步追问，晃动的绳子是否对他们有所启发。近 1/3 的人承认那有帮助。但是，并没有理由相信这些人确实意识到了晃动的绳子所起到的作用。而且很有可能，他们只是觉得这种理论可信，并且选择了相信它。为了确认实验对象并没有对他们当时的想法进行真实的回忆，迈尔又进行了另一项实验，他将绳子上系着的重物旋转起来。这个提示是没有用的，没有人因为它而想到解决办法。对另一些实验对象，迈尔旋转了重物，不久之后，又让绳子摆动起来。大多数人很快想到了钟摆式的解法。然而，在被问到原因时，所有实验对象都认为是旋转重物帮助他们想到了解决办法，反而否认绳子摆动对他们起到作用。

我们从迈尔的实验得出的结论意义深远。有意识的思维对于解决问题的过程是无效的，正像它对其他一些认知过程无效一样。

“有意识思维”真的无用吗？

我们需要知道的最重要的一点是，潜意识在解决一些特定的“有意识思维”无法解决的问题时才有效。尽管潜意识可以谱出交响曲，也可以解决一些几个世纪都没有答案的数学问题，但它并不能算出 173 乘以 19 等于多少。你可以问问自己，在迷迷糊糊要入睡的时候能否算出来，也可以看看当你在第二天早上起床刷牙的时候那个乘积是否会突然跳出来。答案是，并不会。

因此，我们需要各种规则——可能一些简单的法则中也包含了许多规则，比如乘法运算，这些规则能做到的事情，潜意识解决不了。（对于你我来说，是这样的。或许学者有时候不需要。）现实就是极其矛盾，一个四年级学生可以通过规则解决的问题，像冯·诺伊曼这样的天才却无法通过潜意识来解决。潜意识当然也需要根据规则发挥作用。但是我们目前也没有比较好的办法加以辨别，哪些规则体系需要有意识的思维，而哪些可以通过潜意识发挥作用，或者在一些情况下两种思维都能发挥作用。

我们知道，对于给定的任务，可以通过确切的规则或者潜意识来解决。但是，每个人给出的解法通常是全然不同的。诺贝尔经济学奖获得者、计算机科学家、心理学家、政治哲学家赫伯特·西蒙，并不认可蒂莫西·威尔逊和我的研究，我们俩认为在人的思维过程中存在一种有意识的观察行为。西蒙发现，那些在解决问题过程中边思考边把想法说出来的人可以准确描述出他们是如何解决问题的。然而，西蒙的例子只表明，人能够总结出他们解决问题时所用规则的理论，而这些理论只在有些时候是准确的，这和观察思考过程完全不是一回事。

在有意识地解决问题时，我们会意识到以下几方面：一是我们头脑中特定的想法，二是我们相信的那些掌控着（或者说是应该掌控着）我们如何处理这些想法的具体规则，三是许多从一切正进行着的思维过程中输出的认知和行为。我知道乘法运算的规则，我清楚头脑中有 173 和 19 这两个数字，我知道必须用 9 乘以 3，保留 7，然后进上 2，依此类推。我可以搜索在我的头脑中，哪些我知道的法则适用于我的这次乘法运算。但是，上述所有过程并不意味着我知道乘法运算本身是如何发生的。

在我们与西蒙的对话中，西蒙实际上给我举出了一个完美的例子，即一项给定的任务如何通过潜意识的规则或者是有意识展现出的规则而得到执行。

当人们首次玩国际象棋的时候，他们能在棋盘上移动棋子却无法告诉你他们下棋的规则（如果他们在遵循着一些规则的话）。实际上，人们的确在遵守一些规则。他们的技巧被称作“愚人的策略”，专家们都明白其中的技巧。

随后，如果人们坚持下国际象棋，同时阅读相关的书籍，并且和一些高手交流，那么他们在下棋的时候就会遵循一些规则——他们自己能清楚意识到的，并能够准确描述出来。然而，我仍然坚持认为他们并不明白发生了什么。他们仅仅是发现自己的行为和那些明显的规则一致，和那种他们在使用规则时所产生的想法一致。

不幸的是，我们不能掌控那些复杂问题的解法如何运行。而更加糟糕的是，我们常常确信自己能够掌握。当一个人相当肯定自己明白正发生的一切，或是他认为自己没有犯你试图给他指出的错误时，要改变这个人进行决策的思维方式是十分困难的。

当玩家成为真正的行家时，他们便又一次无法准确描述自己所使用的规则了。这部分是因为他们不再能够有意识地表述在自己技艺还不成熟时学到的许多规则，另外一部分原因则是他们已经在无意识中将自己归为大师或棋圣了。

然而在两种情况下，我们则有可能意识到潜藏在我们判断背后的思维活动：

1. 我们宣称自己知道引导判断和行为的思维过程，但是我们从不说自己知道藏在感觉背后或从记忆中获取信息的思维过程。我们明白后一种思维过程超出了人的理解范围。我们会产生相当丰富的感觉和记忆，它们都是在无意识中发生的。认知过程为什么会不同呢？

2. 从进化论的观点来看，为什么理解那种对我们产生作用的思维过程很重要呢？我们的意识要处理的事情已经够多了，它没有必要理会推理和行为产生的思维过程。

我们不能直接认识思维过程并不意味着我们意识不到它的存在。通常情况下，我们都能极其确定吸引自己注意力的最重要的刺激是什么，以及自己为什么会做出一些举动。我们明白自己调整车的行驶方向是为了避免撞到松鼠，我们清楚自己会在办公室捐款的主要原因是其他所有人都捐款了，我们知道自己对考试焦虑是因为学习得太少。

然而，为了找到让我做出判断和行动的确切动因，我需要一个正确的理论。并没有一个理论说，如果有一幅画着椰子的画挂在盒子上方，我就不会欺骗别人。也没有理论表明，人们如果在教堂里投票就会更加反对堕胎，或者饥饿会让我对一名应聘者更冷酷，或者鱼腥味会让我怀疑自己正在阅读的东西，或者端着一杯热咖啡会让我觉得你是个温暖的人。那么，可以解释以上事情的理论究竟是什么样的呢？是否真的存在一些理论可以系统地说明影响我们行为的因素呢？

如果我们拥有关于行为背后的思维过程的理论，我们便可以用其解释行为。事实上，在很多例子中，我们会抗拒这个过程，那样反而常常能获得更好的结果。然而，缺少合适的理论还是会让我们无法正确解释自己的行为。

小结

这一章展现了许多我们在日常生活中的行为背后的意义，以下是其中最重要的几方面：

不要以为你知道自己产生一些想法和行为的真正原因。我们不知道那些很少会被注意到的和转瞬即逝的偶然性因素可能扮演的角色，甚至我们经常连那些很明显的动因都辨别不出。我们为什么要以自信为代价，放弃正确的自我认知呢？因为，如果你无法肯定自己为什么会产生一些想法以及要做一些事情的真正原因，你不会做那些不能让你的利益得到充分满足的事情。

不要以为他人对自己行为动机的解释比你对自身行为的解释更正确。我时常发现自己在告诉别人我为什么会做一些事。当我这么做的时候，我通常会确切地感觉到自己在对他人讲的时候掩盖了一些内容，并且对于我实际说出来的话应该更多地持保留态度。然而，那些倾听者却频频点头，似乎全然相信我说的一切。（对心理学家，我常常礼貌地提醒他们并不一定要相信我。不过可别试图对非心理学家这么做。）

尽管我已经认识到自己的事后解释大致介于“可能正确”和“谁知道到底是怎么回事”之间的状态，但是我还是会相信他人的解释，上他们的当。有时候，我会意识到人们在编造貌似合理的解释，而不是准确地讲述。我真的无法告诉你我为什么总是这么容易受欺骗，然而这并不能阻止我告诉你要对他人所言持保留态度。

劝告人们怀疑他人对自己行为和判断的动因解释顺便也适用于法律领域。人们越发意识到，证人、被告人和陪审人在法庭上的发言——无论是关于他们曾经的行为，还是他们认定的结论，都不可信，即使在他们都在尽自己最大努力做到诚实的情况下，其话语仍值得怀疑。

你需要让“潜意识”帮助你。莫扎特似乎有一种隐秘的音乐能力。(如果你看过《莫扎特传》这部电影，你会发现他创作的曲谱上不会有来回删改的痕迹。) 但是对普通人而言，创造性地解决问题似乎需要两个方面的意识：

1. 一些固有规则和意识对于分辨问题中的元素十分关键，并且对于勾勒出问题的大致解决方案是必要的。《纽约客》杂志的专栏作家约翰·麦克菲曾说过，他在正式落笔前必须先准备一份草稿，无论那东西多么糟糕。如果“没有草稿，你显然就不会知道如何在它的基础上改进。简言之，你可能在一天当中实际上花了两三个小时写作，而你的大脑以另一种方式，连续工作了24个小时，是的，连你睡觉时它也没停下。当然，这一切工作能进行都有赖于你已经有一份草稿了。除非有草稿，否则写作不会真正开始。”(麦克菲，2013) 麦克菲也表示，另一种让写作进程开始的好办法是，给你的妈妈写一封信，告诉她你打算写什么。

2. 有意识的思维在你核对和完善由潜意识得出的结论时十分必要。那些号称解法突然间造访他们的数学家也会告诉你，确认那些解法是正确的需要他们花费大量时间做有意识的工作。

在整本书中，我要告诉你的最重要的事情是，你一定要充分利用潜意识免费帮你完成大量工作。

我在开设讨论课的时候会给学生提供一个需要思考的问题清单，以作为下节课讨论的基础。如果我一直等到最后一刻才准备这些问题，那会耗费我大量时间，并且问题的质量也不高。一个十分有效的方法是，在最后期限之前的两三天里，我可能每天只花几分钟的时间想想什么问题会是比较重要的。当我最后开始认真设计那些问题时，我常会感到，我像是听到某种指令后写下问题，而不是创造出了它们。如果你是一个学生，请思考这个问题：开始准备一篇上交期限在结课那天的学期论文的正确时间是什么时候？答案是：课程开始的那天。

如果你在一个问题上一筹莫展，那么丢掉它吧，把注意力转向其他事。把这个问题交给潜意识去猜测吧。当我做微积分作业时，我曾经发现自己总会在解题到一个阶段的时候就困在那里，无法推进。我会纠结在那个问题里很久，最后只好带着沮丧的情绪去看下一道题，而新的题甚至会比之前的题更难。这样的苦闷感觉会一直持续到我最后绝望地合上书本。现在来对比一下我的一个朋友在遇到难题时是如何做的。他会直接去睡觉，等到第二天早上再来解决问题。当然，也不是每次正确的思路都会跳进他的脑海里，但我还是希望，要是我在大学里就认识这个人该有多好。

我希望，通过对我们的思维过程有更清晰的认识，可以让你更容易地理解本书中介绍的概念。事实上，如果你知道一个特定概念有用，并不意味着你就会使用它，并且用对它。只有你频繁地使用这个特定概念，在你使用它的时候才会变得越来越自然。

第二部分

告别沉闷的科学

MINDWARE
Tools for
Smart Thinking

当你想到经济学家时，脑海中可能会出现这样的画面：一位教授，或是政府官员，或是公司主管正用方程式描述各个国家的国内生产总值，预测来年的煤炭市场状况，或者向政府建议如何为隔夜贷款设定税率。关注这一类宏观经济事务的学科是宏观经济学。进行此类研究工作的经济学家近年来不再像过去那样受到重视。我们从诺贝尔奖获得者保罗·克鲁格曼的权威说法中可以明白其中原因，没有经济学家能预测 2008 年的经济衰退。（除了那个预测了 9 次，其中成功了 5 次的家伙！）实际上，有些批评家甚至声称，正是经济学家为投资银行和评级公司设计的那些错误数学模型导致了经济衰退。

在获得 2013 年诺贝尔经济学奖的三位经济学家中，有两位是因为证明了股票和债券市场本身是理性且具有准确规律的而获奖。股票和债券总是在它们被出售的特定时刻体现出它们的实际价值，因此人们试图操控市场是不可能的。同年获奖的另一位经济学家则证明了市场并不都是理性的，并且在一定程度上被人们的情绪化反应驱使，因此想通过把握市场时机成功赚到钱是极有可能的！（我的经济学家朋友告诉我，这两种观点并不是真正对立的。我一笑置之。）

到底哪些有关宏观经济的观点是正确的，你没有必要了解得太多，这对你在日常生活中提高行动效率并没有太大帮助。不过，经济学当中的另外一个分支与你的生活息息相关。微观经济学即是一门研究个人、团体和社会如何做出选择的学科。微观经济学家习惯于告诉我们应该如何做出决定。然而，无论是描述性还是阐释性的微观经济学研究都备受争议。在过去的 100 多年中，有无数的描述性选择理论和阐释性选择理论被提出。每隔一段时间，当这个领域中的研究者们看上去就要达成一致时，很快又会有人提出新的理论框架，新一轮争辩的战火便又重燃。

认知科学家和社会心理学家涉足微观经济学领域导致了最近的一次论争。行为经济学是心理学理论及研究和新的经济学视角相结合的产物。这个混血儿想在传统的描述性和阐释性理论那里寻求突破。此外，行为经济学家也开始进入微观经济学领域，帮助人们做出决策。他们不仅会告诉你如何做出选择，还会促使环境也随机而变，这样人们便能做出最优选择。这听上去或许有些奥威尔式的独裁感觉，但实际上并不是。一些行为经济学家曾半开玩笑地把他们的事业描述为“自由家长制”。这些经济学家会告诉你如何决策、如何把握这个世界，让你有更好的选择。但是，他们不会强迫你做什么。你可以一直选择忽略他们对你的影响而独立决策。

正如你期待的那样，我们在前面的章节中已经讨论了心理学家进入经济学领域之后带来的一些基本假说和理论。这里面包括我们并非始终知道为什么自己会做一些选择，以及我们的行为并非是完全理性的。因此，行为经济学家会说，你需要一些帮助。

第 4 章将向我们展现一些十分传统的关于决策和决策过程的经济学理论。其中列出的大部分材料已被多数经济学家接受，甚至包括一些持不同意见的行为经济学家。第 5 章则展示一些我们在日常生活中进行决策的整个过程中会犯的各种错误。了解这些错误会改善你处理这些每日要面对的数不清的错误的方式。第 6 章将从行为经济学的视角解读我们如何决策、我们应当如何决策，以及为什么需要专家在正确方向上“助推”你一下。

第4章　你应该像经济学家一样思考吗？

当困难的事情（决策）出现时，我们感觉很难做决定，仅仅是因为当我们在思考它的时候，所有支持和反对它的理由没有同时呈现在我们的脑海中……要想解决这个问题，我的方法是在一张纸上列出两栏，一栏写上支持的理由，另一栏写上反对的理由。随后，我就以两种不同思路思考，得出不同动机的线索……支持或反对……我努力评估它们各自的分量，如果我发现有一条标准两边是一样的，那么我就会把它删除。如果我发现有一条支持的理由等于两条反对的理由，那么我会把这三条都删去……就这样不断寻找平衡……尽管理由的重要性无法以代数方法量化处理而得到准确值，但是当你去考虑每一条理由时，或者分开考虑，或者对比式地考量，那么整件事情便会呈现在你面前，我认为此时我们便能做出更好的判断，从而避免做出轻率的决定。

——本杰明·富兰克林

我们可以将本杰明·富兰克林关于如何做决策的建议称为“决策分析”。富兰克林给出的这个详尽完整的决策分析方法，其雏形可以追溯到17世纪中期，当时的数学家、物理学家、发明家和基督教哲学家布莱士·帕斯卡提出了该方法。在使用这种“期望值分析法”的时候，你需要列出每个选择可能导致的结果，评判它们的价值（正面的或负面的），然后再计算每种结果会出现的概率。随后，用概率乘以价值，其乘积就是每种行动的期望值。

接下来，你就可以选择期望值最高的那一项了。

帕斯卡设计了后来广为人知的博弈情境来描述其决策理论：每个人都必须决定是否信仰上帝。在今天，我们将他的分析法的核心称作“支付矩阵”：

帕斯卡博弈情境下的支付矩阵

	上帝存在	上帝不存在
信仰上帝	+∞（无限获益）	−1（有限损失）
不信仰上帝	+∞（无限损失）	+1（有限获益）

如果上帝存在，而且我们信仰他，收获就是永生。如果他存在但我们不信仰他，结果便是永生受到折磨。如果上帝不存在而我们信仰他，那么会有一些无关紧要的损失——大多数情况下是失去了做坏事的乐趣，不过这样我们就不会有伤害他人的自私行为。如果上帝存在而我们不信仰的话，就会产生相对而言最小的收益——放任那些犯罪带来的愉悦，表现得很自私。（这里顺便提一下，今天的许多心理学家会认为帕斯卡将“有限收益”和“有限损失”的位置放反了。实际上，你在付出钱财时会比得到它们更加幸福，善待他人也会让一个人快乐。但是这些并不影响帕斯卡支付矩阵的逻辑。）

如果帕斯卡的矩阵是正确的，我们会为那些在上帝存在的条件下的可怜的无神论者感到遗憾。只有傻瓜才不会信仰上帝。然而，不幸的是，你并不会因为这样念叨两句就产生信仰。

帕斯卡为此提供了一个解决办法。他提出了一个新的心理学理论，今天我们称之为认知失调理论。如果我们的信仰与行为不符，则有一些事情需要改变：要么是我们的信仰，是我们的行为。

我们无法直接控制自己的信仰，但是能控制自己的行为。因为失调是一种有害的状态，因此我们的信仰需要贴合我们的行为。

帕斯卡对于无神论者的描述是，他们调整自己的状态，“在做所有事情时都呈现出一种好像有信仰的状态，取圣水、去做弥撒等。这会让你信仰……你会失去什么呢？”

社会心理学家认为帕斯卡只是碰巧说对了。改变人们的行为，接着他们的信仰、想法也会改变。帕斯卡的决策理论大体上成为在他之后所有的标准决策理论的核心。

成本－收益分析

一位经济学家会坚持说，对于任何决策，无论其结果如何，你都应该进行可以计算期望值的“成本–收益分析”。成本–收益分析的正式定义应为，能获得最大净收益且花费成本最小的行为是你应当采取的行为。具体而言，一个人应该按照下列步骤来行动：

1. 列出所有可能的行动方案。

2. 确定行动会影响到的所有对象。

3. 确定行动为各方带来的成本和收益。

4. 选择你衡量方案优劣的形式（通常会以金钱作为标准）。

5. 预测在相应的时间段里每种方案的成本和收益所带来的结果。

6. 衡量这些结果出现的概率。

7. 随着时间推移，对结果打一定折扣（一栋新房子现在对你的价值要比 20 年后它对你的价值高，因为到那时你能够享受它的时间更少了）。这种折价的结果被称作“净现值”。

8. 进行敏感性分析，这意味着你要随时调整通过成本–收益分析得出的结论，因为你可能会在估计成本花费和收益时犯错误，或是错误地估计了某个结果出现的概率。

当然，所有这一切听上去令人生畏，而在实际操作时可以省去或简化一些步骤。

在生活中，一次完整的成本–收益分析会比以上那张清单展示的简单得多。一家日用器具公司可能需要决定是否推出一种或两种颜色的榨汁机新品。一家汽车公司可能需要在两种车型中决定生产哪一种。成本和收益比较容易计算（而估测它们出现的概率特别难），金钱是一个明显的量度，折扣率对于两种选择是一样的，而敏感性分析相对而言也很容易操作。

个人的决策同样也不太复杂。让我们来看看一对夫妻遇到的一件事，他们是我的朋友。这对夫妻的旧冰箱该换了。A选择是买一台新的普通冰箱，就像大多数人家中的一样，根据其质量和性能（例如制冰装置和冷却器）的差异，价格1 500~3 000美元不等。这种冰箱有一些不足，它们的维修记录不是特别好，并且使用寿命相对较短，可能只有10~15年。B选择是买一台在质量上高于普通冰箱的产品，它的品质极其优良，有许多吸引人的地方。它性能完美，维修记录很棒，而且预计可以使用20~30年。但是，它的售价是普通冰箱的好几倍。

在这类决策中，计算期望值并不算难。收益和成本都很清楚，而且估测它们出现的概率也不太难。虽然选择对他们来说可能有些困难，但是我的朋友们还是很顺利地做出了选择，因为他们已经考虑了所有应当考虑的因素，他们评估出了成本和收益的合理数值，以及两者出现的概率。

然而，还是有略微复杂一些的选择，它们包含了多种成本与收益评估。比如，你在考虑买一辆丰田车还是一辆本田车。如果一辆丰田车的整体价值为X，那么你不会买，或者说，不应该买一辆整体价值也为X且价格更高的本田汽车。

好的，这是当然了（肯定会选价值相同的两者中更便宜的）。然而，这个选择的细节中存在陷阱。

问题一：如何限制选择空间，即你实际要考虑的所有选择方案。谁说你一定要在丰田车和本田车之间做选择？一辆马自达汽车如何？为什么一定要执着于日产汽车呢？德国大众和美国福特也不错啊。

问题二：什么时候可以终止搜集信息。你会真的考察丰田车和本田车的每一项性能吗？你知道这两辆车每一年的油耗是多少吗？知道这两辆车的相对贴旧换新价值吗？最优选择并不是真实生活中你做选择时要达到的实际目的。如果我们确实想优化选择，便会陷入“哲学家的驴”所处的困境，饥肠辘辘地面对两捆干草，犹豫不决。（“这一捆看上去更新鲜一点儿。另一捆似乎草量更多一些。这一捆距离更近一点儿。”）

让我们回顾一下前面章节中介绍的赫伯特·西蒙的理论，对了，就是那位经济学家、政治科学家、心理学家、计算机科学家和管理学专家。他试图以成本-收益理论解决上述两个问题。他认为，试图让决策最优化往往是非理性的。这是由高速计算机借由其无限信息存储量完成的任务，而不是我们这些普通人可以做的事。我们的决策过程则是有限理性的。我们寻求的不是最优决策，而是满意策略［satisfice，是“满意”（satisfy）和“足够”

（suffice）这两个词的结合]。我们在进行决策时需要根据其重要性而决定自己投入的时间和精力。这是对微观经济学理论的一次修正，到目前为止它都被证明是正确的，而西蒙也因此获得了诺贝尔经济学奖。一方面，那些要花费10分钟才能决定选择巧克力味还是香草味的人是需要帮助的；而另一方面，也会有“结婚太急，后悔莫及”。

然而，满意策略本身也存在一个问题。它作为一种规范性解释（你应当做什么）是不错的，但是它并不能恰当地描述人们实际的行为方式。人们可能在买一件衬衣时比买一台冰箱花费更长的时间，可能在比较烧烤架的价格时比评估按揭利率时投入更多精力。

一个关于人们在做重要决策时投入时间极少的极端一点儿的例子是，大多数学者在做绝大部分重要金融决策时只会花费两分钟。当他们去填写自己的雇员登记表时，行政职员会问他们将如何分配退休金中的股票和债券的比例。新雇员通常会问：“大多数人都会怎么做呢？”负责登记的人回答：“大多数人会按五五开。”“那我也这样吧。”在过去的70多年里，这样的决策让那些教授们在退休后获得的收益大大减少，对半分配股票和债券获得的收益要比将退休金都投入股票少。（但是，请注意，我不是真正的金融分析师。如果你不顾我的非专业性而要听从我的建议，那么也请记住，有些分析师会建议在你退休前的几年，将投入股票中的很大一部分资金拿出来，转而投向债券或兑换成现金，这样做的话，一旦在你退休时股市低迷，你的损失会小很多。）

那么，需要花费多少时间决定买哪一辆车比较合适呢？当然，这因人而异。富有的人不必思虑他们的选择，只要把那些车全都买下来！如果富有的人因为错误计算了概率而得到了不好的结果，他们也只是损失一些钱而已。不过，对大多数人而言，花费几个小时，甚至几天为买车做一些研究是必要的。

现在我们来看一个极其复杂且影响很大的例子。这是我在写作本书过程中，发生在我的朋友身上的一件事。

我有一个朋友是中西部一所大学的教授，他最近接到了美国西南部的一所大学的邀请函。那所大学希望我的朋友可以去那里创建某个医学领域的研究中心，我的朋友是这个领域的开创者之一。因为之前世界各地都没有针对这个领域的研究中心，因此相关专业的医学院学生、博士后人员都无处可去。我的朋友非常想促成这个中心的建立，并希望能借此让自己名垂青史。

以下是一部分他需要考虑的关于这个抉择的成本和收益的项目：

1. 选择很简单：走或是留。

2. 受到影响的各方面：生活在中西部地区的我的朋友、他的妻子和他们已成年的子女，可能要授课的本科生，医学院的学生和博士后，全世界的人——因为我朋友的研究领域中的任何医学发现都可能是极其重要的，所以如果研究中心能建立，便有希望产生更多这类发现。

3. 确认我的朋友和他的妻子从这次决策中花费的成本和获得的收益是一件混合了很多因素的事情。有一些收益显而易见：创建一个新中心的激动心情，开拓自己的研究领域，逃离中西部地区恼人的冬天，更高的薪水，在学术工作状态上的一次转变。而评估这些收益中的某些项目的发生概率却并不容易。一些成本同样明显：搬迁的各种麻烦，行政工作的负担，西南部地区的夏天，离开原先珍贵的朋友和同事。那么，对于世界的影响呢？很难讲：没有办法知道如果换一个人来领导这个研究中心，他们能取得什么成果，能有多大的进展。我朋友的妻子的成本与收益则比较容易衡量，她是一个小说家，对工作地点的要求并不高，但是她从搬迁中获得的价值与各项事务的发生概率依然很难计算。

4. 衡量指标是什么呢？薪水可以用钱数来看。但是，一个有60华氏度（约15.5摄氏度）高温的晴朗1月和一个气温为20华氏度（约6.5摄氏度）的多云的1月的价值如何比较呢？如何衡量建立一个研究中心得到的快感和因为各项人员招募与行政管理事务带来的烦恼呢？那些各种未知的成本和收益呢？真的不可能衡量。

5. 如何看待折扣率？目前的薪水是合适的，但是很难讲之后的情况。

6. 如何做敏感性分析？除了能说大部分的成本和收益值都很大之外，还能有什么发现呢？

所以，既然有这么多无法确定的因素，为什么还要把成本–收益分析做得这么完整呢？

因为，正像富兰克林说的那样，经过这个分析过程你会对各种信息认识得更清楚，减少了做出一个草率决定的概率。但是我们也不必自欺欺人，并不是每次的决策过程都能得出一个确切的数字来指导我们怎么做。

我的一个朋友曾在她要进行一次重要行动的时候使用了成

本–收益分析。当她在快要结束那个任务之际，她不禁感慨：“天哪，这方法根本没用！我不得不考虑更多的东西。”看，这就是她的答案。诚如帕斯卡所言：“理智永远不明白我们的内心所愿。”而弗洛伊德也说过：“当要做一个不太重要的决定时，最便捷的方法是列出它的所有优缺点。然而，对于十分重要的事情，最终的决定来自一种非理智的判断，它源于我们内心深处。”

我的朋友显然是跟随了内心的感觉，而理性在此退居一旁，但我们必须明白，即使是内心的选择也会受到外界信息的影响。一如我在前面的章节中指出的，那种无意识的判断需要所有相关的信息，而其中有些信息只能通过理性而有意识的过程产生。有意识获取的信息被添加到无意识的信息当中，无意识思维随后分析出一个答案再送回我们的头脑中。无论如何，在面对重要抉择的时刻，你还是应该采用成本–收益分析，之后，就随它去吧。

机构的抉择和公共政策

到目前为止我还没有讨论关于期望价值理论和成本–收益分析的一个大问题，类比来说，即如何比较苹果的成本和橙子的收益。对于各类机构，也包括政府，采用同样的标准比较成本和收益是必要的。如果我们可以用“人类福利单位”或“功利点数”比较成本和收益自然不错，但是没有人想出有说服力的方法来量化这两样东西。因此，通常我们只能用金钱来衡量。

现在想一想，我们该如何用成本–收益分析来评估一个相当复杂的政策呢？举个例子，为年龄还不够上幼儿园的贫穷的少数族裔孩子提供高质量的日托照顾是否值得。曾获得诺贝尔奖的经济学家詹姆斯·赫克曼就和他的同事一起对此做了分析。与高质量的日托照顾相反的做法显而易见，即不采取日托照顾。赫克曼和他的团队需要分析出受到影响的各方，并估计一段时期之内的收益，他们最终决定将这段时期的终点定在这些孩子 40 岁。他们必须将所有成本和收益折算成金钱，并考虑折损率。他们不必估算这个过程中所有成本和收益的出现概率和价值，因为有些东西在前人的研究中已有结果。比如，因为接受救济而省下的钱，因为接受特殊教育和在学校留级的比例降低而节省的钱，那些进入大学的孩子的读书开销，在 40 岁之前收入上的增长。另外的一些项目则需要估算。研究者估算了给孩子提供高质量的日托照顾的成本，同时将一般日托照顾（或根本不照顾）的成本作为控制组，而后比较了两者，不过它们并没有相差太多。

赫克曼和他的团队按照每年 1.3 万亿美元的标准计算了总体犯罪成本。这个标准则是根据美国国家统计数据中的犯罪案件数量和犯罪性质的恶劣程度来估算的。然而，犯罪成本的估测值是不确定的。我很遗憾地告诉你，国家统计数据并不可靠。对那些作为研究对象的孩子在 40 岁前犯下的罪行的数量和类型的估计是基于个人被捕记录的，这些记录显然不够准确。一个人在孩童期被指控，而在成人后不再犯罪，这种可能性的降低很难用金钱作为单位来衡量。赫克曼的团队只是简单地将那种可能性的价值定为 0。

赫克曼在 2006 年佩里学前项目中对成本和收益的经济价值的计算。所有价值都包括了 3% 的折损率，并且是以 2004 年的美元标准计算的。“收入”“福利”“犯罪”是指孩子们成年后在这些方面体现出的相应价值（更高的收入，获得的福利和减少的犯罪成本）。“K–12”是指在救助学校省下的钱。“大学 / 成人”一项是指学费。（此处转载获得《科学》杂志授权。）	
日托照顾	986 美元
收入	40 537 美元
K–12	9 184 美元
大学 / 成人	–782 美元
犯罪	94 065 美元
福利	355 美元
总收益	144 345 美元
总成本	16 514 美元
净现值	127 831 美元
收益对成本比率	8.74

将所有高质量日托最后会影响到的人和事物都列出来是不太可能的。估算出不计其数的研究对象花费的所有成本和获得的收益也不可能。事实上，赫克曼和他的同事在此也没罗列出所有已知的收益。例如，接受过高质量日托的人去吸烟的可能性更低，而这个结果对这个人本身和对其他人的收益（包括那些为了治疗与吸烟有关的疾病而支付更高保险费用的人）都很难衡量。对于在犯罪行为下的受害者，只有他们在金钱方面的损失能计算，而他们所受的伤痛和折磨无法计算。

最后，我们要如何给那些参与过日托项目的人提升自尊赋值呢？如何给这些人对他人增加的满意感赋值呢？

许多未知横亘在这里。然而，赫克曼和他的团队还是设法通过计算来评估了这个项目。他们计算出的收益对成本比率为 8.74，意思是对于付出的每一美元都能获得将近 9 美元的回报。这对于一个有着很多不确定性和猜测要素的分析来说是一个相当精确的数字。我对人们未来会用经济学家所用的这种分析法来行事持怀疑态度。

尽管成本–收益分析的结果并不实际，但进行分析的过程真的没有意义吗？不，进行分析还是必要的。现在我们已经走到了敏感性分析的最后阶段。我们知道在极端情况下，许多数字是可疑的。比如，假设为避免犯罪而耗费的成本被夸大了一个数量级，然而净收益仍然为正值。更重要的是，赫克曼和同事排除了许多收益内容，要么是因为那些收益不为人知，要么是因为计算它们的金钱价值或发生概率是毫无意义的。

因为除了上表中列出的成本之外，再没有我们已知的比较重要的成本，而且我们只是遗漏了收益，所以我们可以知道高质量的日托项目是成功的且收益很高。另外，进行成本–收益分析是影响公共政策的一种尝试。正像一句老话所言："在政策博弈中，每次总是聊胜于无。"

罗纳德·里根在 1981 年成为美国总统，在众多"左"派人士强烈反对中通过的首批法案中的一项是，所有由政府签署通过的新规定都要经过成本–收益分析。这项政策被后来所有的美国总统沿用。奥巴马总统下令要对美国所有现存的法规做成本–收益分析。负责执行该命令的政府官员表示，公众因此省下的钱已经相当多了。

生命的价值

公司和政府做出的一些重要决策事关人命。从这个角度而言，这些决策涉及的收益（或成本）需要计算。然而，我们应该都不会想去计算人的生命的价值吧?

事实上，无论你觉得计算生命这件事多么令人厌恶，你仍然得认同，我们必须至少对人的生命赋予一种默认的价值。如果在城市的每一个角落都安置一辆救护车，那么就能挽救更多生命。可是，你并不会真想这么做。尽管花钱添置救护车可能在一个中等规模的城市里每周可以多拯救一两个生命，但是这笔开销会被否决，因为这笔花费可能会让政府预算无法全力支持教育、康乐设施或其他公共福利，以及其他（除救护车之外）医疗卫生开支。在一个城市中，你肯牺牲多少教育的资源去换取合适数量的救护车呢？我们可能会明确说出这个交换的价值，也可能保持缄默。但是，无论最终怎样决策，我们还是会赋予人的生命一个价值。

那么，一个生命的价值几何呢？你可能想在为政府机构买单的过程中寻得答案。美国食品与药物监督管理局在 2010 年明确而果断地给一个生命赋了值——790 万美元。这个数额与两年前相比跃进了一大步，2008 年一个生命价值 500 万美元。运输部也计算出了在自己的标准中一个生命的价值，600 万美元。

实际上，并没有衡量生命价值的统一途径。美国环境保护署就为一个生命赋值 910 万美元（应当是在 2008 年时估算的）。这个数额基于人们为了规避确定的风险所花费的金钱数，以及公司为了让员工承担额外的风险而在其身上花费的额外金钱数。另一种计算生命价值的方式是去评估我们到底会花多少钱去挽救某一个人的生命。斯坦福大学商学院的经济学家通过我们在做肾透析项目上的花费来计算生命价值。有成千上万人如果不接受肾透析治疗便不知道在哪一天就会离世。有学者研究表明，对于需要透析治疗的人而言，一年“质量调整生命”价值 129 000 美元，因此我们可以推断，这个社会赋予那些“质量调整生命”的价值是 129 000 美元。（这里的生命质量改善是基于透析患者一年的生命而计算的，虽然经过透析，但是这些患者的生命状态称不上舒服，他们一年的生命价值平均只有健康者生命价值的一半。在同年龄层的人中，因为老年痴呆和其他病症而接受透析治疗的人更常见。）对于接受了透析治疗的人而言，他们 50 年的生命价值大约为 1 290 万美元（129 000 美元 × 2 × 50）。

经济学家将这种根据某种理性方式得出的生命价值称为“显示性偏好”。某种事物的价值通过人们希望为其付出的东西而显示出来——这与人们说他们会拿出什么做交换是极其不同的。人们谈到自己的偏好时可能会自相矛盾，因此很难判断其偏好的真伪。一些随机被选出的人表示，他们会花费一些钱拯救 2 000 只因为原油泄漏而受到伤害的鸟；而另一些随机挑选出的人则会花费同样多的钱拯救 20 万只同样的鸟。很明显，人们对于拯救因原油泄漏而受到伤害的鸟类有一个预算，不管最终拯救了多少只鸟，他们花费的资金总额不会超出预算。

有很大一部分发达国家在为公共医疗或私人医保买单的时候大致会将需要一年治疗（以改善生命状况）时间的生命定价为 50 000 美元。这个数据并非基于科学测算，它似乎只是一个被大部分人认为合理的数值。这意味着，这些国家会为一个现年 75 岁的身体不甚健康的老人在其未来 10 年的医疗保健上支付 500 000 美元（假设该老人的预期寿命为 85 岁），国家不会支出 600 000 美元，或者哪怕是 500 001 美元。国家最多会为一个 5 岁的生命在其未来 80 年中（即预期寿命为 85 岁）共支出 400 万美元。（在美国并没有一个公认的针对人们生命价值的医疗预算成本，尽管民意调查显示，如果存在这样针对生命价值的预算成本，大部分民众会或多或少比较安心。）

那么，在发展中国家，一个生命价值几何呢，比如孟加拉国或者坦桑尼亚？那些国家自然没有发达国家富裕，但是我们也一定不会认为，那些国家国民的生命要比发达国家的人生命价值低。

可是，事实上，我们的确这样讲了。有跨国研究机构计算过，发达国家的国民生命价值要高于发展中国家的国民。（其实，这样的计算结果对于发展中国家的国民而言也是有一定良性影响的。政府间气候变化专门委员会指出，发达国家针对因气候变化而带来的后果——避免一个生命的死亡——的花费为发展中国家的 15 倍。）

讲到这里，我相信，你肯定对计算一个生命价值的技术深感怀疑，而我甚至本来不打算和你分享下面的故事。保险公司给一个煤矿工人的赔偿会少于一个办公室职员，这是基于煤矿工人自己选择了高危职业而导致他的生命价值会更低。福特汽车公司决定不召回汽油箱有安全隐患的“平托”系列汽车，因为召回将会让公司损失 1.47 亿美元，而赔偿那些因问题汽车而殒命的人仅需 0.45 亿美元！

然而，在现实生活中我们仍需要为生命估计出一定的价值。否则，我们可能会浪费大量金钱而无法让人的生命质量提升，同时也无法做到花费最少的成本而让成千上万的人得到生命质量的提升。

公地悲剧

一个有关成本–收益理论的问题是，我的收益可能是你的成本。让我们思考一下知名的“公地悲剧”概念。有一片对所有人开放的草原。每位牧羊人都想在这片草原上尽可能多地放牧。然而，如果每个牧人都让自己的羊群数量增加，那么到一定时间点，这片草原达到过度放牧的临界点，这会威胁所有人的生存环境。问题（或者说悲剧）在于对每个牧羊人来说，他们从增加一只羊那里得到的好处都是+1，而大家因此对公共草原的破坏却只是–1的一部分（–1由分享这片草原的牧羊人数量均分）。我对利益的追求与其他所有人对利益的追求结合起来的结果是，我们所有人的损失。

当政府介入这个问题时，无论是有执政党自己组织的政府，或是借由外部代理人运转的政府都只有以下途径可走。牧羊人必须同意限制每个人的羊群数量，或者政府必须给定限制。

污染物也会带来类似的公地悲剧问题。我十分享受我的航空旅行，我的空调环境和汽车之旅。然而，因为每个人的享受而制造出的空气污染物以及随之而来的全球气候恶性变化会让大家所处的环境变得糟糕。经济学家认为，这些外部事物会伤害地球上的所有人。我自己当然也会深受污染和气候变化的伤害。然而，我这种“应当带有负罪感”的快乐的价值的收益是+1，而成本只有:（–1）/ 7 000 000 000 。

70亿人的自我管理是超出我们能力范围的，换言之，“自我监管”在一个国家中只存在形式上的可能性。

这一章讲述的成本–收益分析对任何人来说都并不新鲜。我们显然在生活中都做着类似的事，然而成本–收益理论中蕴含的一些东西并不明显。本章已经展现了一些该理论背后隐藏的内容。在下一章中，我们将看到选择中错过了最优结果的例子，原因便是我们没有辨认并应用成本–收益理论背后隐藏的内容。

小结

微观经济学家并没有在人们如何做决定或者他们应该怎样做决定的问题上达成一致。但这些学者都认同，成本–收益分析是研究人们通常做什么决定，怎样做决定的一种方法。

要做的决定越重要、越复杂，做此类分析也就越关键。同样，决定越关键、涉及的因素越多，那么在做完决定后立即将它抛诸脑后的速度就越快越好。

有时候，即使是有明显缺陷的成本–收益分析也会在极大程度上拯救你的决策。一次敏感度分析可能会表明（在一项决策中）特定的成本或收益值的可能变动范围是极大的，即便如此，这次具体的决策也将明显是众多备选决策中最明智的一项。然而，当有一位经济学家精心为你提供了成本–收益分析的结果时，还是在手边准备一只盐瓶吧（以免他误导了你，你生气想扔东西，却没有可扔的）。

目前并没有完备的计算成本与收益的基本度量单位，但是我们总是能通过一定方式比较它们。虽不完美，但金钱的确是目前可使用的唯一度量单位。

计算一个人生命的价值总是令人反感的，而且这种方式会时不时地被极端误用，然而这仍是目前出台一些相对合理的政府决策时的必经之途。否则，我们将要面临耗费巨大资源而收效甚微的结局。

面对一方收益却造成另一方损失的“公地悲剧”，唯有强制性的公共约束才有可能解决。这可以通过涉事各方达成公约，或是由地方、国家乃至国际机构从中斡旋来实现。

第 5 章　倒掉的牛奶与免费的午餐

你是否有过这样的经历，点完餐、付过账，最后却没吃完就从餐厅里出来，只是因为你不喜欢那一餐的味道？

你可曾想到一位经济学家会将这种状况下的夺门而出视作明智的决定呢？

假定你正要去剧院看一场演出，你花了 50 美元买门票——当然你认为这是物有所值的。不幸的是，你弄丢了这张票。现在，你会再花费 50 美元补买一张门票坚持去看这场演出吗（这样便相当于你总共花了 100 美元买了一张票）？

你会花钱雇人来帮自己做一些让你厌烦的家务杂事吗，比如修剪花枝、粉刷屋子或者清洁卫生？

你居住的小镇上的一家医院要被拆除了，以便给新医院腾出空间。如果要彻底改造这家旧医院，投入的资金会极其高昂，和建一家新医院的花费不相上下。那么，你会倾向于改建旧医院，还是以旧换新呢？

在你阅读过本章节之后，你可能会对上述问题给出不同的答案。成本-收益理论中蕴含着一些微妙却对我们的日常生活意义深远的暗示。这些暗示几乎和该理论要求我们做出可获取最大净收益的选择一样重要。当这一切发生时，你会发现那些暗示可以从理论对我们的要求中合理地推断出来，而你可能会发现自己在实际处事过程中不断违反那些要求。辨别出这些错位的做法会帮助你节省时间和金钱，同样也能提升你的生活质量。

沉没成本

我们来说一个购票看比赛的例子吧。你在一个月前买了一场篮球比赛的门票，比赛将在距离你家 30 英里①的一个城市举行。比赛进行的当晚，你得知自己期待的球星不能上场比赛了，因而这场比赛会比你之前盼望的无趣得多。不巧的是，天上开始飘落雪花。这张球票价值 80 美元。此时，你会坚持去看比赛，还是会改变计划待在家里呢？一个经济学家面对此情此景又会做何选择呢？

经济学家会告诉你做一次思想实验：假设你没有买球票。你本打算买，但最终忘了。如果这时有个朋友给你打电话，告诉你他买了票，但自己没法去了，而你可以免费得到他的票。如果你回答“太好了！我这就去你那儿取票”，那么你就应该无论如何都要去看这场你已经花钱买了票的比赛。而如果你回答“你一定是在开玩笑。那位球星不去现场，而且天也开始下雪了”，那么你就不应该去看比赛，即便你的钱白花了。如果你为这个决定感到不快，那是因为你没有在做决策时充分运用沉没成本的原理。

沉没成本原理是讲，在做决策时，只考虑未来的收益和成本。篮球比赛门票的钱是你很久之前就花出去的了——它已经沉没了，你不去看比赛也不能把钱拿回来。只要你认为自己的净收益是正值，你就应当去看比赛。如果你能这样劝说自己，“虽然没有球

① 1 英里≈ 1.609 千米。——编者注

星，外面还下雪，这让人不开心。但是，我今晚真的非常想看球赛。我已经读过了报纸上的所有内容，而且也没有什么电视节目可看”，那么就能安然地去看比赛了。否则，就不要去了，因为你的脑海会被自己付出的成本肯定收不回来这样的想法占据。

要改造你们镇上的旧医院花费高昂这个事实与选择改建它还是拆除它并建一家新医院这件事没有丝毫关系。你的祖父母为建造医院所纳的税已经是尘封的记忆了，这些钱不会因为你决定不花费就再度出现。保留旧医院还是建立新医院的决策唯一需要考虑的因素是未来。你唯一应当比较的是，建立新医院的净收益和改造旧医院的净收益，哪个更高。

你应当坚持吃完一顿花费很高但口味糟糕的饭吗？绝不应该，除非你已经穷到连涂抹三明治的花生酱都买不起了。当你发现自己的汤里有苍蝇时，你可能会讨回你付的餐费，但你可能不会要求见经理，并且告诉他你拒绝给肮脏的千层面付钱。因此，这顿饭的花费沉没了。你也没有必要坚持吃这顿恶心的饭，而招致额外的成本。

当你花了 15 美元买票，却发现电影极其令人失望，后面也不可能变得更好，这时你应当走出电影院吗？是的，一定要离开。

经济学家的座右铭是——其实你也应当牢记在心——你未来的生活从此刻开始。昨天发生的所有事都无法挽回了。为倒掉的牛奶而哭泣无济于事。

没有经济学家思维的政策制定者在使用纳税人的钱时往往找不到更好的理由，他们只会对外宣称要为了已花费的资金做补救。“的确，我们国家的武器系统并不是非常完备，但是我们已经花费了 60 亿美元，因此我们不想浪费这些钱。”此刻，你得提醒你的众议员们那句箴言——“别再有了坏账之后继续扔钱了。”那笔坏账就是沉没成本。更阴险的政客会冠冕堂皇地为继续一场战争找借口，让更多的人去前线冒险，“这样已经阵亡的人才不会白白牺牲。”

制药公司有时会辩称，制定超高的药价是为了“收回制药成本”。他们实际上是把负担转嫁到了消费者身上。制药的成本已经沉没了。他们会在市场上攫取一切能从新药那里获取的利益，即便制药的实际成本是极低的。他们不会因为自己的诡辩而负责，因为公众并不能透彻理解沉没成本的概念。

这里要提醒一下读者。如果你开始依照沉没成本原理应对生活，你可能会时不时地犯错误。我不会在看戏剧时中途离场，因为我意识到如果让演员们在中场休息之后看到空荡荡的观众席是一种不尊重。当看一场我觉得无聊的电影时，我也不会再去问妻子她是否要留下来继续观看。因为有好几次我们都因此不愉快：“你喜欢这部电影吗？”“嗯，还行吧。如果你想的话，我们可以离场。”“不，就这样吧。我不介意继续看。”剩下的时间我们俩人都不开心，妻子因为知道了我是勉强留在座位上而不开心，我则因为让她扫兴而愧疚。

有一些夫妇在理解了沉没成本原理之后认为，人们面对糟糕的婚姻关系时不应该因为自己已经花费的时间和精力就勉强维系这段婚姻，那些时间和精力已经沉没了。我对这种观点持审慎态度。在考虑是否维系一段婚姻时，所花费的时间和精力的确是需要考虑的因素。然而，如果过去的时间和精力是有价值的，那么它们在未来可能也会有价值。想想那句话，“婚姻是为了填满那些失去爱的时间”。

机会成本

曾经有一件事让我很困惑：我的母亲会驱车穿越整个镇子去购买折扣很低的清洁剂，同时也为了把她从报纸上剪下来的仅价值两美元的优惠券花掉。她驱车来回这件事中隐藏了一些成本。她需要为油费和车的养护花费。更重要的是，她本可以用这段时间来读一本小说或者打桥牌，我觉得她可以从这些活动中获取更大的价值。换言之，她因为驱车穿越镇子购买促销的清洁剂而产生了机会成本。

所谓机会成本，即因为进行一项行动而失去另一项次优行动带来的收益。这种成本产生的条件是，资源是有限的，并且行动主体因为自身选择的行动而无法同时做其他事。机会成本并非其他所有没有做的选择的总和，而只是未选项中最优选择的收益。任何价值都可以算作机会成本——金钱、时间和乐趣。

一个选择种小麦的农民放弃了种玉米的收益。一个成功入选校足球队的孩子可能就失去了进入校橄榄球队或管弦乐队获得的快乐。

机会成本充满了我们的生活，它们无可避免。唯一可以做的是，为那些你比较容易采取的行动付出机会成本，而不是为那些对你而言价值较小的行动付出。

经济学家们不会自己修剪草坪或洗车。那么，你应当自己修剪草坪吗？只有在下面两种情况下，你应当自己动手：一是你很享受修剪这件事；二是你并没有花钱雇邻居家 14 岁的孩子来修剪，而自己躺在吊床上放松。如果不是上述情况，那么你自己修剪草坪，就无法去做一些更能让你开心的事情了，比如整理花园——这种工作可能会让你在过程中和结果上都更愉悦。

一个不选择公共交通方式而自己开车出行的人会在油费、汽车保养和车险上捉襟见肘，因为钱可能已经花在了旅行或是修葺房屋上。在买车之后，一些成本会隐藏起来，而每日上下班都乘坐公共汽车或偶尔坐出租车的成本却是显而易见的。因此，自己开车的成本容易被忽视（我都已经有车了，那最好就开它吧），相反，搭乘其他交通方式常会让有车之人觉得受到损失（只去一趟市区就要花费 15 美元）。许多年轻人已经意识到自己开车一次的成本要比其他方式大得多，他们因而比自己父母那辈人购买汽车的数量更少（这样的现状也推动了类似Zipcar这样的汽车共享租赁公司兴起）。

一个拥有一栋大楼的人在使用楼里的办公室时会觉得这间办公室是免费租用的。而会计师在记账时也的确会把办公室的使用算作免费的。然而，实际上他还是为使用办公室付出了一些成本，即如果他要把办公室租出去需要付的成本。如果他能找到一间和这个办公室一样好或是更好的办公室，而他需要为那间新办公室付出的钱少于别人租用他的办公室需要的钱，那么他就为自己现在使用这间办公室的行为付出了机会成本。这个成本是隐藏的，但的确存在。

有一句人们都熟悉的箴言可以帮助我们避免付出机会成本："天下没有免费的午餐。"（这句表达源自美国大萧条时期的酒吧为了招揽顾客而打出的免费提供午餐的广告。午餐是免费的，但啤酒是要付钱的。）采取任何行动都意味着你不能同时去做其他事，而实际上你可能更倾向于做那些没有做的事。

现如今，因为家居建筑的兴起和一些制造业转移回美国本土，最底层的建筑工作和工厂作业给工人支付的薪水更高了。此刻，大学应该提高对学生的补助，以避免这些年轻人被此类工作的高薪水吸引走吗？一位经济学家指出，随着薪水提升，选择去上大学所付出的机会成本也在走高。如果进入大学后一年的学费是 1 万美元，而去做建筑或是工厂的工人一年可以赚到 4 万美元（每年赚到 3 万美元以上已经成为过去时了），那么去上大学要付出的机会成本就上升到了 4 万美元（假设 4 年能够毕业）。大多数经济学家都建议，大学应当给低收入家庭的学生提供更多的奖学金以应对飙升的机会成本。而在我的调查中，大部分学术机构拒绝这样做。“我不想去贿赂人们来上大学。”

有时候，很难看出我们放弃的选择比我们的实际选择的价值更高。你为公司雇用每一个人都构成了机会成本。如果不存在能力达标的人可以雇用，那么很容易认为公司没有失去什么。实际上，如果有充分理由相信在不久的将来就会有更合适的人选，那么雇用现在的候选人就会付出机会成本，这意味着公司可能将确定人选入职一事推迟。

同样重要的是，你需要明白，过度关注机会成本会像过度关注沉没成本一样要付出一些代价。在我读研究生的时候，我有一个朋友，我和他在一起总是很开心，他总能想出一些绝妙的点子。如果我们一起走，不一会儿他可能就会建议我们乘坐公共汽车穿过镇子去观看一次游行。在那个并不是特别吸引人的游行进行到一半时，他可能会提出如果我们此时去吃一顿便饭，而后就有足够的时间去看一场我们俩都想去看的电影。看完电影，他又会建议我们去看望一位恰好就住在附近的朋友。

现在我们来想一想：单独来看我的朋友在活动中提出的每一

次改变，都算是对当前所处状态的一种改善，这样我们避免了为每一件事付出机会成本。然而，把所有事作为整体来看，如果不在整个过程中不停地计算怎样可以更快乐，我会更享受和朋友在一起的时间。计算机会成本本身就会让我们付出代价。

再回到我母亲买清洁剂的例子上。最终，我意识到我认为购物过程就应该尽可能简单的想法并不能代表其他大多数人也这样想。我的母亲会更享受追求折扣这件事。因此，我认为母亲因为购物而付出了净机会成本的想法只是一厢情愿。

经济学家的话一定是金玉良言？

我们如何知道经济学家是正确的呢？我们应该遵循成本–收益理论，以及沉没成本和机会成本的相关推论吗？

经济学家怎样才能说服我们呢？他们给出了下述两个观点：

1. 成本–收益理论是高度逻辑自洽的。它建立在几个假设之上，这些假设被大多数人认为是做出正确决策的理性指南：钱多总归比较好，为决策花费的时间是一种成本，未来的收益总是不如眼前的收益等。如果你同意上述假设，那么你应当遵循这个理论，因为它就是基于这些假设建立的数学模型。

2. 虽然不是太常见的，看上去也像是在开玩笑，但是成本–收益理论一定是有益的，因为许多公司会花钱聘请专家来为公司决策做成本–收益分析。公司的领导者并不愚蠢，他们知道自己想要什么，既然如此，那么成本–收益理论就应当是我们需要遵循的正确法则。

你被以上观点说服了吗？反正我是没有。

从逻辑推演中了解自己应该采取什么行动并不是很能说服我。一个观点可能是逻辑自洽的，但不一定正确。在接受一个基于逻辑的观点之前，我们需要考虑自身对于社会影响力的敏感程度，还要看一看许多独立于我们意识之外的另一些因素——它们可能会制造出一些并不能完全让人信服的正式观点。还记得在前面的章节中曾提到，在赫伯特·西蒙提出追求最低程度的满意结果实际上是最佳策略的观点之前，人们得到的建议通常是要追求最优。而并没有大量证据表明人们实际上是按西蒙所言去做的，或者他们擅长这么做。因此，可能人们不按西蒙的观点行事是一种正确的选择。也许，在未来，人们还会有另一种行事策略被一些理论学家认定是最理性的策略，只是我们现在囿于认知局限而无法解释。如果一个针对决策的规范理论尚佳的话，那么它应当考虑到理性、我们对自我认知的掌控程度，以及无意识在决策过程中的恰当角色。因为大多数心理学家都支持上述观点，所以他们对经济学家关于决策行为的描述和指引总会感到怀疑。

不过，企业还是会给成本–收益分析师付费的。同样，企业也会付费请笔迹分析师来鉴定员工性格特质，还要出钱找测谎仪工程师、“风水先生”、励志演说家和占星师。事实证明，以上这些都没有什么效果。占星术没有表现出对未来预测的有效性，同时还有大量证据表明，无论企业想达到什么目的，使用测谎仪和笔迹分析的有效性均为零。

那么，什么才能说服你使用成本–收益原则呢？

假使你了解到，人们对于成本–收益原则的精髓越熟悉，他们越有可能去应用它，又会怎么样呢？这对我来说多少有点儿说服力。经济学家首先提出，我们应当假设人是理性的，除非能给出非理性的证据。如果人们一旦知道了抽象的原则就会根据它来规范自己的行为，那么这便能证明原则是有用的。

事实上，理查德·拉里克、詹姆斯·摩根和我经过研究发现，人们使用成本–收益原则和他们在多大程度上学习了这一原则有正相关的关系。相较于生物学家或人文学科的教授，经济学教授更有可能赞赏那些基于成本–收益原则而做出的决策。修读过经济学课程的学生比没有上过相关课程的学生更有可能了解到该原则的精髓，并且更有可能在决策时使用它。

然而，上述那些发现还是会受到自我选择的影响（参见第 11 章）。人们并不是由上天随机分配而成为经济学家、律师或者砖瓦匠的。经济学家可能比生物学家聪慧，或者他们可能在成为经济学家之前就理解并接受了成本–收益分析之类的事情，甚至这种认知是让他们成为经济学家的原因。或许可以说修读经济学课程的学生比没有修读的学生聪明，但他们也许是本身就更有可能去理解并应用那些原则，而并不是基于学习了多少门经济学课程。

当然了，以上所言的各种解释放在其他一些事情上也能说得通。更聪明一些的学生会报告说，自己在决策时更多地使用了经济学理论。事实的确如此。SAT（美国学术能力测验）和 ACT（美国大学入学考试）中的语言分数是一个极能代表智商水平的项目。SAT（以及 ACT）的语言分数和报告自己决策时使用经济学理论之间的相关系数大约为 0.4——并不显著，但也足以说明一些问题，即人们应当如何应对自己的生活。（这种相关性在修读过经济学课程和没有修读过的学生中都有体现。）

在我进行过的实验中还发现，如果简要地教给人们成本–收益原则——哪怕比这一章讲述的内容还简单，也会提高人们去应用它来进行决策的可能性。即使在数周之后，通过电话调查（它明显与之前的实验不相关）得出的结论仍是，人们会更赞同在做选择时利用成本–收益原则。

综合上述种种，更聪明的人以及受过经济学理论教育的人会比其他人更有可能去应用成本–收益原则。他们会因为这样做而变得更富有吗？如果他们这么聪慧，那还有什么理由不富有呢？

事实上，他们会更加富有。密歇根大学的一些教授们坦承，自己会在决策时应用成本–收益分析，而这些人也的确赚到了更多的钱。这种相关性甚至在生物学和人文学科的教授身上体现得更加明显（可能是因为所有经济学家都擅长做决策分析，因此他们收入差异的显著性不高）。此外，生物学和人文学科的教授接受过的经济学理论训练越多，他们赚到的钱也越多。我还发现，在最近 5 年中，教授们自称在决策时应用经济学理论的程度与他们收入的增长之间的关联性也更强了。

那些利用成本–收益原则做决策分析的学生比不这样做的学生获得更高的课程分数，而这并非只因为前者更聪明。其实，若将SAT或ACT的语言部分考试分数剔除出去，使用规则与获得好成绩之间的相关性会更加显著。在语言能力的每一个级别下，总是那些能利用规则的学生获取更高的分数。

为何使用成本–收益原则会让人们行事更有效呢？部分原因是，使用它能让你集中精力于成效最高的行动上，而同时放弃那些看上去可能会失败的计划。换言之，即避免沉没成本的陷阱，留意机会成本。曾经，我还收到过一个极好的建议——把计划分成三种类型：十分重要且紧急的、重要且必须马上完成的、重要程度一般且不着急完成的。你只需要时刻投入精力去完成第一种类型的计划，而忽略另外两种。这样，你不仅能提高效率，还会有更多的时间用来惬意享受生活。（不过，那种回报不确定但可能会产生精神食粮的活动是个例外——尤其是它们本身就能让人愉悦。亨利·基辛格的顾问就总劝他不要再研习政治学了，而是多读些小说。）

小结

那些已经消耗掉且无法挽回的资源不应当影响我们做决策，而这个决策关于我们是否该消费那些由先前的资源而取得的东西。这种成本已经沉没了，因此只有当这样做仍有净收益的时候，消费那些“坏”东西才是有意义的。只是因为价格昂贵就去吃买下的酸葡萄是没有价值的。一些企业和政治家让公众为商品和计划买单以弥补过去付出的成本，只是因为大多数人并不真正理解沉没成本的概念。

你应当避免投入那些有较低净收益的行动，而应当考虑另一些现在或未来收益更高的行动。如果你发现购买一件物品、参加一个活动或者雇用一个人可能没有太大收益，宁可果断放弃。至少这些事情并不是即刻就必须要做的。学会从各个角度评估一项决策，分析是否会因它而产生机会成本。不过，在一些小事情上执迷于计算机会成本可能本身就不那么值得。的确，你选择了香草口味，就没法选巧克力口味了，别再想它了。

坠入沉没成本的陷阱时常会引致不必要的机会成本。如果你做了自己不情愿且不必做的事，那么不经意间你便浪费了机会做更开心的事。

时刻注意成本和收益，包括沉没成本和机会成本的陷阱。几个世纪以来，那些力推成本-收益分析的思想家或许是正确的。有证据表明那些做过明确的成本-收益分析，并且避免了沉没成本和机会成本之人会更成功。

第 6 章　掩饰缺陷

假设一个人需要卖掉一些股票，为购置房子支付首付款。他手头有两只股票：一只是ABC公司的，一直表现不错；另一只是XYZ集团的，损失了一些钱。结果这个人卖掉了ABC 的股票，因为他不想因为卖掉XYZ的股票而永远损失那些钱。这是明智的选择吗？

假设我出于好意给你 100 美元，然后让你赌一赌掷硬币的结果，如果输了就输掉这 100 美元，而赢了则会得到更多的钱。那么赢到的钱是多少才会让你下决心来赌呢？ 101 美元，105 美元，110 美元，120 美元，还是更多？

本章会揭示我们弃用成本–收益理论后的多种情况。当然，也会有一些反例告诉我们如何避免失误，如何阻止自己做出不经济的决策。我们并不是每次都能按照成本–收益理论的要求表现出完全的理性，但是我们可以规划这个世界，这样我们就不必要求自己获得和专业的经济学家同样多的收益了。

损失厌恶

我们通常倾向于保存我们已有的东西，拒绝放弃，甚至在事情已经发展到成本–收益分析提醒我们该放弃了，仍然不愿止损。

这种倾向被称作“损失厌恶”。大量的生活实践告诉我们，人们获得一件东西而感到快乐的程度只有失去这件东西而感到悲伤的程度的一半。

我们为失去东西而产生的不快情绪付出了太多。许多人宁愿卖掉那些上涨的股票，也不情愿抛售已经下跌的股票。承受既定的损失与得到可能的收益相比，人们所受的痛苦会更大。人们习惯于出售那些有收益的股票并对自己的所得沾沾自喜，而同时会留着那些亏损的股票并自我安慰避免了一笔数额确定的损失。在其他条件都相同的情况下，与一只正经历下跌但未来可能触底反弹也可能继续跌的股票相比，一只正在上涨的股票更有可能会持续上涨。在退休群体中，一般贫困的人和极其贫困的人（或者一般富裕的人和极其富裕的人）的差别在于，前者会放弃有收益的股票而保留下跌的股票，后者的做法则正相反。

你也可以用赌博的例子来说明我们会在不同程度上想要避免可能的损失。假设，我问你是否想赌一次，你赢了就能拿到X美元，你输了则会失去100美元。如果X的值是100，那这是一次公平的赌博。X的值达到多少时，你才会参与这个赌博呢？哪怕X的值是101，你也会在赌局中多受益一点儿。若你能赢得125美元，那这个赌局就特别值得一试，除非你已经穷到无力承受赌局失败的风险。然而，实际上，大多数人会要求X的值在200左右，这当然对他们是极为有利的。因此，人们需要用可能会赢得200美元去平衡失去100美元的可能性。

再来看一个在大量商学院的课堂上进行的实验。一个班有一半的学生得到了明显印着学校标志的咖啡杯。那些不幸没得到杯子的学生被要求去看一个这样的杯子，并且要回答他们愿意出多少钱来换那个杯子。拥有咖啡杯的学生则被问及，他们愿意以多少钱出售杯子。在这两组学生之间有着明显差异。杯子拥有者给出的平均预期售价是没有杯子的学生给出的平均价格的两倍。在这种禀赋效应的背后是损失厌恶的心理。人们不愿意放弃自己拥有的东西，即便他们能因此得到比预期的公平价钱高得多的钱数。假设你只花 200 美元就买到了一张本来价值 500 美元的橄榄球赛门票。几周之后，你发现网上有许多没买到票的失望的人愿意出 2 000 美元来买一张门票。你会卖掉自己的票吗？或许并不会。人们在考虑什么东西值得卖和什么东西值得买的时候非常不同——而没有比“我们可能要放弃一些东西”更好的理由来解释这种差异了。

我所在大学的表演艺术专业的演员们深谙禀赋效应之道，在促销活动中将其利用得十分精妙。直接送给人们价值 20 美元的代金券要比邮寄一封信告诉他们价值 20 美元的优惠码的促销效果好得多，通过前者获得的销售额比后者高 70%。人们不愿意因为没有使用代金券而失去“金钱”，却能接受在买票时使用不了优惠码而损失掉的受益。

由经济学家罗兰·弗莱尔带领的研究团队进行了一项实验，他们发现，如果告诉教师，学生的学业成绩有所提升就提高他们的薪酬，那么这最终对学生的表现并没有影响。而若在学期之初就提前给教师们支付同样高的薪酬，然后告诉他们，如果学生们最终没有达到目标成绩就会把这笔钱收回，这样做收效明显，对学生们的表现产生了积极影响。

在成本–收益框架下解释禀赋效应有些说不通，按理说，人们应当在可以等价或高价卖出物品时毫不犹豫。然而，即使是经济学家也会受到一定负面影响，这包括禀赋效应带来的偏见，它阻止了经济学家保持完全理性的状态去应用成本–收益框架。禀赋效应的概念是经济学家理查德·泰勒首先提出的，他是在思考他的一位经济学家同事（一位葡萄酒爱好者）的行为时得到了灵感。这个人从不不愿意花费超过 35 美元去买一瓶葡萄酒，但是有时却不愿以高达 100 美元的价钱卖掉自己收藏的酒。这种买价和卖价间的巨大差异无法用成本–收益理论中的常规原则来解释。

前面提到的行为还涉及一个重要的因素。当人们在思考一项交易时，情感价值也会被适当地考虑进去。你根本买不起我的结婚戒指。而很少有人会对一瓶著名酒庄的葡萄酒或类似的东西痴迷，他们会将这形容为矫情。

改变现状

损失厌恶的倾向往往让人产生惰性。改变行为通常是要做出一些牺牲的。“我要换一个频道吗？唉，我还得站起来去拿遥控器。我不得不选择哪个节目更有趣。可能我会觉得读一本书更享受。什么书呢？对了，我还没看智力竞答节目《危险边缘》呢。它一会儿就开始了。那会很有意思的。”

电视台深谙我们在行动时那种患得患失的犹豫，因而总是把自己最受欢迎的节目安排在黄金时段的开头，期望众多观众能够因此而一直收看这个频道，直到那档节目结束。

因损失厌恶而带来的最大问题是产生现状偏见。我一直会收到我很早之前就不再阅读的时事通信册，这是因为我从没找到一个合适的时间做出终结的决定，让这些讨厌的东西不再寄来。我总是在忙一件什么事（给花园里的植物浇水，列一份去五金商店的购物清单，为写一篇论文组织思路）。取消时事通信册的行动会让我中断去做一件我很在意的事。因此，我还是等明天无事可做时再行动吧。

经济学家理查德·泰勒和法学学者凯斯·桑斯坦就向人们展示出了大量我们出于利己考虑而产生现状偏见的情况。其中一些最重要的部分涉及一个简单的概念，即“默认选择”。

只有 12% 的德国人同意向政府捐献他们的器官，但是有 99% 的奥地利人同意。谁能料想奥地利人表现出的人道主义精神比德国人高这么多呢？

事实上，并没有什么原因会导致奥地利人和德国人对他们同胞的关心程度产生这么大的差异。只不过奥地利人在捐献器官一事上推行的是“选择退出”政策。默认的选项是逝者的器官可以用于移植，奥地利人必须向政府表明他们不想捐献才行。德国则推行“选择确认”政策。默认的选项是政府无权获取个人的器官，除非当事人同意。美国的政策也是“选择确认”。如果采取“选择退出”政策的话，本会有成千上万人因获得捐赠而保住生命。

选择项本身的结构决定了人们最终会做何决策。一些恰当安排的选择项结构为个人和社会带来了更好的收益。没有人会在类似器官捐献的事情上因为“选择退出”政策而受到伤害。在这个过程中人们不会被强迫做什么，因为那些不愿意捐献的人完全可以选择拒绝。泰勒和桑斯坦将那种精心设计的决策结构称为“自由家长制”，这对于个人和公共福祉而言都是有益的。

那些可以带来正确决策的选项结构与不能让人正确决策的选项结构之间的差别是很微妙的——至少对不熟悉损失厌恶和现状偏见的人而言是如此。

在一项定存养老金计划中，雇主会往雇员账户中定期打入固定金额的钱，而该钱数达到雇员自己往账户中汇入的钱数的一个比例。比如，一位雇主可能会往雇员养老金账户中定期汇入其工资数额的6%。雇主和雇员都在对养老金进行投资，这样等到雇员退休时，他就能得到收益。投资的本质——个人股票、债券或是共同基金——都是由雇员的投入来决定的。最终收益是未知的，这取决于具体的投资如何进行。雇员自入职起就被纳入了定存养老金计划。这种计划是灵活的，不同于某些汽车公司和许多中央或地方政府采取的“固定收益”计划，那些计划则会让一个人预先就知道自己在某个特定年纪会得到多少收益。

人们可能以为每个人都一定会乐于享受由定存养老金计划带来的自由灵活的收益。然而，有30%的人并不会加入该计划。一项对英国25家提供定存养老金计划的公司的调查显示，几乎一半的雇员不会加入此项计划，而公司提供的收益高达100%，这就像是你烧掉了一半工资！

一个明智的储蓄计划选项结构不应该要求人们进行“选项确认”，这会让他们花费更多的精力，相反，使用默认选项，让人们选择“退出”则容易得多。你被自动纳入一项计划，除非你要求退出。在一个定存养老金计划中，使用“选择确认”选项的结果是，在入职三个月的雇员中仅有20%的人加入计划，而入职三年的雇员中也只有65%的加入率。采取自动纳入方式后，入职几个月的新人里有90%没有退出计划，而工作了三年的人中更是有98%的人在计划中。

即使人们可以在这种自动纳入策略的引导下加入养老金计划，这也不能保证他们退休时就能存下足够的钱。通常情况下，人们在刚开始工作时往养老金账户中存储的钱在他们真正退休时并不够用。那么，如何让人们存够钱呢？

什洛莫·贝纳茨和理查德·泰勒设计了“明天存更多”项目来解决这个问题。假如一个人刚开始工作时拿出工资的 3% 作为储蓄，在一段时间之后，他会得到提醒，需要为退休时存储更多的钱，比如说即刻再增加 5%，依此类推，在未来的日子里，一直累加。如果有人在收到提醒后感到犹豫，会有顾问建议，当工资上涨时就相应提高储蓄率。如果薪水上涨 4%，那么就让存入退休金账户的比率相应提升一个固定的数额，比如 3%。这个过程会持续下去，直到存够足够的钱可用于储蓄账户为止，比如 15%。这个方法效果良好，因为它顺应了工作者的惰性，同时保护他们不被损失厌恶影响，因为他们感受到的一直是存款的增加而不会觉得自己损失了什么。

选择：聚沙成塔

一位德国同事在几年前加入了我们系，他问我，为什么美国人觉得早餐麦片种类需要有 50 种以供选择。我不知该怎么回答，只好说我猜人们（或者说是美国人吧）喜欢有许多种选择的感觉。

可口可乐公司深信美国人喜欢有多种选择。他们推出了经典可口可乐、无咖啡因可乐、无咖啡因健怡可乐、樱桃可乐、零度可乐、香草可乐、零度香草可乐、健怡樱桃可乐、健怡可乐、健怡酸橙可乐、健怡甜叶菊可乐（在绿色的罐子里）。或者你也许只想来一罐“胡椒博士”。

在证明选择无限量这件事上，“可口可乐”系列绝不是孤例。在加利福尼亚州的门洛帕克有一家高档食品杂货店，在那里你可以找到 75 种橄榄油、250 种芥末和 300 种果酱。

然而，更多的选择一定会比较少的选择好吗？你很难能找到一位告诉你“选择越少越好”的经济学家。然而，在现实中，你逐渐会发现人们并不总是期望有太多选择的——无论是对供货商而言，还是对消费者而言。

社会心理学家希娜·亚格尔和马克·莱珀在门洛帕克的那家食品杂货店里摆了个货摊，向人们展示各种果酱。在一天当中，有一半时间会展示出 6 种果酱，而另一半时间会提供 24 种果酱。那些在货摊前驻足的人能得到一张价值 1 美元的针对其中某种果酱的优惠券。当货摊上有 24 种果酱时，停下来品尝的人明显更多。然而，在货摊有 6 种果酱时获得优惠券而后真正购买了果酱的人是货摊有 24 种果酱时的 10 倍！零售商们请留意：消费者有时的确能辨别出在大量选择中做决定所耗费的机会成本，当你给他们提供了过多的选择时，他们只会转身离去。

2000 年，瑞典政府改革了养老金计划。在美国，乔治·布什的政府也推出了类似的计划，将社会保障金中的一部分改造成“投资私人化”，即政府为个人开辟社保金投资渠道。这一计划在金融专家眼里，至少从表面来看，似乎是很合理的。

1. 计划参与者可在其投资组合中最多投资 5 种政府批准的共同基金。

2. 共有 456 种基金，每一种都可以合法进行宣传。

3. 每一种基金的详尽介绍都会被收录在专门的宣传册中，提供给参与者。

4. 其中一种基金不会被宣传，它被政府经济顾问定为预设基金。

5. 鼓励人们选择他们会进行投资的基金。

2/3 的参与者确实选择了他们自己投资的基金，而不是政府的预设基金。然而，这些选择者并没有对自己的选择进行认真甄别。首先，预设基金的管理费率为 0.17%，而计划参与者选择的基金的平均管理费率为 0.77%，这种差异会在长期投资中产生巨大成本差。其次，预设基金会将 82% 的收益投资于股票，而参与者选择的基金对股票的平均投资率为 96%。瑞典的经济总量占全球经济总量的 1%，然而预设基金将 17% 的股本投资于瑞典的公司。这相当于把大量鸡蛋放在了一个小篮子里。而参与者们对瑞典股票的投资率竟达到了 48%。预设基金中有 10% 的固定收益，而其他基金的这项比率为 4%。预设基金中的对冲基金和私募股权比例均为 4%，而其他基金中不涉及这两项。最后一点是，科技股早在养老金计划出现之前就保持飙升状态很久了，有大量参与者将其大部分基金只投资于那些前景堪忧的科技股。这种基金在过去 5 年中上涨了 534%，但是你回顾一下灾难般的 2000 年就能明白，那些科技股即将从高点跌落。

一位经济学家会说上述所有差异都是在支持预设基金。而一位心理学家则会说那些差异都是十分容易理解的，可以用通俗易懂的偏差概念来解释。

1. 我听说过瑞典的 Widget 公司，却没听过某个美国不知名的公司。

2. 我想把钱都投入有巨大升值空间的基金中，比如股票。

3. 只有笨蛋才会选择过去几年没怎么升值的股票。

4. 我不知道究竟什么是对冲基金，什么是私募股权。

5. 我一有时间就会读投资基金宣传册。

没有经济学家会像那些瑞典投资者一样选择这种有失偏颇的投资策略。

然而，基金究竟是怎么样的呢？只基于某种基金最初 7 年的表现，不顾预设基金有 21.5%的回报率而其他基金平均只有 5.1%的回报率的事实，这样判断投资决策的质量是极其不明智的。

那么瑞典人的投资策略应当如何改变呢？而美国人在面对社会保障金投资私人化最终到来的那一天时又该如何行动呢？

瑞典计划的最根本问题在于政府被选择目标束缚了手脚。那些基金清单上列出的大量选择面对的是毫无经验的投资者。政府不应当提供给人们这些他们并不理解的投资选项。政府应该告知民众，他们在做投资决策前最好咨询有关专家，或者直接选择政府的预设基金。可悲的是，这是一个人们害怕接受过多指导的年代。

另外，医学领域也是这样一个人们畏惧指导的领域。医生会列出大量治疗方案供你选择，告诉你每一种的得失，却没有尽到自己的义务，即给出建议。他们本应将自身的专业经验与病人共享，或者至少应给出一个可能的指导建议，并且告诉病人可以考虑的其他方案，然而这些都没有。医生的这种角色缺席会让病人困惑："你有什么作用呢，医生？"

物质激励为王

我最近参加了一次世界经济论坛组织的关于决策的座谈会。

与会者包括经济学家、心理学家、政治学家、物理学家和政策专家。讨论的主题是如何让人们为自身利益和社会福祉而行动。一个核心词是“物质激励”，很显然，在这里的大多数人在想到这个词时，只会将它与获取或失去金钱相联系。给人们付钱，让他们的行动更明智，威胁他们如果行为不当要罚款。

当然，金钱刺激可以达到极佳的效果——事实上，有时候效果是惊人的，以至于这个讨论组的成员近乎相信，在一些城市里，只要给那里的少女哪怕每天只支付 1 美元，也能有效降低她们怀孕的概率。这个项目听上去物超所值，因为成本相对而言很微小，但可以有效降低怀孕率——还有因少女怀孕而为这个城市带来的后续开销，以及对少女们的花费。然而，且不论这个项目的效果本身就具有争议性，它的成功其实也是基于其他一些因素，比如性教育或者让女孩子有机会进入大学校园而了解生活的更多可能性。而我们对金钱刺激的执念让我们太容易相信“1 美元一天”计划有效的论调。

本书要强调的一点是，行为是由一系列除金钱之外的其他因素决定的。一些非金钱方面的刺激因素甚至比那些无效、甚至是带来负面影响的金钱刺激要高效得多。有一些社会性影响更能促使人们行动，其效用胜过奖赏的承诺、惩罚的威胁和大量警告。

仅仅是关于他人行为的一些信息就能刺激人们改变其行为。一种社会性影响的机制是，我们知道他人比我们预想的做得更好，我们会在他人行动的感召下做同样的事。

有这种“别人比我预想的做得更好”的想法往往比他人循规蹈矩地劝说你做事更有效——那种劝说总会夸大不良行为的后果，进而起到相反作用。这更加深了你反叛的念头。

希望人们减少用电量该怎么做呢？如果他们的用电量比邻居家的多，那么就在他们的门上挂一块牌子告诉他们这一点。为了使效果更好，还可以加上一个皱眉头的表情，再提供一点儿节电的做法。如果他们的用电量比邻居家的少，那么同样在其门上挂牌告知，只不过要再加上一个微笑的表情，或者再写一些可能会使耗能量升高的事情。截至目前，社会心理学家的这种聪明的介入之法已经帮助加利福尼亚州全州节省了300多万美元的能源成本，同时减少了数亿磅的二氧化碳排放量。

若你希望自己所在大学的学生不再狂欢滥饮该怎么做呢？回想一下第2章的内容，你可以用如下方法达到目的。告诉学生其同学们的饮酒量，而这往往会比他们预计的量要少。要如何促进各州的人们遵守其州税法呢？告诉人们本州人遵守税法的比例。大多数人总会高估人们的税务欺诈行为。当他们高估了他人的欺诈率之后，就会为自己的小欺诈而辩护：“我可不是那些骗子中的一员，我只是在自己的差旅费账单上做了点儿小手脚罢了。”而如果给人们提供真正的欺诈率信息，则会让他们难以给自己的行为找借口。

如果希望人们能节约用水，并且通过循环利用酒店里的毛巾来保护环境该怎么做呢？你可以直接告诉人们这样去做，但是不如告诉他们，酒店大部分的客人都会循环利用毛巾，而如果说大部分曾经住过“这个房间”的客人都会循环利用毛巾，效果会更好。

你可以告诉人们给阁楼加装保温层每年能省下好几百美元，你甚至可以承诺，如果加装保温层就提供一定金钱奖励。然而，你实际上不会得到太多响应。如果你像我一样，那就会面对一个巨大的障碍：阁楼里堆满了各种垃圾，以至你很难触及天花板以加上保温层。去试试为人们提供清理阁楼垃圾的便捷服务吧，看看这样是否能增加给阁楼加装保温层的人数。

如果人们认为物质刺激或者强制性要求代表一项活动极其没有吸引力，那么金钱刺激或者强制性要求便会越发起不到效果。如此一来，为什么还要提供这种没什么吸引力的物质刺激呢？

许多年前，马克·莱珀、戴维·格林和我就在一家幼儿园的圆桌旁组织了一次有趣的活动。孩子们可以用一种他们之前没使用过的签字笔来画画。我们观察并记录了每个孩子用笔画图的时间。两周之后，我们的一位工作人员召集了一些孩子，询问他们是否愿意用签字笔为他画画，这样做便能有机会赢得一个“优秀小画家奖”：“看到了吗？你能得到一个挂在蓝色绶带上的大大的金色星星，并且奖章上还会写上你的名字和学校。你们想赢得‘优秀小画家奖’吗？”对那些没被召集起来的孩子，工作人员只简单地询问他们是否愿意用签字笔画画。最后，所有“同意”用签字笔画画的孩子都得到了“优秀小画家奖”。一些没有“同意”这样做的孩子也获得了这个奖，剩下的那些没有“同意”用签字笔作画的孩子则没得奖。一两周之后，这个实验又实施了一次。

在这次画画的孩子中，先前那些同意画画且得了奖的孩子数量要比那些此前意外得奖或根本没得奖的孩子少一半。这些年幼的参与者意识到他们用签字笔画画只是为了最终得到某种东西。而其他的孩子则只是单纯地因为想做这件事，即用签字笔画画。

正如马克·吐温所言：“关于工作的一切都是人们被迫去做的，而关于玩乐的一切则都是人们心甘情愿投入的。”

我们总是立志，希望像经济学家那样时刻借助成本–收益原则来思考问题。然而，即使是对经济学家而言，这也实在是好高骛远。幸运的是，这一章讲述了不少我们应对混乱生活的妙招，以及如何应对我们关心的人，如此便可告别那些失败的决策。

小结

人们在行事时，总是更倾向于计较损失，而非收益。损失厌恶的思维让我们错失了许多不错的交易。如果你能够以最小的损失换得一次有较大收益的机会，那么就这样去做吧。

我们常会过度怀疑禀赋效应——只因为涉事关己而过度重视。如果你在遇到需要舍弃一件东西的时候觉得犹豫，那就问问自己，是否仅仅是因为你是这件东西的主人而并非由于想保留这件东西的净收益等因素。不管你的阁楼上有多大的空间，还是卖掉你的白色大象吧。有人告诉你，扔掉所有你一年都没穿过一次的衣服，他们的话是对的。（说一套，做一套，人们总是这样。我总是会在衣柜里留着一些 10 年都不穿的衬衫，还告诉自己说不定哪天就买了一件刚好能和其中一件衬衫搭配的夹克呢。）

我们人类是很懒惰的：我们安于现状没有什么特别的原因，只是单纯想保持那个样子。我们在安顿自己和他人的生活时表现得如此懒惰，以至这种不费脑子的方式倒成了最常用的方式。解决方法便是，如果选项A好于选项B，那么将选项A设置成默认项，让想选B的人多做一步，去勾选B。

选择被人们弄得过度复杂了。过多的选项会让人困惑，并且让人们最终的选择更糟糕，甚至影响他们选出更恰当的一项。给你的顾客提供选项A、B或C，而不是列出从A到Z那么多项，他们会更开心，而你也将因此赚得更多。给顾客提供某一个选项意味着告诉他们，选择其他的备选项都是有道理的。给人们做出错误选择的自由吧，不要告诉他们什么才是最好的选择。告诉人们，你认为选项A是最好的原因，以及若选择其他项目考虑什么因素是比较合适的。

当我们试图影响他人的行为时，我们总是对老套的胡萝卜加大棒激励观念使用过度。在金钱上的收获或损失才是对人行为最大的刺激因素。不过，的确是有一些可以让人们按照我们希望的方向行动的其他方法。它们更高效，成本也更低。(有些利诱或是强制的方法的负面效果是极其明显的。)只是让人们知道别人是怎么做的就能有效影响其自身的行为。想让人们减少用电量？那就告诉他们，邻居们的用电量比较少。想让大学生们少喝酒？那就告诉他们，同学们实际喝的酒比他们想象的要少。不要试图强迫人们做或者不做某些事情，只要移除那些障碍，创造出一些渠道，让那些最明智的决策成为最容易的选项。

第三部分

编码、计算、相关关系与因果关系

MINDWARE
Tools for
Smart Thinking

我这一生几乎在诵读散文中度过，我却几乎没有意识到。

——汝尔丹先生，莫里哀作品《贵人迷》中的人物

正如莫里哀笔下的这位贵族先生兴奋地发现自己一生都在诵读散文一样，你也会惊喜地发现，自己一生中也在不断地做统计推断这件事。下面两章便会帮助你更好地进行统计推断。

无论你认为自己是否懂得如何进行统计，下面的章节都值得一读。

如果你属于下面两种情况中的一种，那么上述说法就得到了确证。

情况一：你不太懂统计学知识。

如果真是这样，那么下面的章节将是你能找到的可以了解这一领域的最轻松的方式，你可以借此获得充分的统计学知识以应用于日常生活。在现今世界，如果没有基本的统计学知识，你就无法拥有最美好的生活。

你或许会感到统计学太过无聊和困难，以至你无法掌握它。我对此深有同感。在大学时，我极度渴望成为一名心理学家，但这意味着我必须要修读一门统计学课程。然而，我的数学背景相当薄弱，在开课的头几周，我一直为自己对这门课上讲述的数学知识的无知感到恐惧。但是，最终我意识到基础推论统计学中涉及的数学知识最多也不会比开平方根更难（现在解决这个问题只需要知道计算器上开方的按钮在哪里就行）。一些理论学家甚至认为，统计学连数学的一个分支都算不上，它只是一套人们对世界

的经验化的概括。

为了让你更放心一些，我担保这里介绍的所有统计学原理都是极其常识性的，但它们对日常生活而言是最有价值的。你最多需要略加思索也就能明白其中的道理。你已经知道了如何将大多数原则用于实际情境中，因而，在以下的章节里你会对许多事例感到惊讶，原来统计学就在你身边。

情况二：你知道一些统计学知识，甚至了解颇深。

你会想，如果只是快速阅读下面两章中的统计学术语，你可能很难学到什么。我保证不会是这样的。学习统计学并不只是为了解决智商测试和农业产量的问题。统计学可以有效解决大量日常生活中所涉及的问题，这要求你懂得如何将与某件事直接相关的统计学原理拿来分析问题。

大多数大学的心理学专业研究生在前两个学年都需要选修两门甚至更多的统计学课程。戴林·雷曼、理查德·伦伯特和我针对学生们在生活中和学术论辩中应用统计学原理的能力做了研究，我们在这两个方面对学生们分别做了两次测试，一次是在他们刚入读研究生课程，一次是在入学两年之后。一些学生的能力在两年中得到了极大提升，而另一些则提升得较少。

那些在把统计学原理应用于日常生活的能力上提升较大的学生大多是所谓的“软”心理学领域（社会心理学、发展心理学、人格心理学）的研究生。那些提升较少的学生则多数是“硬”心理学领域（生物心理学、认知科学和神经科学）的学生。

这些学生修读了相同的统计学课程，但为什么结果会存在差异呢？这是因为那些来自“软”心理学领域的学生会不断将他们学到的统计学知识应用于日常生活。母亲的哪些行为是与婴儿的社交自信最相关的呢？我们如何对母亲的行为编码并测量呢？又如何评估和测量社交自信呢？人们会仅仅因为某些事物是他人给予的就改变对其评判标准吗？我们如何测量他们的评价标准？在一次小组讨论中，外向者会比内向者的发言多出多少呢？我们应该用什么样的指标来测量谈话量：是每个人的谈话时间比例，还是说出的词语数量？我们应当单独计算谈话中断的次数吗？

简言之，在这一章中，我们会教给你"软"领域的学生学会做的两件事：第一，用相关的统计学原理分析日常生活中的事件，将它们联系起来；第二，将统计学原理灵活地用于对事件进行编码，以便进一步衡量。而接下来的两章则会分析一些生活中突然出现的趣事和现实性问题。这些章节将帮你培养一种统计学启发法——经验法则，为你遇到的大量生活之事提供正确的建议。这里仅讨论那些直觉性启发法，比如典型性启发法和可触及性启发法。这样的启发法也会出现在适合使用统计学启发法的场景中。

花费两年时间思考有关老鼠、大脑或者记忆的无意义音节对于提高在日常生活中使用统计学原理的能力并没有什么用处。"硬"心理学领域的学生在运用统计学原理这方面学到的东西不比化学和法律专业的学生多。我发现化学和法律专业的学生在两年中习得的在日常生活中应用统计学原理的能力几乎为零。

我还研究了医学院的学生，本来以为他们的统计学思维能力也提升得很少，但我错了。这些医学生在两年中提升了很多。我在密歇根大学的医学院待了一段时间，想找出其中的原因。令我惊讶的是，医学院会对学生进行统计学训练，在学习开始时就给学生分发了一些小册子。不过，可能比这种微小而正式的统计学训练更重要的是，医学院的学生一直在学习用潜在的量化方法分析人的身体状况和人类行为，并用明确的统计学术语进行归因。“这个病人出现症状A、B和C，没有症状D和E。这个病人患有疾病Y或是疾病Z的可能性有多大呢？你说是疾病Z？那你可能判断错了。患疾病Z的概率很低。如果你听到蹄声，会想到马，而不是斑马。你想接受哪一种测试？你说测试Q和R？你错了。这些测试从统计学角度看十分不可信，并且它们收费也很高。你可能想接受测试M或N，它们收费低并且在统计学上也可信，但是这两种测试都不能有效预测你是否患有疾病Y或疾病Z。”

一旦你掌握了用统计学原理分析现实问题的要领，并能使用统计学启发法来为事件的元素编码，那么那些原理就能在你需要的时候神奇地跳出来，通常不用你刻意拿出一个还没完全掌握的统计学原理勉强应急。

我会用通俗易懂的语言介绍这一百多年来的一些基本统计学原理。在许多研究领域，科学家们都使用过这些概念证明他们找到了描述事物的正确方式，评估不同事件之间联系性的强弱，试图论证那些联系究竟是否为确定的因果关系。不仅如此，这些原理也是帮助我们在日常生活中做出更好决策的妙方。

第 7 章　概率和样本量

2007 年，得克萨斯州州长里克·佩里签署了一项决议，要求得克萨斯州所有 12 岁的女孩必须接种人乳头状瘤病毒疫苗（HPV），这种瘤会导致女性患宫颈癌。在 2012 年的共和党党内初选中，候选人之一的米歇尔·巴赫曼曾借这一事件攻击了里克·佩里，她声称一个女士告诉她："我的女儿接种了那个疫苗，注射后她经受了智力发育迟缓的折磨"。

巴赫曼的逻辑有什么问题吗？或者说她是在引导我们推断——HPV 疫苗引起了智力发育迟缓吗？让我们来分析一下。

我们需要想想巴克曼用以做证据的样本，这是美国所有注射了该疫苗的 12 岁女孩中的一例。这个有关智力发育迟缓的例子中只包含极少的样本（很低的样本量），要用它来证明注射过疫苗的女孩面临智力发育迟缓的风险是极其缺乏说服力的。

事实上，在女孩们注射疫苗之后，工作人员还对被随机选出的注射者和被注射者进行了好几次严格的随机对照实验。这些实验都包括了非常大的样本量。这些实验的结果并没有显示出，注射过疫苗的女孩比未注射过的女孩面临更高的智力发育迟缓的风险。

巴赫曼的样本里只包含一个注射过疫苗的 12 岁女孩——这是一种"恰好是他"似的统计。巴赫曼选来的样本顶多是偶然的，而非随机的。样本选择过程越接近随机选择的黄金标准——人群中的所有人被选中的概率是一样的，选择结果越可信。如果我们不知道一个样本是否是随机被选出的，那么我们对该样本进行的测量就会在某种未知的情形下发生偏差。

实际上，巴赫曼给出的样本甚至连一个偶然的样本都比不上。假设巴赫曼说的是实情，那么她本身便有很强的动机想把这个案例公之于众。而她可能没有说出实情，或者给她提供消息的人没说出真相，即提供消息的人说了假话。这个人可能十分确信自己告诉巴赫曼的事实。如果她的女儿注射了疫苗，而之后被诊断出了智力发育迟缓，那么这位母亲很有可能会犯事后归因的错误：A之后发生了B，所以A是产生B的原因。事实上，事件A先于事件B发生，并不一定代表事件A导致了事件B。不过对我而言，巴赫曼的这个例子还不是最糟糕的“恰好是他”的统计谬误。

我最喜欢的一个结合了“恰好是他”统计偏差的事后归因谬误例子是从一个朋友那里听来的，而他则是听到了两位老人的对话。第一个老人说：“我的医生告诉我，我必须戒烟，否则我会因此而死。”第二个老人说：“不！不要戒！我有两个朋友都听了医生的话戒了烟，然后他俩都在几个月之内就死了。”

样本和总体

回想第1章里提到的医院问题的推理。较小的医院里男孩出生比例超过60%的天数超过了较大的医院。唯有大数定律能解释这个问题：随着样本容量的增加，样本的值（例如均值或比例）就越接近总体对应的值。

在总体的规模达到极端的情况下，很容易就能看出大数定律的效果。假设某一天某家医院有 10 个婴儿出生。那么有多大概率这其中有 60% 或以上的婴儿是男婴呢？答案当然是，很有可能。我们当然不会怀疑，如果抛 10 次硬币，有可能 6 次正面朝上。假设某一天另一家医院有 200 个婴儿出生。有多大概率男女婴比例偏离正常值呢？答案很明显，几乎没有可能会偏离 50% 太远。这就像是抛了 200 次硬币，你期待有 120 次或更多的时候硬币正面朝上，而不是 100 次。

顺便提一句，我注意到样本统计值（均值、中位数、标准差等）的准确性与总体的规模是无关的。在美国，大多数对于大选的全国性调查仅包括 1 000 个左右的被调查者，而调查者称调查结果与实际结果的偏差不超过 ±3%。一个 1 000 人的样本就统计出了 1 亿总人口对某一位总统候选人的确切的支持率，结果几乎和 1 万人的样本一致。所以，当你支持的候选人的支持率领先对手 8% 的时候，别在意其他候选人的竞选代理人对民意调查结果的蔑视，他们宣称实际投票者有上百万，而参与民调的只有区区 1 000 人。除非那些参与民调的人在总体中真的是十分不具有代表性（或者说极其小众），只有这样，那些你不支持的候选人才会最终胜利。而这就要引出我们的下一个话题，样本偏差。

只有当选取的样本没有偏差时，大数定律才是成立的。如果选取样本时允许出现一定概率的样本值错误的话，那么统计的结果可能会有偏差。如果你想调查一家工厂里有多少工人希望采取弹性工作制，而你的样本里只包含了男性工人或是在工厂的自助餐厅工作的工人，那么你得到的结果将会和以全厂所有工人为样本得到的结果有巨大差异，最终得到一个希望采取弹性工作制的工人比例的错误估算值。如果选取的样本本身就有偏差，那么这个样本规模越大，你就越有可能得到错误统计结果。

这里需要指出的是，实际上，全美民意调查并不是从总人口中随机取样的。如果是随机的，那么美国的所有投票者都应该有均等的机会成为被调查对象，但真实的调查并非如此，调查者是冒着会出现严重偏差的风险而进行取样的。美国历史上第一次对总统竞选进行的全国民意调查是由现今已不再发行的《文学文摘》杂志组织进行的。该调查结果显示，富兰克林·罗斯福将输掉 1936 年的总统大选，然而最终他以压倒性优势获胜。是《文学文摘》的问题吗？这次调查是通过电话进行的——而当时只有家境较好的人家（这样的富裕人家多半是属于或支持共和党的）才会安装电话。

而在 2012 年的美国大选中，相似的样本源偏差再次发生在一些民意调查中。拉斯姆森调查公司在电话调查中并没有通过拨打手机进行调查，他们因此忽略了一点：年轻人大多只使用手机，并且倾向于支持民主党。拉斯姆森公司因为系统性偏差，没有同时在固定电话和手机用户中抽样，最终高估了来自共和党的罗姆尼的支持率。

过去，只要人们接听调查电话或是开门接受上门调查员的访问，调查者就能得到一个近乎随机采集的样本。而今，民意调查的准确性在一定程度上依赖于调查者得到的数据和他们如何确定样本的直觉——衡量一个样本需要综合各类信息：被访者最终会参与投票的概率、其党派身份、性别、年龄、他们所属的社团成员、信仰的教派信徒在过去的投票情况，以及其他各种零碎古怪的信息。

找到真分数（true score）

请思考下面一些问题。

X大学设立了一个著名的音乐剧项目。该项目只为一小批具有非凡音乐潜质的高中毕业生提供奖学金。简是这个项目的负责人，她有一些朋友是当地高中的戏剧课老师。一天下午，她去斯普林菲尔德高中考察一个学生的情况，这个孩子是由其戏剧课老师强力推荐的，据说是一个十分优秀的年轻女演员。简观看了一出由罗杰斯与汉默斯坦创作的音乐剧的彩排，那个女孩子在剧中担任主角。结果，她说错了好几句台词，看上去她对角色的把握也不好，表现得像是几乎没什么舞台表演经验。简告诉她的同事，她现在十分怀疑她的朋友的判断。这是一个明智的结论吗？

乔是Y大学橄榄球队的球探，他去美国各地的中学练习赛上观看了比赛，考察那些由教练推荐给他的有潜质的年轻人。一天下午，他也来到了斯普林菲尔德高中考察一个有着出色得分纪录的四分卫。这个孩子有着出众的技术统计记录，并且得到了教练的高度评价。在练习中，这个四分卫传错了几次球，还投丢了几回，总共也没得到多少分。这位球探表示这个四分卫被高估了，并且建议Y大学不再考虑将他吸纳进来。这是一个明智的建议吗？

如果你认为简是明智的，而乔不是，那么只能说你比较了解体育竞赛的情况，却对戏剧演出知之甚少。如果你的结论正相反，则说明你熟悉戏剧演出而对体育竞赛不太了解。

我发现，那些不太了解体育的人往往认为乔可能是对的，即那个四分卫或许并没有那么有天赋；而了解体育竞赛的人更倾向于认为乔下的结论可能太过草率。他们认为，乔用于判断那个四分卫的表现的（极其小的）样本更可能是一种极端的情况，而给乔推荐那个孩子的教练的评价可能更接近实际情况。

那些不太了解戏剧表演的人可能会说那个女孩或许没有那么出色，然而了解戏剧的人会认为简对女孩的判断有些轻率。在其他条件都一样的情况下，你对某个特定领域了解得越多，你就更可能成功运用统计学概念来考虑相关问题。在这个例子中，重要的概念便是大数定律。

为什么这与大数定律有关呢？一个四分卫在一个或更多赛季的表现可以被看作评判其技术的可信依据。如果他的教练坚持认为他的确出色，那么我们有大量证据——众多技术统计数据——推断乔考察的这位球员真的特别优秀，乔自己的证据——一天中的一场比赛的表现与之相比就显得太不可信了。

一个球员自身表现的可变性，甚至是一支球队表现的可变性，就像一句老话形容的那样，在某一个星期日，美国全国橄榄球联盟中的任何一支球队都可以击败其他任何一支球队。这当然不是说所有球队的水平完全一样，这只是表明你需要一个相当大的样本量来准确评断不同球队的水平。

同样的推断逻辑也可以应用于那位戏剧项目负责人的判断。如果有好几位了解那位女演员的人都表示她有很高的才华，那么这位负责人就要对自己的判断三思。我发现很少有人意识到这一点，除了那些有一些戏剧表演经验或对表演领域十分熟悉的人。喜剧演员史蒂夫·马丁在自传中曾提到，几乎所有喜剧演员都有奉献出伟大演出的时刻。那些成功者不过是能时时保持良好水平以上的人。

用统计学术语来讲，球探和音乐剧项目负责人试图寻找的是他们考察的候选人的“真分数”。考察结果包括真分数和偏误。这个公式适用于几乎所有类型的测量项目，无论是人的身高，还是某一地的气温，都是如此。有两种途径可以提高分数的准确性。一种是应用更好的观测法——更好的码尺或是温度计。另一种是“消除”你在测量过程中可能出现的各种偏误，这可以用大数定律或是求取平均值来解决。大数定律这样发挥作用：你进行的测量越多，便会越接近于真分数。

访谈错觉

即使我们对一些领域有丰富的知识，也掌握了大量统计学原理，但仍有可能忘记大数定律的变化性和相关性。密歇根大学心理系对其顶尖的申请人进行面试，以做出最终的录取决定。我的同事对于和每个候选人进行 20~30 分钟的面试十分看重。“我认为她不合适。她似乎对我们讨论的课题没有太深的见地。”“他看上去十分合适。他谈到了他出色的荣誉论文，而且清晰地表达了他对如何做学术研究的理解。”

这里的问题是，我们究竟该依据什么来评判一个人，应该让他在一段很短时间内的表现成为主要依据吗？还是应该综合评估其各项条件：大学里的平均绩点，它总结了一个学生 4 年中在 30 门或更多课程中的表现；研究生入学考试（GRE）成绩，它从一个侧面反映了一个学生 12 年的学习成果和综合知识能力；推荐信，这通常会基于这个学生与推荐人长期的接触和交流。实际上，大学平均绩点在很大程度上能预测出一个学生在研究生院的表现（就像你在下一章节中会看到的，两者的相关性至少能达到 0.3），研究生入学考试分数同样重要。这两项标准是相互独立的，因此同时使用这两个标准进行评估比单独使用其中一项要更有效。而加上推荐信之后，对学生评估的准确率就更高了。

然而，半小时的面试结果与一个学生在本科或研究生阶段的表现仅仅存在不到 0.1 的相关关系，同样的情况也可见于陆军军官、商务人士、医学院学生、和平队志愿者和其他各类面试中。那是一种相当不准确的预测，不会比投硬币预测好太多。其实人们如果只是以面试该有的价值来看待它，那么结果并不会太糟，只要不将它当作决定性因素就好。然而人们总是在过于看重面试的误区中让自己逐渐偏离准确结果。

实际上，人们过度看重面试的价值，以至很容易最终事与愿违。他们认为，面试表现比平均绩点高更有说服力，面试会比基于和候选人长期接触而产生的推荐信更能预测候选人在美国和平队的表现。

对于“面试”，我们应当明白：如果对于一个学校或一份工作的候选人来说，可以在他的申请材料中获取重要的、有价值的信息，那么最好不要再面试他了。如果你能够以面试真正具有的并不那么重要的价值来衡量它，那么它就不可能真的影响你的判断。然而，我们几乎无法抑制自己要过度看重面试的倾向，因为我们对于通过直接观察一个人而了解其能力和品性有着不切实际的自信。

这就像是我们将面试中对某个人的印象看作对他进行了全息摄影的结果——只有一些微小的、模糊的结果是可以确定的，但是那并不是一个人完整的样子。我们应当把面试看作对一个人进行了解的微小的、碎片化的，甚至可能是有所偏差的侧面。想想盲人摸象的故事，你应该不想成为其中的一个盲人吧。

面试错觉和基本归因谬误同出一源，它们都是我们将所获取的不完整的信息夸大的结果。进一步来说，基本归因谬误就是我们高估了一些确定性的性格因素而忽视了环境因素，这会让我们对于面试中获得的信息产生怀疑。更好地理解大数定律有助于我们避免更多的基本归因谬误，并减少面试错觉。

我希望我能说自己对于面试有效性的知识会常常让我质疑自己基于面试而得出的结论。然而，效果真的有限。那种我自以为有价值的知识导致错觉的力量十分强大。我不得不严肃提醒自己不要太看重面试——或者其他通过短时间接触就下结论的情形。这一点在我能从其他途径（他人在长期接触中对某人形成的印象、学术记录或者工作成就）获得更充分信息时尤其重要。

当然，我会很容易就记住你在面试中表现出的非常有限的判断力！

离散与回归

我有一个朋友凯瑟琳，她的工作是为医院进行管理实务的咨询。她十分热爱自己的工作，一部分原因是她可以借工作之便去各地旅行，结识新的朋友。她对美食情有独钟，总会去那些受到高度认可的餐厅体验。然而，她常常抱怨，当她第二次再去那些起初觉得好的餐厅时，却再也品尝不到当日的美味了。你觉得原因是什么呢？

如果你说“可能是厨师极大地改变了烹饪方法”，或者猜测“可能是她的期待太高了，以至实际情况会让她失望”，那么，你就忽略了一些重要的统计学的因素。

以一种统计学的视角来看待这个问题，那么你首先应当想，凯瑟琳在任何一个场合、任何一家餐厅吃到特别美味的食物总存在一种偶然因素。当一个人在不同情形下在同一家餐厅吃饭，或是一群食客于某一个时间在某家特定的餐厅吃饭，人们对于好吃与否的评断标准都会存在差异。凯瑟琳在某家餐厅吃到的第一顿饭可能只是马马虎虎（甚至更糟糕），也可能极其美味。这种变化便是我们评断食物质量的变量。

任何连续的变量（会存在从一个极端到另一个极端的连续完整值域，比如身高），和与它相反的非连续变量（比如性别或是政治倾向）相比，都会有一个均值和一个围绕均值分布的值域。基于这一点，我们就不难理解凯瑟琳总会感到失望：有时她第二次去同一家餐厅的体验会比第一次差，这几乎是必然的（当然有时候第二次的体验会好于第一次）。

但是我们还要进一步分析。我们可以预期，凯瑟琳对一家之前有着不错印象的餐厅的看法会改变，认为它不如从前了。这是因为，越是接近一个给定值的平均值，那么它就越会显得不出众。一个值距离均值越远，则那个值越珍贵。因此，如果她在场合 1 中吃到了美味的一餐，那下一餐就可能就没有那么美味（在值域上处于极端位置）了。这对于所有符合正态分布定义的变量都是成立的，该曲线被称作“钟形曲线”，如下图所示。

正态分布是一种数学上的抽象表示，但是其形态时常惊人地近似于连续变量的分布——每周由不同母鸡下的鸡蛋数量，每周制造的汽车变速器中出现的差错数量，人们的智商分数分布几乎都近似于正态分布。没有人知道这究竟是为什么，但这的确是事实。

有许多种方式可用于描述在均值周围分布的样本的离散情况。其中一种是值域，即在可见样本范围内用最高值减去最低

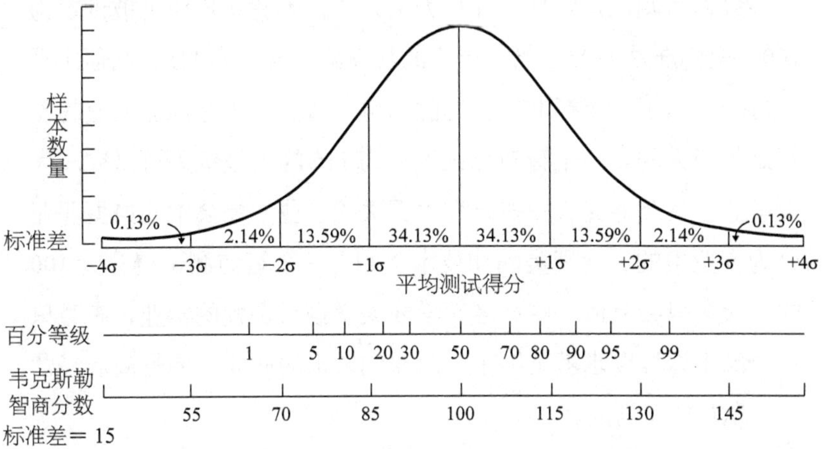

智商得分的正态分布图，均值为 100，图中展示了对应的标准差和百分等级

值。一种更有用的描述离散情况的工具是以均值为基准而产生的平均离差。如果凯瑟琳在不同城市的餐厅品尝的第一顿美餐的平均质量是“非常好”，而均值的平均离差分别为“很高”（高的一边）和“一般好”（低的一边），那么我们会说针对凯瑟琳第一顿美餐的质量均值而产生的平均离差（离散程度）不算非常大。如果平均离差的范围是从“极好”到“极普通”，那么我们认为离散程度很大。

当然，还有相当多的有效测量离散情况的方法，我们可以借此计算任何变量，它们可以被赋予连续的数值。这就是标准差（或者称作SD，可以用希腊字母δ表示）。标准差应当是数据集中的每一个数据与均值的离差平方的算术平均数的平方根。从概念上讲，它不同于平均离差，但是标准差有一些极其有用的属性。

图中的正态曲线被标准差划分成几部分。大约有 68% 的值分布在距离均值正负一个标准差的值域内。以智商测试分数为例。

大多数智商测试是以具体分数为结果的，因此平均值常被设定为100，而标准差为15。若一个人的智商测试得分为115，则他比平均得分高出了一个标准差。均值和比均值高一个标准差的值的差距是相当大的。一个智商测试得分为115的人被认为可以完成大学学业，甚至能完成一些研究生层次的学业。社会中的典型职业分为专业类的、管理类的和技术类的。一个智商测试得分为100的人大多只会完成一些社区大学或大学预科课程的学业，有时只完成高中课程要求就足够了，而他们未来的职业主要是商店经营者、职员或者商人。

另一个有关标准差的有效事实是百分位数值与标准差之间的关系。找到比均值高一个标准差的点，大约有83%的样本值都比该点表示的值要小（在图中对应区域为自"+1δ"点向左）。正巧在比均值高一个标准差的那个点上的值在整个正态分布中的排位为前16%。剩下的16%的样本值高于这84%的值。有几乎98%的样本值落在比均值高两个标准差的点的左侧（即小于"均值+2δ"）。正好落在"均值+2δ"点上的值在整个值域中的排位为前2%，即只有剩下的2%的值大于它。几乎所有的值都会落在距离均值正负三个标准差的区间里。

了解了标准差与百分等级之间的关系可以帮助我们判断生活中遇到的大部分连续变量的情况。例如，标准差常被用作金融领域的一个测量指标。一项投资的收益率的标准差被用于测量投资的波动性。如果一只特定的股票在过去10年中的平均收益率为4%，其标准差为3%，这意味着，你能做出的最接近实际的猜测为：在未来，在68%的时间当中，收益率会是1%~7%；在96%的时间当中，收益率会是–2%~10%。这种情况会很稳定。你不会因此暴富，但也不大可能因为股票暴跌而贫民窟。如果标准差为8%，那么在 68% 的时间当中收益率会是–4%~12%。你可能会因为这只股票大赚一笔。有 16% 的时间里你将会拿到 12% 以上的收益率。另一方面，有 16% 的时间你的损失也会达到 4% 以上。这是很容易发生的。有 2% 的时间你的损失可能会达到 12% 以上，有 2% 的时间你的收益又会达到 20% 以上。你可能会突然间赚大钱，也可能穷得连衬衫也穿不起。

所谓的价值型股票是那些在收益和损失的变动性上都很低的股票。它们可能每年只需你付出 2%、3% 或 4% 的股息，既不会在牛市时上涨得太多，也不会在熊市时下跌得过多。所谓的增长型股票则是其收益之间存在很大标准差的股票，即同时具有股价飙升的潜力和股价暴跌的风险。

金融顾问一般会建议年轻的投资者选择增长型股票，并且在熊市和牛市时都坚持不抛售，因为在较长时间段内增长型股票总是能化险为夷，最终增长。而对于年长的投资者，顾问们则建议他们尽量购入价值型股票，这样就避免了在正逢退休之时被熊市套牢。

有趣的是，你刚才读到的各类正态分布曲线都有其独特的形状，只有时候会像“钟形曲线”。曲线的峰态（凸出的部分）形状迥异。尖峰态曲线（狭窄型）看上去像 20 世纪 30 年代漫画书上的火箭舱体，有着高峰顶和较短的尾部。扁峰态曲线（宽阔的）则像是一条吞下了大象而腹部鼓起的蟒蛇，它有着低峰顶和较长的尾部。然而，无论是哪种形状的曲线，只要是符合正态分布，就会有 68% 的样本值落在距均值正负一个标准差的区域里。

现在让我们再回到凯瑟琳的问题上，为什么她总会对自己开始评价甚高的餐厅的美食感到失望呢？我们已经明白，她对餐厅

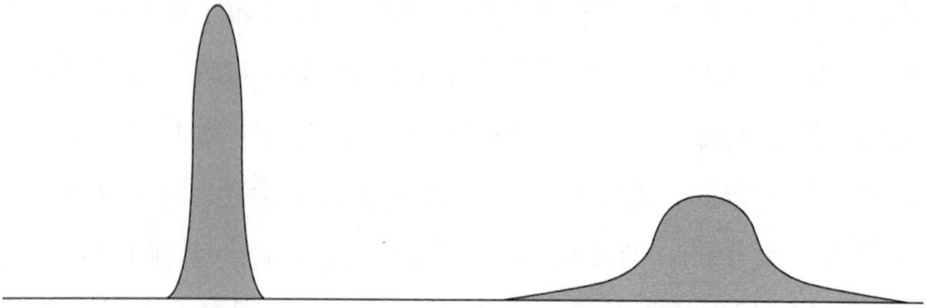

中的食物的具体评价是不断变化的：比如从“极其厌恶”（1%的排位）到“极其喜爱”（99%的排位）。假设凯瑟琳吃了一顿饭，认为它在自己的评价体系中的排位达到95%或者更高，即比她吃过的94%的饭都美味。现在，请大家就自己的吃饭经历问自己以下问题：是否认为有很大的可能性，所有你第一次吃到的餐饭都会是特别美味的，或者其中只有一些是特别美味的？如果你认为自己不会期待所有的饭都会特别美味，那么对于第二顿饭的期待值就至少会比极其美味的第一顿饭低一点儿。

有关凯瑟琳的第二顿饭的体验可以被看作样本向均值回归的一个范例。如果人对于饭的感受（喜爱程度）呈正态分布，极端值几乎不存在，因此紧跟着极端值的某一次特定感受会低于极端值。这样，最极端的情况就往低于极端的方向上回归了。

回归效应在日常生活中随处可见。为什么今年的棒球新人总是在来年表现得令人失望？因为，新人在第一年的表现是偏离其真分数的离散值，第二年他别无选择，只会表现得逊色。为什么在第一年增值超越其他股票的股票常在第二年表现得平庸很多，甚至更糟糕？原因还是“回归”。为什么在三年级表现最差的孩子在下一年反而表现得好了一些？依然是“回归”。以上这些例子并不是说事物的走势只有回归这一种。均值的分布并不是一个黑洞，能把所有的极端值都吞没。还有其他一些因素在同时发挥作用，让事物发展得更好或者更糟。虽然我们还不知道形成正态分布的确切原因，但是我们需要明白，极端值之下总是有不那么极端的值跟随着，因为在综合因素的作用下，极端值不会一直维持原状。今年的棒球新人恰好有一位发挥得异常出色的教练来调教他；在今年的一系列比赛中，这位新人遇到的对手都相对较弱；他在今年正好和自己心爱的女孩订婚了；他的身体健康状态堪称完美；他没有受到任何伤病的困扰，等等。而在下一年，他因为肘部受伤而缺席了好几场比赛；那位优秀的教练去了其他球队；他的家人患上了严重的疾病，等等。生活中总是有各种不可预知的事情发生。

下面有两个与回归原则相关的问题（可能会令人惊讶）：第一，一个年龄在 25~60 岁的美国人在某一年成为全美收入最高的 1% 的人中的一员的概率是多少？第二，一个人连续 10 年成为全美收入最高的 1% 的群体中的一员的概率是多少？

你可能无法想象，在美国，一个人成为收入最高的 1% 的群体中的一员的概率为 11%，而一个人连续 10 年跻身该群体的概率为 6‰。这还只是某一年的情况。这些概率数字变化令人震惊，因为我们不会自发地想到，像收入这种事情的变化性会这么高，并且易受到回归效应影响。但是，个人收入在多年中的分布情况也有很大变动性（尤其是收入分布的高点上）。极端收入在人口总体中出现得极少。而正是由于它们极端，所以它们不太可能会反复出现。因此，那些令人讨厌的 1% 的最高收入群体中的大部分人其实都在走下坡路，这样你可能会善待他们一些！

同样类型的数据也适用于低收入群体。超过 50% 的美国人在一生中至少会有一次变得贫穷，或者进入类似的状态。相反，并没有那么多人会在贫困中度过一生。一直靠领取救济金度日的人也极少。那些一度需要依赖社会保障生活的群体中的绝大部分人只会在几年中是这种状态。说到这里，你也许要对这些生活困顿的人多一点儿好感了。

我们可能因为不会利用“向均值回归”的框架分析事情而犯下许多严重的错误。心理学家丹尼尔·卡尼曼曾告诉一群以色列飞行教官，如果想改变一个人的行为倾向，那么赞扬比批评有效得多。有一位教官反驳卡尼曼，他说赞扬一个飞行员差劲的演习行动会使他表现得更糟糕，相反，训斥这个表现差劲的飞行员会让他在下次演习中有所提升。然而，这位教官忽略了新手飞行员的发挥是不稳定的，在一次完美的飞行训练之后，他的表现会有“向均值回归”的趋势，或者甚至会有更糟糕的表现。从概率的角度来看，在一次上佳表现之后，下次顶多可以期待他会有接近于平均值的表现；在一次糟糕的表现之后，则可以期待下次会好一些。

如果教官建立了表现是连续变量的概念，即一次极端值之后只可能出现接近极端值的状况，那么他多半只会看到他的学生下一次的表现更糟糕。他必须强化积极方面，以求学生有好于平均水平的表现，让自己成为一个更好的导师。

飞行教官所犯的错误会因为我们都有的一把认知的双刃剑而变得更严重。我们都是卓越的因果关系制造者。如果存在一个结果，我们几乎都能找到解释。

随着时间推进，我们由观察到的不同结果，都能很容易地给出因果解释。然而大多数情况下，其实事情发展并没有我们强加的这种因果——它只是随机发生的。当我们已经习惯于看到一件事发生之后接连会发生另一件事时，这种强加因果的倾向就越发强烈。看到这种关联我们几乎会自发地进行因果解释。如果我们能对这种进行因果解释的行为保持警惕，那么我们将会获益匪浅。但是，这里仍有两个问题：第一，解释来得太容易了，如果我们能意识到自己制造这种因果关联有多么草率，我们就会对它不那么相信了；第二，在大多数情况下，如果我们对随机性的概念有更深的了解的话，因果解释就会显得很不恰当，甚至我们都不会做出这样的解释。

让我们再举几个应用回归原理的例子。

> 如果一个孩子的母亲的智商是 140，其父亲的智商是 120，那么你认为这个孩子的智商最有可能是多少？
>
> 160 155 150 145 140 135 130 125 120 115 110 105 100
>
> 精神治疗师会对许多病人提及“前恭后敬效应”（hello/goodbye effect）。对于病人讲述病情而言，治疗开始前，他们的实际病情没有他们说的那么糟，而治疗结束后，他们的实际病情也没有他们说的那么好，这是为什么？

如果你说这个孩子的智商——父母两人一方智商为 140，另一方为 120——会达到 140 或更高，那么你并没有考虑向均值回归的现象。120 的智商是高于常人平均水平的，而 140 也是高过平均值的。除非你认为父母的智商完全决定了孩子的智商，否则你就得预测这个孩子的智商水平会低于父母智商的平均值。因为父母智商平均值和孩子的智商的相关性为 0.50（我想你可能不知道这一点），因此孩子的智商值应该为父母智商平均值和全部人口智商平均值的中间值，即 115。超级聪明的父母生出的孩子也仅仅是一般聪明而已。不过，超级聪明的孩子的父母的智商也可能只达到一般水平。回归是双向发挥作用的。

对于“前恭后敬效应”的通常解释是，病人为了寻求救治会故意表现出糟糕的状态，而在治疗结束时则想迎合治疗师。无论这种解释的真实性如何，我们都会看到病人在治疗结束时的身体状态要好于治疗开始时，因为他们在治疗过程中的情绪比平时要糟糕，并且仅仅是随时间流逝，他们的状态也会向均值回归。你可能以为“前恭后敬效应”在有些治疗中不会出现，而事实上，所有类型的医生大体上都经历过这样的时候：一个病人的身体状况无论怎样都会随时间推移而改善，除非病灶不断发展。这样看来，任何一种干预治疗都会显得相当有效。“我喝了一些蒲公英汤，我的感冒彻底好了。”“我的妻子刚得流感时就喝了龙舌兰根榨出的汁，所以她感冒的时间比我少了一半。”那种“恰好是他”的统计加上事后颠倒因果的解释之法促生了大量万灵药的制造商。他们信誓旦旦地宣称，相当多的病人在服用他们的药品之后身体状况好转了。

不过，关于回归这一概念，我自己也多少获得了一点新知。上述讨论从大数定律和共变或相关性的概念中得到了一些启示。具体的内容留待下一章继续讲述。

小结

在考虑某件物体或事情时，应当时时将其当作整体中的样本来加以考量。在某一特定情境下在某家特定餐馆吃到的饭的质量，某一个运动员在某场比赛中的表现，我们待在伦敦的那一周的降雨情况，我们在派对上遇到的一个人到底有多好——这些都需要考虑到样本在整体中的状况。而我们在对所有这些变量进行评估时都或多或少犯了错误。在其他条件相同的情况下，样本容量越大，就越可能让一个错误被另一个错误消解，从而让我们更接近总体的真分数。当某些事件很难用一个数字来评断时，就像许多可以很容易通过编码来评断的事件一样，那么此时大数定律就能够发挥效用了。

基本归因谬误主要是由我们忽视情境因素的倾向而导致的，但是我们“忽视掉一个人只是组成人类行为的一个微小样本”这件事也是导致错误的原因。这两个错误引发了访谈错觉——我们总是对自己过度自信，相信从某个人 30 分钟的言行里就能了解他。

只有当样本不存在偏差的时候，增加样本容量才能有效减少错误。最佳方式是给总体中的每一件物品、每件事或每个人同等的机会被选为样本。至少我们得重视样本偏差出现的概率：在卓希皮亚公司时，我和简相处得轻松愉快，还是说因为她的挑剔我总感到紧张？如果本就有偏见存在的话，更大的样本量会让我们对自己的错误估计更有信心。

标准差是一个便捷的可用于我们衡量连续变量在均值附近离散情况的指标。某个给定类型的样本的标准差越大，我们越无法确定一个特定样本值能否接近样本均值。某一种投资类型若有较大的标准差，则意味着它未来价值变化的不确定性会更大。

如果我们知道某个样本值位于连续变量正态分布曲线中的极端位置，则新出现的样本值将会不那么极端。一个在上次考试中获得最高分的学生可能下次考试也确实发挥得不错，但他不太可能再次拿到最高分。去年某个领域的 10 只表现最佳的股票在今年不可能蝉联十佳。极端分数或其他一些极端值的出现是因为它们在当时的情境下恰好吉星高照（或霉运当头）。这些幸运符下次可不会在同样的位置出现的。

第 8 章　错误的“关联”

若想准确描述事物，统计学是十分有效的，有时甚至是必要的工具。在确定两个事物是否存在一定关联时，统计学同样重要。正如你所猜想的那样，确定一种关联是否存在甚至比准确描述事物更困难。

你需要分别正确描述类型 1 和类型 2，然后分析类型 1 伴随类型 2 出现的概率是怎样的，反之亦然。如果是连续变量，分析就会更复杂。我们需要辨别类型 1 中的较大样本值是否与类型 2 中的较大样本值存在关联。当我们对关联性进行抽象描述时，很有可能在评估变量的关联程度高低时出现大问题。事实上，我们在探索共变（或相关性）时的确出现了严重的问题，我们估计的结果可能会大错特错。

相关性

请看下面的图表，病状 X 与疾病 A 有关联吗？换句话说，是否能根据病状 X 诊断病人患有疾病 A？

疾病A与病状X的关联

		疾病A	
		是	否
病状X	存在	20	10
	不存在	80	40

如何解读上表呢？在一群人中，有 20 人患有疾病A，同时具有病状X；有 80 人患有疾病A，但没有病状X；10 人未患疾病A，但有症状X；40 人既无疾病A，也无症状X。乍看之下，这似乎是对于共变现象最简单的观察了。数据呈现出两分的状态（非此即彼）。你不必搜集信息，或者对不同数据进行编码、对其分别赋值，甚至不必刻意记住任何数据。你不能有任何先入为主的成见，用以判断不同的数据结构。数据的综合分析已经做好了，呈现在你面前。那么，人们如何应对这个最基本的共变数据分析任务呢？

事实上，人们表现得相当差劲。

人们普遍会犯的一个错误是，只依赖“是疾病A ／存在病状X”的那一格中的数据。“是的，这种病状和这种疾病有关系。有些具有病状X的人患了疾病A。”这种认知倾向是确认偏误的一个例子，即人倾向于寻找可以证实自己的假想的证据，而不寻找会否定自己假想的证据。

另一些人看到这张表格时会关注两个单元格。其中一部分人会认为病症X与疾病A有关联，“因为在具有病状X的人中，患有疾病A的人比未患有该病的人多”。另一部分人则认为两者没有关联，“因为在患有疾病A的人中，没有症状X的人比有该症状的人多”。

如果没有学习过统计学知识，很少有人能意识到要回答哪怕是关于事物相关性的简单问题也要对四个单元格进行综合分析。

你需要计算出患疾病A且有症状X的人数与患疾病A但没有症状X的人数的比值。而后，你还需要计算出没有患疾病A但有症状X的人数与既没有疾病A也无症状X的人数的比值。因为这两个比值是相同的，你明白了症状X与疾病A有无关系的概率大体相同。

你可能会对一个事实感到震惊，即大部分人，包括那些每日和疾病治疗打交道的医生、护士，常常也会在面对上表的时候做出错误的分析。比如，你可以向他们展示一张表格，里面显示了患疾病B、接受疗法Y而痊愈的人数，患疾病B、接受疗法Y却没有痊愈的人数，患疾病B、未接受疗法Y而痊愈的人数，以及患疾病B、未接受疗法Y而没有痊愈的人数。医生们有时可能会认为是某种特定疗法治愈了病人，因为大部分接受了该疗法的病人的病情好转了。实际上，如果不知道未接受某种特定疗法而好转的人数与未接受某种特定疗法且未好转的人数之比，那么得出的任何结论都是不准确的。顺便提一句，类似上表的表格有时被称作“2×2 表格”，有时被称作“四重表”。

有一种简洁精巧的用以测量概率的统计方法叫作卡方检验，它只通过两个分类变量的差别就足以反映出其是否存在真正的相关性。如果两个分类变量的差别在统计学意义上具有显著性，那么我们认为两者的相关性为真。

通常我们用以判断“相关的显著性”的标准是，检验（卡方检验或其他统计学检验）是否能显示出关联程度发生的概率为在100 次中发生 5 次。如果的确如此，我们称其显著性为 0.05。显著性检验不仅可应用于两分的数据（非此即彼），也可用于连续的数据。

当变量呈连续分布之态时，我们想知道每个变量彼此之间的相关性有多高，此时我们会用到的统计学工具是“相关性”。两个明显有关联的变量是高度和重量。当然，它们之间的关联并不完美，因为我们会想到许多例子，像是一些矮却更重或高却更轻的人。

应用一系列不同的统计学工具可以让我们明白，两个变量之间的相关性究竟有多高。一个经常被用于检验连续变量相关性的统计工具是皮尔逊积矩相关系数。零相关性意味着两个变量之间没有一点儿关联。相关系数为＋ 1 表示两个变量呈完全正相关。当变量 1 的值上升，则变量 2 的值也会上升相应的程度。相关系数为–1 表示两个变量呈完全负相关。

利用散点图，下图从视觉上展示出一个特定的相关性有多强。图中的每一张图都被称作散点图，因为它们展示出各点偏离“直线，即完全相关”的程度。

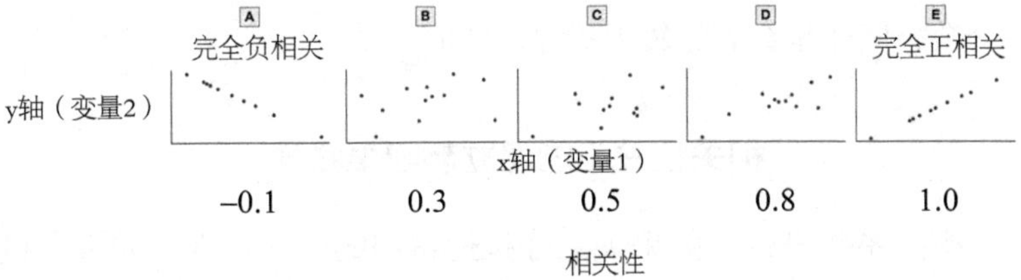

散点图和相关性

若相关性的值达到 0.3，视觉上几乎无法辨别，但是在实际中有着重大意义。若相关性为 0.3，我们就能从一个人的智商情况预测其收入，能从学生大学的课业成绩预测其在研究生院的表现。

同样程度的相关性也可以帮我们从一个人体重过轻、达到平均水平或超重来预测其患有早期心血管疾病的可能性。

相关性达到 0.3 真的很重要，这并非开玩笑：它意味着如果某人在变量 A 上的排位是前 84%（高于均值一个标准差），那么这个人在变量 B 上的表现会是前 63%（高于均值 0.3 个标准差）。这是一个对变量 B 的相当有含金量的预估了，比你不知道任何关于变量 A 的信息的情况要好很多。如果你什么都不知道，那就只能猜测每个人的排位都是 50%，即变量 B 分布的均值。这很容易帮你判断你的生意究竟会做大，还是会破产。

相关性为 0.5 可以反映一个人在普通工作上体现出的智商与表现之间的相关程度。（对于难度更大的工作，相关性更高；对于难度较低的工作，则相关性更低。）

相关性为 0.7 可以反映出人身高和体重之间的联系——虽然很有说服力但依然不甚完美。相关性为 0.8 可以反映出以下两种变量的联系程度：你在今年 SAT 考试数学部分的得分与下一年在同样部分的得分。这种联系程度很高，但就平均情况而言，在两个分数之间还是会有比较大的浮动空间。

相关性并不能建立起因果联系

相关系数是进行因果关系分析过程中的一个步骤。如果变量 A 与变量 B 之间不存在相关性，那在两者之间（可能）不存在因果关系。（一种例外的情况是，如果存在第三个变量 C，它促使变量 A 和变量 B 之间产生了相关性，而变量 A 与变量 B 之间是存在因果关系的。）如果变量 A 与变量 B 之间存在相关性，这并不能说明变量 A 一定导致了变量 B。可能是 A 导致了 B，也可能是 B 导致了A，而联系也可能是由A和B都与某个第三种变量C有联系而产生的，其实在A与B之间没有丝毫的因果关系。

几乎每个达到高中毕业水平的人都能在思维上认可以上论断。然而，某种特定相关性总是伴随着我们假想中的因果关系出现，以至我们心照不宣地接受了相关性意味着因果联系的观点。我们是如此善于制造因果假设，以至于这种做法几乎成了自发的习惯，我们总是控制不住自己去做因果推断。如果我告诉你吃了更多巧克力的人脸上有更多的粉刺，那么你很难不去揣测，可能是吃巧克力引起了粉刺。（实际上并不是这样。）如果我告诉你，那些精心准备婚礼的夫妇经历了更长久的婚姻，那么你很自然便会推测，怎样精心准备的婚礼可以造就更长久的婚姻。事实上，一份著名报纸最近刊登的一篇文章报道了两者的相关性，并推测了严肃的婚礼准备工作带来更长久婚姻关系的原因。然而，如果你深入思考这种相关性，你会意识到精心的婚礼准备并不是一种随机出现的情况，能精心准备婚礼的人更可能有更多的朋友，夫妇两人有更多的相处时间、有更多的钱，或者其他一些更优越的条件。拥有这些东西中的任何一种，或者拥有全部这些条件，那么必然会让婚姻更长久。从这张复杂的网中抽出一个事实，并将它当作一种原因，其实是没有太大意义的。

请看一看工具箱1（见下方灰底方框），其中提到的所有联系都是真实存在的。你会看到，有些因果链看起来似乎是高度可信的，而有些则高度可疑。无论你认为这些因果链可信与否，都请看看你是否能给出下面几种类型的解释：A导致B；B导致A；有一个因素和A与B都相关，且是导致A和B的原因，但A和B之间不存在因果链。随后，请在工具箱2里寻找答案。

工具箱 1　思考联系：下述情况中存在什么样的因果关系？

1.《时代》杂志报道，一些家长努力控制自己孩子的饭量，这一行为导致这些孩子超重。如果家里有超重孩子的父母不再控制孩子的饭量，那么这些孩子的体重能减轻吗？

2. 国民智商平均得分更高的国家有更多的财富（以国内生产总值为准）。国民更聪明会让一个国家更富裕吗？

3. 去教堂参加宗教活动的人比不去教堂的人的道德素质低。这是否意味着信仰上帝可以让人活得更久？

4. 养狗的人感到抑郁的情况比其他人少。如果你把一条狗送给一个情绪低落的人，那么他会开心起来吗？

5. 禁止进行性教育的州的谋杀率较高。是因为这种“谈性色变”的状况引发了袭击行为吗？如果你为那些州的学生提供更多的性教育方面的知识，那么谋杀率会下降吗？

6. 聪明的男人的精子质量更高——更多的精子，更有活力的精子。这是否意味着男人可以通过念大学而变得更聪明，进而提高其精子的质量？

7. 吸食了大麻的人更有可能吸食可卡因。那么，是吸食大麻引起了吸食可卡因的行为吗？

8. 在 20 世纪 50 年代，小儿麻痹症仍是一种棘手难治的疾病。当时，食用冰激凌和患小儿麻痹症之间几乎存在一种正相关关系。那么为了民众身体健康而禁止售卖冰激凌是一种明智的举措吗？

工具箱 2　有关工具箱 1 中的各类联系的参考答案

1. 如果孩子超重，父母的确可能会试图控制其饭量。如果是这样，那么因果走向就与《时代》杂志的推测是相反的。父母控制孩子的饭量是不会让孩子变得肥胖的。事实是如果孩子变得肥胖了，父母会去控制孩子的饭量。也有一种情况可能是，成员关系不和睦的家庭中有控制欲强的父母，而孩子更可能会超重，但是在父母控制孩子饭量的强势行为和孩子的体重之间不存在因果联系。

2. 情况可能是更富裕的国家拥有更完备的教育体系，因此人们会有更高的智商测试分数。在这种情形下，其实是国家富裕带来了人民综合素质的提升，而不是反向的。也有可能存在第三种因素，比如国民的身体健康，它影响了那两个变量。（这三者之间的因果联系是真实的，但却是偶然性的。）

3. 情况可能是，更健康的人会参与更多的各种社会活动，包括去教堂。如果是这样，那么因果链条就与下述推断相反：人们去教堂的一个原因是他们身体健康，但是去教堂并不能让他们更健康。或者还有一种情况是，参与社会活动的兴趣（比如说去教堂）会让人们参与更多的社会活动，身体也更健康。

4. 情况可能是，情绪低落的人更不可能去做一些有趣的事，比如买一只宠物。如果是这样，则因果链条就与下述推断相反：郁闷使得你不可能弄来一只宠物。（实际上，把一只宠物给一个伤心的人会帮他调整心情，因此宠物确实会对你的精神健康有帮助，只是这两者之间的关联性不能证明这一点。）

5. 情况可能是，更贫穷的州会有更高的谋杀率，更穷的州更不会允许对人们开展性教育。的确，两者都是事实。因此，在性教育与谋杀率之间可能不存在任何因果联系。事实上，是贫穷、较低的教育水平或是其他一些因素与这两者建立了因果链。

6. 情况可能是，身体更健康使得人们更聪明，精子质量更好。或是其他一些与聪明和精子质量相关的因素，比如吸毒或酗酒。因此，在聪明和精子之间可能不存在因果联系。

7. 情况可能是，吸食其他任何一种毒品的人有更强烈的意愿，因此更容易出现一些违反法律的行为。吸食大麻不一定引发吸食可卡因，反之亦然。有可能是第三种因素引发了上述两种行为。

8. 吃冰激凌和患小儿麻痹症在 20 世纪 50 年代有高度关联是因为该病症容易在泳池中传播。而在天气热起来时，人们会更常吃冰激凌，更常去游泳。

虚假相关

以一种系统性的方法搜集数据，随后对其进行计算以得出两个变量之间的相关性究竟有多强，这是十分重要的，无须赘言。

只要生活在这个世界上，感知周围的事物，我们就很容易无可救药地对两件事进行错误联系。虚假相关是我们面对的一种实实在在的风险。

如果你认为两个变量看上去存在正相关关系（有更多的A，便有更多的B），那么你的这种因果式的视角就很可能让你确信自己是正确的。这种情况不仅经常发生在两个变量其实并没有正相关关系的时候，甚至会发生在两个变量实际上呈负相关关系的时候。注意并记住那些可以支持你的假设的例子，而忽视那些反驳你的假设的例子是确认偏误的又一个例证。

相反，如果一种联系看起来不太可信，你甚至都不会去想存在这种联系，哪怕那种联系实际上很强。心理学家曾经把鸽子放入一个带有自动投食器的装置中，在地板上则有一个能够亮起来的圆盘。如果圆盘亮了，而鸽子并没有啄食，则投食器就会投出一粒食物。如果鸽子去啄食了，投食器则不会投出食物。一只鸽子会在它明白“不在亮起来的圆盘上啄食就会有食物”之前就饿死了。鸽子们没有发现那种看似合理的联系，即不去啄食可能会得到食物。

人其实也像鸽子一样，很难在分析事情时克服自身的一些预设或成见。

临床心理学家利用罗夏墨迹测验来对病人进行测验，观察病人说出其看到墨迹后联想到的东西，再将这些反应进行符号化的记录。一张卡片上可能记录了一个病人：第一，在墨迹中看到了生殖器的形状；第二，有性适应方面的问题。在分析了整个测试后，心理学家很可能会报告说，那些在墨迹中看到了生殖器形状的病人会有性适应方面的问题，即便是相应的数据很难表明这类病人其实较少会有性适应的问题。出现这种情况只是因为性适应的问题看上去太有可能和看到生殖器的情形相互关联了，那种正相关的论断明显地摆在了我们眼前。

你告诉心理学家们，他们错了，那一系列实验表明看到生殖器形状和有性适应问题之间呈负相关关系，即看见生殖器形状的病人实际上更少有性适应的问题；那些心理学家可能会嘲笑你，并告诉你，在他们的临床实验中，有性适应问题的病人就是那些更可能在罗夏墨迹测验中看到生殖器形状的人。不，不是这样的。当你去搜集真正的病人数据时，你会发现两者并无联系。

实际上，没有哪种对罗夏墨迹卡片的反应可以告诉你有关一个人的任何信息。在我们花费了成千上万个小时和上百万美元在这种测试上之前，甚至都没有人认真思考人们的反应和其病状之间是否真的存在联系。在接下来的几十年中，那种虚假的联系被建立起来并不断地被检验，其实浪费了我们大量的时间和金钱。

我无意批评这些心理学家和精神病学家。本科生也在犯和这些临床医生们同样的错误，利用罗夏墨迹测验进行虚假关联，比如将看到生殖器形状同性问题相联系，看到外观滑稽的眼睛便与偏执狂相联系，看到武器便同敌意相联系。

这些发现都表明，如果一个人（或是其他生物体）准备好看到一种特定联系，那么这种联系就极有可能被看到，即便事后证明它根本不存在。如果你潜意识中不想看到这种联系，那么就可能看不到，即便它的确存在。猫会学着把一根线从一个盒子中拉出来，但它们不会学到舔拭自身会让它们从盒子中出来。如果扬声器的声响从右边发出，狗会向右走而非向左走去获取食物。然而，当高声代表食物在右边而低声代表食物在左边时，狗就很难明白到底该去哪边取食。这更可能是因为空间线索与空间事件有关，而非声音线索与空间事件有关。

我们的老朋友“典型性启发法”促生了无数的“有准备的联系”。生殖器总是让人联想到性，眼睛总是代表着怀疑，武器与敌意相关。“可触及性启发法”同样容易让我们产生“有准备的联系”。电影和卡通片总是在表示怀疑的场景中展现那些滑稽的眼睛（眯起来的或骨碌碌转动的等）。

如果一个人既不期待也不抵触看到一种关联，那么会发生什么呢？

比如说，如果一个人听到一群人先说了他们名字的首字母，再唱出了一个音符，接着他被问到，那个字母在字母表中的位置和音符的音长是否有关联，此时这个人会怎样作答呢？

在人们确切地察觉之前，这种武断组合起来的事件之间的联系性会有多高呢？

结果是，这两者之间的相关性达到了 0.6，比第 140 页图中的 0.5 的相关性高出了一点儿。这是当数据突然间出现在人们面前，而人们尽其所能分析事件联系的结果。在实际生活中，这意味着你不能轻信两个变量之间有关联，除非那种联系非常强——比我们日常遇到的大多数真实存在的联系都强。你需要进行系统地分析以得到正确的结果：观察、记录、计算，否则你就会陷入虚假的陷阱。

一个例外

对于上述规则有一个重要的例外，那便是共变现象是很难被准确认识的。当两个事件——甚至是那些被武断联系起来的事件——在相隔很近的时间点发生时，共变是很容易被注意到的。

假如你打开了一盏灯，就在这一瞬间之后一只老鼠被电了一下，那么老鼠就会很快明白灯和电击之间的联系。然而，即使是对于这种极富戏剧性的事件，人们也会因为间隔时间拉长而无法有效认识其中的关联。如果超出了几分钟的时限，那么动物，以及人类，都无法发现那种武断配对的事件之间的联系。

信度和效度

许多年前，我的一个朋友和他太太想生一个孩子。经过好几年的努力都没有成功，他们不得不去找生育专家寻求帮助。情况不容乐观。我的朋友的精子数量“太低以至于无法通过正常方式让妻子受孕”。我的朋友问医生，检查的可信度有多高。医生说：“噢，结果十分可信。”医生的意思是：这个检查不会出错——它提供给你了真分数。他使用了“可信”这个词作为表示准确度的一个术语。

信度表示，采用同一个变量或同一类变量对同一对象重复测量时所得结果的一致程度。

以高度作为测量指标的信度（在不同情境下的关联度）几乎为 1。在几周时间内分别进行的针对智商的测验的信度大约为 0.9。通过两种不同类型的测验来检测智商通常表现出的信度都会高于 0.8。两位牙医在信度低于 0.8 的时候会在一颗牙齿的钙化程度这件事上达成一致。这意味着有可能会偶尔出现史密斯医生要为你补牙而琼斯医生会让你放任自流的情况。这样看来，任何一位牙医做出的诊断不会与其在不同场合的判断完全相关。琼斯医生还可能会在周五时为你补牙，而在周二时不采取任何措施。

精子数量的信度是怎样的呢？任何一种针对精子数量的测试

的信度都比较低，因此你在不同测试中得到相同结果的可能性也较低。同时采取不同方式检测精子数量可能得出完全不同的结果。

效度通常也是通过相关性来测量的。效度表明测量结果在多大程度上是研究者希望得到的结果。智商测试在表明小学生的课业分数和智商得分之间的联系程度时有重要的效度，大约是0.5。（实际上，正是希望能预测学生们在课业上的表现，在20世纪初法国心理学家阿尔弗雷德·比奈才创制出了第一份智商测验量表。）

有一点极其重要的准则需要注意，即如果没有信度，就不存在效度。如果一个人对某个变量的判断是不一致的（比如，一个人对变量A在某个场合的判断与其对变量A在另一个场合的判断不存在任何相关性），那么这个人的判断就没有效度，意思是，这个人的这些判断不能有效预测出变量B的情况。

如果用于测量一个给定变量的测试X和测试Y的结果没有达成一致，而且并非意外情况，那么这些测试中最多有一种具有效度。但是，在没有效度的情况下也可能有很高的信度。两个人可能对他们的每一个共同朋友的外向性格都有极其一致的评价，但是这两个人都未能准确预测这些朋友在不同场合会在多大程度上表现出外向性格（可以通过一些客观的外向性标准，比如健谈程度或是心理学家设计的量表）。

笔迹分析据说能够测量出诚实度、勤奋程度、进取心、乐观精神和其他一些品性。的确，任何两份笔迹分析报告都可能在相当程度上达成一致（高信度），但是它们都不能预测任何与个性有关的实际行为（没有效度）。（当然，笔迹分析在一些情况下会十分有用，例如在对一些中枢神经系统疾病进行医学诊断的时候。）

统计性思维的关键：编码

下面我要提一些问题，看看读者对于一些成对的变量之间的相关性有什么样的想法。具体而言，我会问你，假定在一个情景中A比B更关键，那么在另一个情景中A比B更关键的可能性有多大。通过数学公式，你以概率术语给出的答案可以被转换成相关系数。

如果对于下述任何一个问题，你说“50%”，那意味着你认为一个场景中的行为与另一个场景中的行为之间没有任何联系。如果你说“90%”，那你是说两个场景中的行为之间有着极强的联系。下面的第一个问题是有关拼写能力的。如果你认为某人在一个场景中表现出的拼写能力与在另一个场景中的表现无关，那么你会说“50%”。如果你认为两者之间有着极强的联系，你可能会说“90%”。请做出保证：针对以下的每一个问题写下你的答案，或者至少将你的答案大声说出来。

1. 如果卡洛斯在四年级第一个月末的拼写测验中的得分高于克莱格，那么卡洛斯在第三个月末的测试中仍取得较高分数的概率有多大？

2. 如果朱丽亚在篮球赛季中的前20场比赛里都拿到了比詹妮弗多的分数，那么朱丽亚在接下来的20场比赛中仍拿到较高分数的概率有多大？

3. 如果比尔在你第一次遇到他的时候表现得要比鲍勃友好，那么你第二次遇到他时他仍表现得更友好的概率有多大？

4. 如果在你眼中，巴布在前20次情形下比贝斯表现得更诚实（是否公平付账，在玩棋盘游戏时是否作弊，是否诚实告知在班级中的分数等），那么在之后的 20 次场景中巴布仍表现得更诚实的概率有多大？

下表的数据表现了你刚才针对每个问题做出的相关性系数和对应的估计百分比。

从估计百分比到相关系数的转换

估计百分比	相关性	估计百分比	相关性
50	0	75	0.71
55	0.16	80	0.81
60	0.31	85	0.89
65	0.45	90	0.95
70	0.59	95	0.99

这里的数据基于我之前做过的研究。我已经了解了人在两种场合下表现出的拼写能力之间的关系，20 次拼写考试平均分数与另 20 次测试的平均分数间的相关性，某个人在不同场合表现出友好的感觉之间的联系，在 20 个场合中表现出友好的平均状况与另外 20 个场合的平均状况的相关性，等等。

我确定你给出的答案符合下列的套路。

1. 你的答案表明，你认为在篮球赛中，球员在 20 场比赛中的表现与另外 20 场中的表现高度相关，这种相关度高于一场拼写测验分数与另一场拼写测验分数之间的联系。

2. 你的答案表明，你认为在两个场合中表现出的友好程度高度相关，不过这种相关和 20 个场合中的诚实度与另外 20 个场合中的诚实度之间的相关性同样高。

3. 你的答案还表明，人的品性在不同场景中表现出的一致性要高于能力上的一致性。

以上描述是从我和齐瓦·孔达所做的实验中的大学生参与者那里得来的。

请看下图中的数据，你可以发现人们对于反映了能力（从拼写测试和篮球比赛中得到的平均数据）的行为的推测更接近事实。人在两个不同场合中的行为（拼写或是在篮球比赛中得分）有一定相关性，大致是 0.5。人们推测出来的关于那种关联的重要性在金钱问题上也成立。

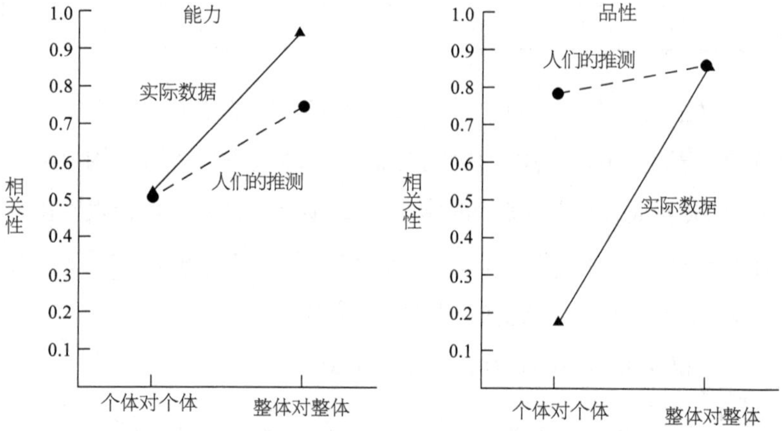

人们基于能力测验（拼写和打篮球）和品性测试（友好和诚实）得出的少量数据和大量数据而做出的相关性推测。

人们同样认识到了大数定律对相关性的重要影响。如果你看一下许多行为的综合得分情况，并将分数与另一些行为的得分情况相联系，则相关性会更高。人们意识不到一系列行为的相关性究竟有多高，但是能明白可以从前 20 次行为推断随后的 20 次行为，且这种推断的可靠性比从一次行为推断另一次行为要高。

对比一下推测与能力有关的行为的准确性和推测与品性有关的行为的不准确性。人们认为人在不同场合中表现出诚实的相关性与不同情境中表现出友好态度的相关性都达到了 0.8 的系数！这其实是极其错误的。不同场合中人表现出的某种品性间的相关系数通常是 0.1 或更低，几乎不会超过 0.3。这里所犯的错误是很严重的，而整个推理过程都充满了日常生活中的谬误（前述章节都讨论过）。我们以为自己通过观察人们在某个单一情境中的行为就能洞察其品性。犯这种错误的部分原因是基本归因谬误，我们也没能认识到大数定律同样也适用于对人所具有的品性的分析。我们总以为能从很小的样本中得到许多信息，一方面是因为我们倾向于低估场景中的环境因素，另一方面是因为我们以为凭借一种情况就能得到充分的证据以推断另一种情况，即使两者大相径庭。此外，我们还忽视了不断增加的样本量对整体情况的影响。如果你基于相当数量的场景观察某个人与品性相关的行为，并将其在 20 个场景中的总体表现与在另外 20 个场景中的总体表现对比，则的确会有很高的相关性。问题在于，人们误以为这种针对品性行为的大数定律对于小样本量的行为也成立。

为什么在以单一场景测量能力和品性时所得到的结果的准确性有如此大的差异呢？为什么人们认识到了大数定律在准确测量能力相关行为的重要性，却一再无视其在准确测量品性相关行为的关键作用呢？

秘密在于编码。对于许多种能力我们都知道可以用什么单位来衡量，并且能为它们赋值：拼写正确单词的比例；罚球的命中率。然而，评判友好的合适单位是什么呢？每分钟微笑的次数吗？每次社交过程中“友好氛围”出现的次数吗？我们如何比较人们在周六晚上的派对上表达友好的方式与其在周一下午的委员会会议上释放善意的方式？人们在不同情境下的行为方式是如此不同，以至在A场合中表现友好的方式并不能作为B场合中表现友好的标志。而找出场合A中所有表现友好的标志同样很困难，甚至是不可能的。即使能穷尽所有可能，那我们也无法将A场合中这数量众多的标志与同样多如牛毛的B场合中的标志做比较。

那么，如何才能正确推测与品性相关的行为呢？我们不必找到所谓正确的测量品性行为的单位，也不必穷尽所有表现品性的方式。心理学家通过研究来解决，而如果我们要做这种测量，那么不必对某一个人提及具体原因，否则他们会觉得我们疯了。（“我要为乔希在开会时以微笑表示友好的行为打18分，这是通过他嘴角上扬的次数乘以每次上扬的弧度得出的。你到底是在做什么？”）

最有效地避免对某个人的行为做出错误推断的方式是提醒自己，只有当两个场合的情境完全一致时，才可以凭借这个人在其中一个场合的行为推断他在另一个场合中的行为。即便这样做，你在进行推测时还是要格外小心。

还有一点或许能帮助你，即你要记住，自己在各种情境下并非总能保持一致。我敢保证，在某些场合见到你的人会认为你特别好，而在另一些场合见到你的人则觉得你简直糟透了。并且你也不能责备那些批评你的人，因为他们一定是有依据的。只要记住批评你的人自身也会既受好评又遭抨击。你不太可能在下一个遇见此人的情境（可能与现在这个情境迥异）中以同样的方式再现自己的人格特质。

更通俗一点儿讲，你要能够知道什么能编码，而什么不能。如果你发现遇到的问题中的事件或行为无法即刻进行编码或赋值，那么就试着找一种途径来编码。做这些事纯粹是为了提醒你一个事实，即人容易高估事件或行为的一致性。

关于本章和下一章所讲述的主题，我能告诉你的最好的消息是，尽管我只教了你们在几个很小的领域中运用统计性思维，但是以我多年的研究经验，我可以保证这些少量的例子就足以帮你在相当多的情境（可能看上去和我举的例子不太相似）下进行理性思考，以统计性思维分析问题。

当我教授人们大数定律以解决那些可以通过统计工具进行分析的问题（例如彩票问题、投硬币）时，他们解决那些只会偶尔想到用统计思维解决的问题（例如可以客观数据衡量的能力）的能力提升了。他们解决那些几乎不会用统计思维解决的问题（例如衡量品性）的能力也提升了。而我教授那些可以客观计分的能力的例子和那些更主观、更难计分的例子时也收到了同样的效果。教授人们某类问题的推理方法可以帮助他们提升在另一类问题上的推理能力。

小结

准确评估事物间的关系是极难之事。即便我们已经搜集好了数据，并进行了全面的总结，也很有可能对共变的程度做出错误估计。确认偏误就极易出现：如果一些A导致B，那么我们很可能会认为A与B有关联。然而要判断A与B之间是否真正存在关联，需要利用四重表比较两种比例。

当我们试图评断一些我们没有先验概念的事物的相关性时，

我们会对那些本无联系或被武断地联系在一起的事件的相关性做出错误估计，认为其关联一定很强。我们对于共变的观察能力在那些相隔较长时间发生的事件上表现得很糟糕。

我们很容易受虚假相关影响。当我们评判两个看上去可能有联系的事件的相关性，或说我们期待发现两者间的正相关关系时，我们可能会相信一种实际上并不存在的联系。当事件之间的联系不那么可信时，即使实际上存在强相关，我们也可能看不到那种关联。更糟糕的是，我们会颠倒事实，将正相关认作负相关，反之亦然。

典型性启发法潜藏在我们的许多关于相关性认识的先验假设中。如果A在某种程度上与B相似，我们就可能看到两者间的关联。可触及性启发法也会发生作用。如果那些A与B有关联的场景更容易被我们记住，那么我们就会高估两者之间联系的紧密程度。

相关性并不能建立起因果联系，但如果存在一种貌似可信的原因解释了A导致B，那么我们很容易推测那种相关性的确建立起了因果联系。A与B之间存在相关性可能是由于A引发了B，或B引发了A，或是第三种因素引发了A和B。我们常常忽略这其中的多种可能性。这里的一部分原因是，我们无法认识到用因果关系的术语“解释”相关性是多么容易。

信度是指一个样本在不同情境中或是以不同方式测量时得分相同的程度。效度是指一个测量工具能够准确测出所需测量的事物的程度。对于某一给定的测量工具，其可能具有完美的信度，却没有效度。两位占星师在“双鱼座的人比双子座的人更外向”这个问题上的认可度一致，然而这种说法显然没有效度。

一件事情越是能够通过编码来分析，我们对其的相关性分析就越准确。对于那些易于编码的事情，比如一些以能力高低而决定之事，我们对于两个场景的相关性分析就会十分准确。我们还认识到当分析一些与能力有关的事情时，综合许多场景的平均状况推测另一些场景的平均状况是更好的选择，这比从单一场景推断另一单一场景要更可信。即便是对于与能力有关的行为，我们还是没能充分意识到，从单一场景推断升级成从多个场景的平均状况推断能提高预测的准确性。我们推断一些难以编码的事件（例如与人的品性相关）之间存在强相关性，而实际上那种关联并不存在。我们也比较少或是没有意识到，基于大量观察的预测的准确性要高于单一观察。

当我们从人们过去的（与品性相关的）行为预测其未来的此类行为时，我们需要格外当心和谨慎，除非我们搜集的样本规模足够大且我们得到了多种情境下的事实。意识到有一些特定类型的行为是难以编码的，可以让我们保持警惕，即我们对这类行为的推断很可能有误。时刻以基本归因谬误的概念警示我们自身，我们便能意识到可能会犯笼统概括的错误。

第四部分

实验

MINDWARE
Tools for
Smart Thinking

质疑对于确定之事是致命的。

——威尔·杜兰特，哲学家

各类研究机构正越来越多地依赖实验为自身提供有效信息。这是好事，因为如果你能够借助实验来回答一个问题，那么它总是要比借助相关性的统计工具强。相关性的统计工具，比如多元回归，经常被用于医学和社会科学研究中。这个工具主要是将许多自变量与许多因变量联系起来。它会这样问："如果抛开所有其他变量的影响，变量A对因变量的影响是什么？"尽管用得很多，但这个工具仍然有内在缺陷，常会导致错误结果。原因在于"自选择"。如果我们没有给每个样本一个特定的样式，那么这些样本会以许多种方式变化，它们就会与因变量产生多种不同维度的联系。我们能够知道，由多元回归得出的答案是错误的，是因为随机控制变量实验（通常被当作一种研究工具的黄金标准）可能给出了与多元回归分析迥异的答案。

即使在实验操作时没有做到真正的随机，我们有时也能做出"自然实验"。这种情况会发生，是恰好满足以下条件：一组样本（人、农田、城市）中，作为自变量的个体以特别的方式各不相同，而同时它们也在一定程度上不存在误差，我们可以放心将其与各因变量进行对照。

我们的社会为那些本可以进行却未进行的实验付出了惨重的代价。成千上万人离世，成百万的犯罪事件时时发生，数十亿美元被挥霍，这是因为人们放肆地为自己的假设提前买单去干预一些事件的发展，而这些假设从未被验证过。

当我们研究人类自身的时候，总是受到口头叙述的诱惑，采信这种不甚严谨的证据。那些说出来的东西会伴生出多种错误。如果我们能更多地观察分析实际行为而非口头报告，那么我们在研究中将会更接近正确答案。

你可以对自身进行实验，这样你会更加明白影响你的健康和福祉的因素究竟是什么，实验将比随意的观察能给出准确得多的答案。

第 9 章　忽略最具价值者的观点

就在贝拉克·奥巴马宣布自己将参加 2007 年秋季的总统大选后不久，谷歌公司的首席执行官埃里克·施密特在大批谷歌公司员工面前采访了奥巴马。为活跃气氛，施密特首先问了这样一个问题："为 100 万个 32 位的整数排序的最有效的方法是什么？"奥巴马这样回答："总之，我认为冒泡排序不是正确方法。"这个回应不能算错。施密特惊讶地用手拍了拍自己的前额，现场爆发出一阵掌声。随后，在现场问答环节，奥巴马又进一步向观众们保证，"我是个对原因、事实、证据、科学以及反馈有执念的人"，他还承诺在他当选后，政府会按照这些原则运行。

那天，在观众席中有一位名叫丹·塞洛克（Dan Siroker）的产品经理当即决定要为奥巴马效力。他表示："奥巴马在我的冒泡排序中占据了前列。"

塞洛克用专业工具为奥巴马助选。他向人们展示了如何进行"A或B"（即二选一）测试。当你在两种方式之间犹豫而不知道哪种才是帮你达到目标的最佳选择时，你可以用掷硬币的方法决定谁采用A方式，谁采用B方式，然后比较两者。你可以搜集与你感兴趣的问题有关的数据，用某种统计学的方法分析比较采用A方式与采用B方式的平均状况。

本章会对“A或B”测试进行细致的说明，包括其含义以及如何在专业工作和日常生活中运用这种方法。如果你能理解好实验的设计思路，那么在媒体中碰到那些所谓的科学发现时你就会更具批判性。

“A或B”

在塞洛克加入奥巴马的竞选网站工作团队之时，谷歌等互联网公司的开发者就已经在网页设计测试方面进行了好几年的探索。这些网络先行者没有基于HiPPO式（HiPPO即highest-paid person's opinion的调侃式说法，也是这一概念的首字母缩写，意为“最具价值者的观点”）的思维进行网页设计，而是以什么最有效这种无可争议的思路进行开发。他们会给一部分互联网用户提供以蓝色为主视觉感受的主页，而给另一部分用户提供以红色为主视觉感受的主页。这些开发者要搜集有关“点击率”的信息。从颜色到排版，再到图片和文字，页面上各种信息都被同时传递给随机挑选出的用户，以测试页面的效果。判断效果优劣的依据是到底什么东西应该出现在网页上，而不是某个最具价值者的观点。

在政治网站上应用“A或B”测试十分直接明确。一个主要问题是如何设计一个网页，以便通过它来最大限度地获取潜在捐赠者的电子邮箱地址。例如，哪种按钮能促使更多的用户注册：“了解更多”、“现在加入我们”还是“现在来注册吗”？将什么图片放在网页上可以吸引更多用户注册：一张清晰的奥巴马本人的蓝绿色照片，一张奥巴马全家的黑白照片，还是一段奥巴马在一次集会上演说的视频呢？

我猜你可能无法料到，“了解更多”按钮加上一张家庭照片是最有效的，而且效果远超其他组合。这两者结合使得吸引到的潜在捐赠者人数比最差的组合多了 140%，利用这种效应影响竞选捐款和投票，产生了更大的作用。

网站设计者们学到了社会心理学家在几十年前就发现的情况，即在新鲜的场景中，人的直觉会影响到其行为。正如塞洛克指出的，“假设往往是错误的”。

自 2007 年起，“A 或 B”测试在奥巴马的竞选决策过程中被广泛应用。竞选专家、曾经的社会心理学家托德·罗杰斯进行了一系列有关奥巴马的实验。其中有一些实验不够严肃。接到一个来自比尔·克林顿的自动语音电话，或一个来自志愿者的可陪你聊天的电话，哪一种方式能得到更多捐款以及获得投票者支持？（结果证明是后者。）帮助竞选的志愿者在大选前一天拜访投票者是提高投票者在投票当日现身投票的最有效方法。

关于什么方式能有效助选还有大量的研究。要提高人们的现场投票率，哪种方式更有效：告诉他们投票结果不重要，还是告诉他们结果很重要呢？你可能会认为，如果告诉投票者结果不重要，他们便更有可能现身投票。然而，一个简单的成本–收益分析会告诉你，让投票者知道其投票的重要性可能更容易激发其行动。记得吗？人们对社会影响力的敏感性很高。他们想做他人希望自己做的事。如果大多数人都喝得很多，那么你也会这么做；反之亦然。如果大多数人重复使用酒店的毛巾，那么你也会这样。因此，告诉投票者他们的行动在自己的选区很重要会是一种有效得多的方法。

如果让人们知道你会在最后一次选举中了解他们投票的情况，这会更有效地促使人们投票吗？人们总是想给他人留下良好的印象，也希望自我评价能高一些。因此，当人们被告知有人监督他们的投票表现时，投票率会上涨2.5个百分点，甚至更多——出现这种情况一点儿也不奇怪。然而，只有“A或B”测试能告诉我们这种监督策略是否真正有效，以及如果有效果，它是正面的还是负面的。

在2008年和2012年的大选中，奥巴马团队都给共和党对手带来了不少出其不意的麻烦。罗姆尼在2012年的竞选中表现得极度自信，甚至连败选演说都没有准备。

诚然，共和党人显然深谙“A或B”博弈的原则。实际上，早在2006年，得克萨斯州州长里克·佩里在其谋求连任的竞选活动中就放弃了直接与投票人进行邮件联系、支付通话费、设置草坪宣传标语的做法，他认为这些方式效果不佳，因此就没在这些方面投入资金。相反，竞选团队充分利用机会，在电视和广播中插播广告。就是通过这种最有效的方式，他们分别在18个电视频道和30个广播电台上随机插播竞选的开始日期。民意调查显示，正是这些行动让佩里的选情出现了巨大的变化。这种方式的随机性特质极大地增加了结果的准确性。参与竞选活动的工作人员不被允许针对某个群体在某个时间段的某种特定表现搜集信息。如果他们这么做了，任何票数增加的情况都可能是因为某个群体所处的环境发生了变化，而不是因为共和党人投出的广告影响到选民。

如同在政治活动中一样，“A或B”测试在商业运作中也行之有效，因为调研者可以按照不同群体的需求分析，随机安排不同策略。当样本量很大时，即便是很小的差异也能被发现。商业活动亦如政治，牵一发而动全身，小节见成败。

经济效益与社会效益并举

商人将“A或B”测试运用得更为娴熟。他们发现这种测试法可以有效帮助其提升人们的生活品质，促进收益增长。

研究者在得克萨斯州厄尔巴索市的一家超市利用“A或B”测试研究了可提升果蔬销售量的一系列策略。在购物车中放置一块隔板，并在上面贴上标示，写上“请把果蔬放在购物车的前端”。此举让果蔬的销售量提升了一倍，果蔬部赚得的利润比其他部门都多，这也对消费者的健康大有裨益。研究者同样分析了社会影响力因素。如果有标牌告知消费者，其他购物者也购买了一定量的商品，则能够刺激销售量。研究结果表明，那些标示牌对于果蔬的销售量提升作用最大，其对应的消费群体是低收入人群——这些人更可能购买加工处理过的食物而较少购买新鲜农产品。

美国的杂货店按以下方式布置货品：淀粉类食物在通道4，调味酱类在通道6，奶酪在通道9。日本杂货店则从不同餐饮风格进行整体分类：意大利餐饮中的面食、酱料、奶酪，日式餐饮中的豆腐、海鲜、酱油。这样的整体分类之法可能会降低人们对加工过的食品的购买量，不过可以让那些闲暇时间很少的消费者为自己购买更多的健康食品。

各类机构和组织也可以对其策略和工作环境的有效性进行更多的实验。如果允许雇员利用一部分时间在家工作，是否能提高其效率？完全在家工作呢？完全坐班呢？面对一份每周交一次的大作业和每天都要交的小作业，高中生们会更倾向于哪种呢？

内设计与对比设计

美国西尔斯百货在不同的媒体上随机投放针对特定群体的广告，它们可以随机选择在自家店铺的什么位置摆放哪类货品——在新罕布什尔州和北卡罗来纳州放在店铺后端，在佛蒙特州和南卡罗来纳州放在店铺前端。西尔斯百货的店铺在全美数量巨大，这样“A或B”测试便能发挥很大的效力。一种统计学测试的效力体现在其是否能在给定样本规模较大时发现其中的样本差异。样本量越大，你就越能确定某种样本差异是真实存在的，而非偶发的。

你还可以通过“内设计”（within design）提升测试的效力。比如将同一家商店中的货品摆放位置调换。这种对于整体差异的控制法也适用于比较商店之间的差异。一种典型的内设计是“前后对比”设计。当你将珠宝柜台置于店铺前端，而将内衣柜台置于后端时，销售量会怎样呢？加入了内设计的“A或B”测试会比单纯的“A或B”设计敏感得多，因为你可以针对每一个样本得到一个“差异分数”，然后用其作为你的测量指标。这个分数是用休斯敦地区的销售量计算的，即用采取该策略前的销售数据减去应用了该策略之后的数据。随后，你便能看到一个对所有情况都适用的分数，它会因为销售地区和货品种类变化而变化：商店的规模和吸引力，当地消费者的偏好等。这类差别被称作“误差变异”，因为它反映了去除策略影响因素之后的商店或消费者之间的差异。影响得分高低的因素与“A或B”测试试图回答的问题无关。当你通过“前分数”和“后分数”来减少误差变异时，你会更想知道在状况A之下和状况B之下的销量差异是否真实存在。

请注意，当你使用“前后对比”设计时，你需要平衡不同策略，即一些样本需要先在实验情境下进行，另一些样本则需要在控制情境下进行。否则，策略的效果和样本顺序变化的效果会被混淆。你以为由策略产生的效果很可能只是因为调整了时间顺序而产生的。

一些“前后对比”实验只是在偶然的情况下产生的，其结果虽然意外但很有用。我最喜欢的这样一个例子是在美国西南部的一家礼品店里发生的。绿松石类的珠宝销量很差，因此当店主要做一次短途旅行的前夜，他打算将这类珠宝降价出售，他留给店员一块标牌，上面写着“所有绿松石类珠宝价格乘以 1/2”。当店主返回的时候，几乎所有此类珠宝都售完了。而店主在听店员提起另一件事时，震惊之余，更是无比开心。店员表示，较之放那块牌子前，珠宝在以正常价格的两倍出售时销量好得惊人。原来，这位店员误解了店主的意思，他以为要加价一倍售卖，而不是以半价出售。

通常情况下，价格比较公平地代表了商品的价值，因此消费者会以高价购买相应价值的珠宝。当然，这种状况并不适用于所有类别的商品，然而绿松石类的珠宝绝对是会让消费者倚赖其价格为判断依据的一种商品，因为很少有人具有判定其价值的专业知识。

“前后对比”设计的效力意味着我们可以在自己身上进行真实的实验。你偶尔会因胃酸过多而消化不良，但是不知道确切原因，该怎么办呢？你可以每天记录自己的饮食日志，尤其注意那些可能的“罪犯”——酒、咖啡、苏打水、巧克力。然后进行一次真正的随机实验——掷一次硬币来决定是否喝一杯鸡尾酒。每次只变化一种东西，以避免出现混杂变量。如果你不吃巧克力，也不喝苏打水，你的胃回流状况改善，那么你将不知道究竟是食物还是饮品充当了“罪犯”。在围绕“口头报告”而展开的第 12 章中，除了考虑一些科学方法论之外，还提供了大量建议帮助你自己做实验。

统计相关性与统计独立性

更多的样本量，随机布置的实验条件，这些都增加了我们对某一效果是真实的信心。然而，还有另一个因素也很重要，这便是我们认为什么样的样本才算数。假设你在一个有30个学生的班级1中实验A程序。A程序是标准的教学方式——课上讲授，课下做作业。你在另一个有25个学生的班级2中实验B程序——在家通过视频听课、完成作业。那么样本总量是多少？肯定了，不是55，如果对比的数据存在差额，那么能表现出显著性差异的样本到底是多少呢？

样本量是2。这是因为只有当存在独立观察时，样本量才等于搜集的案例个数。然而，就这种针对一个班的学生或任何群体的实验来说，群体中的个体之间在采取实验措施和最后进行测量之时都会产生互动，这样每个个体的行为就不是独立产生的了。琼的疑惑可能让其他人感到慌乱，比利的古怪行为可能拉低测验中每个人的得分。每个个体的行为都会潜移默化地受其他人的行为影响。在这种情况下，无法得出具有显著统计学意义的测量结果，除非群体的数量特别巨大，在此处样本数量指的是群体的数量，而非群体中个体的数量。

如果你无法进行具有统计学意义的测验，那么毫无疑问你无法确切知道不同方式对某件事情产生的效果。然而，在第二次实验的时候采取第一次效果较好的方式是种更聪明的选择，这比你单纯依靠自己的假想要好。

独立性的概念对于理解事件是具有无限可能性这一点至关重要。比如在2008年，发生了一件令人惊讶的事，进行金融评级服务的标准普尔公司应用了可能出现违约状况的房屋抵押贷款模型，在这类模型中，假设违约状况是独立于其他因素而存在的。乔·道克斯在迪比克市的违约行为被认为与简·道伊在丹佛市的违约行为毫无关联。这些在日常生活中的状况并非毫无道理可言。然而，在各类情况层出不穷的大千世界，即便在一个房价似乎稳定增长的时期，你还是要预想到可能会遇到经济泡沫。因此，针对 20031A 型房屋抵押贷款的违约行为在统计学意义上可能会依赖于人们在 90014C 型房屋抵押贷款上是否出现违约行为。

评级机构从来都不是中立的。银行会向它们支付服务费用。越容易给出安全性高评级的评级机构越受欢迎。因此，评级机构是否会以拙劣之计创制出违约模型，或是有一些欺骗性行为，我实在不好做出评价。不过，有一点是我们都应当明白的：有缺陷的科学方法论会导致灾难性的后果。

小结

单纯的假想很有可能是错误的。即使它们是正确的，在你有条件进行测试的时候还依靠它们也是愚蠢的。“A 或 B”测试在原理上十分简单：设计一种你想检测的步骤，设置一个对照情况，掷一枚硬币以决定谁（或者什么）采取何种方式，然后看看会发生什么。借由随机设计发现的差异表明，自变量的改变会对因变量产生因果式的影响。而借由相关性的方法发现的差异则不能保证自变量对因变量产生确定的影响。

相关性设计之所以不可靠，是因为研究者没有限定样本的具体条件。例如，对比大量和少量家庭作业，广播广告和传单广告，高收入和低收入。如果你没有根据一定的条件随机搜集样本——无论是人、动物还是农田，那么你就给自己的分析增添了各种不确定性。在某一个层面上的自变量样本可能和在其他层面上的自变量差异极大，而且差异体现的方式也有许多种，其中有些差异可以辨认出来，而另一些并不能。有时候并不是相关的自变量引发了不同，而是任何一种可测量的变量，或是不可测量乃至不可构想出的变量，产生了一些效果。此外，有时候实际上可能是我们认定的因变量反而扮演了自变量的角色。

样本的数量越大——人、农田或是其他事物，那么你发现真正起作用的因素的可能性就越大，同时你误将一些虚假因素当作真实因素的可能性就越小。如果通过某种统计检验而发现差异的发生概率小于在 20 个随机样本中发生一次，则显著性水平表示为 0.05。如果不做这样的测试，我们便无法知晓一种效应是否应当被看作真实。

当你在分配样本时考虑了所有可能性，那么你的设计便是高度可信的。这是说，在反映某一个维度上的差异时，“内设计”比“对比设计”更具有统计学意义上的显著性。这是因为在任意两个样本之间的所有可能差异都被控制了，只剩下分配样本这一项上的差异，而它可能是事物产生关联的原因。

辨别你所检验的样本（比如由人去做关于人们行为或心理的研究）之间是否相互影响十分重要。任何时候，当某个样本可能会影响其他样本时，就会缺乏统计上的独立性。某种事物的样本量（N）并不会影响另一种事物的样本量。A 班代表的样本量为N，这里的N指的并不是这一个班里的学生人数，而仅仅是 1，A 班整体是一个样本。（有一种情况除外，即那种相互影响的状况几乎可以忽略不计或者不存在时，比如学生们在一个带有小隔间的房间中参加考试，他们无法交谈。）

第10章 自然实验与恰当实验

因为新生儿的身体免疫系统还未发育成熟，所以需要采取一切措施使其尽量少接触到细菌和病毒，以避免引发疾病。

——"健康婴儿抗菌建议"，
美国有线电视新闻，2011年2月2日

在成长早期接触到的细菌种类越多的婴幼儿，在长大后出现各种过敏症状的概率越小。

——"婴幼儿接触病菌与低过敏风险的关联"，
加拿大电视新闻，2011年11月3日

我们每天都会被朋友、同事和媒体提供的各种信息淹没，他们竭力向我们建议，应当如何生活以及如何进行专业活动。

在过去10年中，我们了解到应当在饮食中尽量减少摄取脂肪，而现在我们却得知适量的脂肪是对人体有益的。去年的报道说老年人补充维生素B6可以改善情绪和提升认知功能，而今年的消息否定了维生素B6的这两种功效。15年前，权威人士说每天喝一杯红酒有益于心血管健康，8年前的研究说所有的酒类都有此功能，而上个星期人们又说只有红酒有效了。

即便我们有意默认相信最新的医学建议，我们还是得思量不同建议之间的矛盾之处。詹妮弗表姐的牙医建议每天使用两次牙线来清洁牙齿，而你自己的牙医则建议偶尔使用牙线就足够了。

《纽约时报》的金融作家建议你抛售股票、买进债券；《华尔街日报》的客座专栏作家建议你购置房产，并存储大量现金；你的理财顾问建议你"把鸡蛋放在多个篮子里"；你的朋友杰克的理财顾问则劝你转移基金，改买国外的股票。

你的朋友埃洛伊丝和马克斯十分热切地想把孩子送进最好的早教班，为此不惜一切代价；你的朋友厄尔和迈克则想让他们初学走路的孩子在家里接受教育，他们认为专门报一个早教班是多此一举，只想让孩子快乐地成长。

本章会为读者提供一些技巧，如何评估媒体上的各类科学说法和熟人们给出的各类建议，读者们能够学会如何自己搜集和分析信息。你会看到，如果我们一味依赖那些对于受到干预的结果的假设，而不是进行相关实验去证明的话，会造成多么糟糕的结果。

说服力的链条

2 月，你看到美国有线电视新闻网（CNN）的新闻，他们告诉你让你的孩子远离病菌；11 月，你又看到加拿大电视台的新闻，他们说病菌对孩子有好处，多接触可以降低孩子患自身免疫性疾病的概率，比如过敏症。你该相信谁呢？什么样的证据可以说服你让孩子接触病菌，而哪种证据又能让你倾向于让孩子尽量远离病菌？这里有一些自然实验可能会对你回答这些问题有用。一个自然实验是将两个（或几个）有共性却在某个层面上存在差异（此差异与变量结果相关）的样本进行对比。没有人可以操纵那种可能的相关差异，如果有，那就将是真正的实验了。同时，我们也没有任何理由假设这些样本在某种程度上有差异，这样也会导致对比无意义。

假设你知道德国东部的人比德国西部的人更不容易过敏。

假设你知道俄罗斯人比芬兰人更不容易过敏。

假设你知道农民比城市居民更不容易过敏。

假设你知道那些参加了日托项目的孩子比没有参加的孩子更不容易过敏。

假设你知道那些在婴幼儿时期就与宠物相伴的孩子比没有和宠物玩耍的孩子更不容易过敏。

假设你知道那些在婴幼儿时期时常腹泻的孩子比腹泻少的孩子更不容易过敏。

假设你知道那些以自然分娩方式出生的孩子比剖腹产出生的孩子更不容易过敏。

这些真实发生了，它们都是真实的。在一些相似的样本以一种特定的方式恰好不同（实际上是自变量）时，这会引发结果上有争议的差异（过敏作为因变量），在这种情况下，自然实验类似于真正的实验。每种自然实验都提供了一种对假设的检测方法，这种假设即是早期接触病菌会对过敏产生免疫性，对其他自身免疫性疾病也会有抵抗，例如哮喘。（自身免疫性疾病是一种反常的，会对身体中正常存在的物质产生错误“保护”作用的过度反应，在这种情况下，白细胞会攻击身体组织。）

过敏产生的后果小到令人难受、大到使人身体虚弱，而哮喘引发的后果糟糕得多。在美国，每天都有上万个孩子因哮喘不能上学，数以百计的人因此进入医院，还有人因此而去世。

我们可以假设德国东部和俄罗斯的医疗卫生条件比德国西部

和芬兰要差，或者我们可以说在不久之前是这种情况。(有趣的是，许多年前，一位移民美国的波兰人半开玩笑地告诉我，他认为过敏这事是美国人的发明。他可能语带玄机。)

我们也可以假设在农场长大的孩子比在城市长大的孩子更有可能接触到多种病菌。我们知道常和宠物在一起的孩子会接触到更多细菌，包括宠物的排泄物中的细菌。我们还知道刚学会走路的孩子简直就是行走的细菌培养皿，他们在日托幼儿园彼此传播细菌的可能性比在家高许多。许多腹泻的病例都是接触了大量病菌而致。通过自然分娩的婴儿在母亲的阴道里接触了各类细菌。这些自然实验都支持了细菌对婴幼儿有益的观点。

我怀疑这些发现会鼓励你让自己的孩子处在更加恶劣和不洁的环境里，甚至让孩子接触到最不堪的那类细菌，比如黏液和动物排泄物中携带的细菌。

但是，如果你知道在孩子 6 岁时清理其带有各类细菌的直肠可以降低免疫缺陷，你会怎么做呢？事实就是这样。我们现在有了相关性证据，或者说观察性证据。在一类人群中，早期接触病菌的范围越广，其患自免疫性疾病的概率越低。

如果你仍旧不想让孩子接触大量不同的病菌，那么当你知道有一个相当可信的假说——“病菌暴露理论”可以解释这些相关的和自然实验的证据，你可能会受到影响。早期接触病菌可以刺激免疫系统，而这种刺激会在日后有益于身体。处在发育初期的免疫系统可以通过这种方式增强其抵抗力，适应环境，调试自身，日后较不易感染炎症，自身免疫性失调的可能性也会降低。

现在，你是否做好准备让你的宝宝接触一点儿脏东西了呢？我得承认，我恐怕不会这样做。的确，自然实验、相关性证据和可信的理论看上去都很有说服力，然而我还是想通过真正的双盲，随机控制实验来检验这种论断。在这个实验里，婴儿要通过众所周知的那种掷硬币式的随机分配法被分配到实验组和控制组中，实验组是高接触病菌的环境，而控制组正相反。实验者和参与者（在这里是母亲们）都对婴儿接触到的具体环境不知情。这种双盲设计可以避免由这两者在知情的情况下可能带来的影响。如果实验证明那些接触了更多病菌的孩子会更不易过敏或患上哮喘，那么我会严肃考虑让我的孩子接触大量病菌。

然而，我还是不确定我真的愿意让我的孩子成为像豚鼠一样的实验品，尽管实验之前的确说服了我。幸运的是，不需要任何人把他们的孩子当作实验品。有大量的动物模型可以帮助我们实验。这是一种在进化序列上接近于人类的生物，那些实验环境对这类生物产生的效果类似于对人的效果。

研究者研究了幼鼠接触病菌程度不同所产生的结果。研究者没有将幼鼠置于可高度接触病菌的环境中，转而创造了一种无菌环境并放置一些幼鼠于其中，同时将控制组的幼鼠置于有一定病菌存在的普通实验室环境中。结果，那些在无菌环境中的幼鼠在结肠的部分位置和肺部出现了异常数量的杀伤性T细胞。这些多出来的T细胞甚至会攻击那些不具有威胁性的物质，结果使得幼鼠们易发炎、过敏、患上哮喘。

我想我现在会听从加拿大电视台的建议，让我的孩子接触病菌，即便这的确会让我极度紧张。（还是请读者们对我的建议保持警惕。毕竟，我不是真正的医生，而只是一个博士，就像我儿子不时会提醒我的那样。）

如果你决定让你家的婴儿接触大量的病菌，请注意这种接触可能主要在生命最初的几年起作用。因此，你可能并不想无限期地有意让孩子接触病菌。

无论你是否相信，就在我完成上述文段的那个星期，《美国医学会小儿科期刊》上发表的一篇文章指出，被一些人认为是由肠道易激综合征引发的婴儿腹绞痛，可以通过让婴儿摄入 5 滴含有罗伊氏乳杆菌的溶液得到缓解。这种治疗方式可以让近半数腹绞痛的婴儿减少啼哭。

要是你年幼的孩子被感染了怎么办？你会听取医生的建议让孩子注射抗生素吗？如果你了解到越是富裕的国家，人们患上炎症性肠病的概率越高，包括克罗恩氏病和溃疡性结肠炎，你会如何做？这些疾病可能让患者的病痛非常严重，甚至会致命。它们会引发腹痛、呕吐、腹泻、直肠出血、严重的腹部绞痛、贫血和体重下降。这应当引起你的警觉，即这种炎症性肠病，就像过敏和哮喘一样，也是自身免疫性疾病。相关的症状提供了间接的证据。不过，富裕本身并不会引发炎症性肠病。

但是某种与富裕有关联的东西可能会引发这个问题。一些上了年纪的人会记得他们还是孩子的时候被瘟疫冲击，患上中耳炎，而他们自己的孩子因为新时代发明出了阿莫西林得以在刚感染的时候就得到了有效治疗。一个国家越富裕，那么你去看医生的可能性就越高，那么便能通过抗生素得到救治，而借助医疗保险或自己出钱付诊费的概率也越高。

然而，如果你像我一样，你可能会怀疑注射所有的抗生素是否是个好主意。看起来，我确实也在担心。那些耳部严重感染且注射了大量抗生素的孩子更有可能在日后患上炎症性肠病。

抗生素的作用有些过大。无论好坏，它们都会杀死，以及肠道的微生物群落中的丑陋的东西。

在成年人身上使用抗生素也会和患上肠道疾病有关联。研究者发现，两年前注射过多种抗生素的成年人患上炎症性肠病的概率是其他人的两倍。

我们的证据依然只是间接的。现在需要做一个真正的实验。是的，这样一个真正的实验是存在的。

如果没有接触良性细菌是引发炎症性肠病的原因，那么可以向肠道中注射良性细菌。比如使用含有健康人体肠道内部成分的灌肠剂就是治疗炎症性肠病的有效方式。

勇敢的科学家们，甚至是那些更勇敢的病人，就曾尝试这个实验。（“所以，琼斯太太，在这个实验中，我们要将一个陌生人肠道中的提取物注入你的肠道内。并不是因为我们要拿你做实验，而是这确实会对你有好处。”）幸运的是，这个实验奏效了。接受此治疗法的病人的病况确实有所改善，比那些控制组中注射盐水的病人的情况要好。（这对你也是个好消息，现在有可能买到含有有效肠道菌的药片了。）

要做一个有关治疗任何具体的儿童疾病是否需要注射抗生素的决定都需要大量研究，以及全面的成本–收益分析。这种方式对于感染了疾病的成年人同样适用。

从自然实验到适当实验

从自然实验中可以得出一些十分重要的推论，而这些需要通过适当实验来进一步研究。

那些父母受教育程度不高的孩子也可能在学业上无法有太大作为。如果教他们一年级的老师的教学能力处于学校后三位的水平，那他们在小学的表现更可能比较糟糕。如果他们足够幸运，遇到一位教学能力在学校里排前三位的老师，那么他们的学业表现有可能接近中产阶级家庭出身的孩子。这种发现包含了一种自然实验。如果孩子们被随机分配在老师教学水平不同的班级里，那么我们可以进行一次真正的实验。同时，什么样的父母在听到自然实验的结果会对教师的教学水平采取漠不关心的态度呢？

城市中的绿色植物很好，甚至比你假想的还要好。一项针对芝加哥同等公寓的研究发现，在周围种植了绿色植物的公寓发生犯罪案件的数量比在周围一片荒芜或是只有混凝土墙壁的公寓中的案件少一半。鉴于我们在第 1 章中就讨论过，微妙的情境性暗示会深刻地影响人们的行为，因此这项研究并不令人惊讶。这项研究可能是一个真正的实验，因为芝加哥住房办公室的人员相信实验是随机选择公寓的，并且没有理由认为那不正确。另一方面，普通人在提及“随机”一词时，他们理解的含义未必和科学家的定义相同。因此，若要确定绿色植物和低犯罪率之间的联系，还需要进行真正的随机实验研究，以找到二者之间的可能因果关系，而不仅止于某种关联。很明显，这种真正的实验十分必要。如果由真正的实验得到的结果与自然实验的结果一致，那么我们需要用第 4 章中讨论过的成本–收益分析来进一步分析。这样的分析可以明确得出拆掉混凝土墙，种上绿植要耗费的成本。这种分析可能会表明改变城市布局是个可商讨的课题。

科学家们常常从他们在自然实验中的偶然发现里得到灵感。18 世纪的医生爱德华·詹纳注意到挤奶女工很少会得天花，而这种疾病和牛痘有关系，挤奶女工会接触到牛痘。或许挤奶女工比黄油搅拌工人得天花少是因为牛痘在某种程度上起到了保护作用。詹纳在一位年轻的挤奶女工手上提取了牛痘菌，然后将牛痘菌中的一些物质接种在一个 8 岁男孩的身上。这个男孩发了高烧，并且腋窝处感到不适。几天后，詹纳从一个天花病人身上的创伤处提取天花病毒接种在了男孩身上。这个男孩并没有患上天花，于是詹纳宣布他发现了一种防止感染天花的方法。在拉丁文中，“vacca”这个词指牛，而牛痘则是“vaccinia”，因此詹纳将他的治疗方法称作“vaccination”，即种痘。一个自然实验引致了适当实验，而后产生了改变世界的发现。今天，天花只是作为一个单纯的病毒样本被保存在实验室里。（它之所以被保存，是因为万一世界上的某个地方出现这种疾病，便需要从它那里获取制成疫苗的物质。）

不做实验付出的高昂代价

不严肃进行实验，我们有时会付出生命、财产、幸福的代价。

在实施“开端计划”的近 50 年中，我们已经投入了 2 000 亿美元。开端计划是一个针对学龄前儿童的项目，主要帮助那些贫困家庭和少数族裔的孩子改善其健康状况，提升学业成绩，甚至是智商水平。我们从这些投资中获得了什么呢？这个项目确实让孩子们的身体素质改善，在初期提高了他们的智商水平和学业成绩，然而这些成果只维持了几年。到小学三四年级的时候，那些参加这个项目的孩子的表现与没参加的孩子相比就不再超出很多了。

我们并不是很确定参加开端计划的孩子在成年后是否比没参加该计划的孩子过得更好。这是因为这个项目中的孩子并不是随机挑选的。那些完成了开端计划的孩子会有迥异的人生道路，也不同于那些未参加计划的孩子。调查者能得到的这些孩子成年之后的信息很少，而且几乎只能依赖他们对当年这个项目的回忆信息。人们需要回忆当年他们是否参加过这个学前项目，如果参加了，具体是哪一个呢。回顾性研究面临着大量潜在的陷阱，尤其是要追溯几十年前的回忆时。回顾性研究的确表明了参加过开端计划的孩子在成年后获得了明显的收益。然而，这个结果甚至都达不到自然实验的水平，因为如果参加开端计划与未参加计划的孩子之间没有预先存在的差异，那么结果将是令人吃惊的。

人们继续投入大量的资金在可能有效也可能没有效果的项目上。

幸运的是，就像我们在第 4 章中提到的一样，我们知道一些学前项目的确对一些孩子的未来起到了十分重要的作用。比开端计划目的性更强的这些项目对参与者的智商水平的影响更长久，更重要的是，在实验组中的成年人的确在学业成就和经济收入上有显著提升。

如果不知道在学前项目中什么因素起作用，什么因素不起作用，那么耗费的成本将是极其巨大的。花在开端计划项目上的 2 000 亿美元若用于较小范围内的特定有困难的孩子，给他们提供更有针对性的帮助，则效果更好。这可能会带来更大的社会效益。（事实上，我们知道出身越贫寒的孩子，早期高质量的教育对他们的影响越大。而这些早教项目对于出身中产阶级家庭的孩子的效果并不明显。）此外，也没有任何实验来证明开端计划的哪个方面（如果有的话）是最有效的。对孩子的关注集中在教育方面会比集中在社会方面更好吗？全日制的，还是半日制的？两年的项目好，还是一年就足矣？若能知道这些问题的答案，则随之而来的社会、经济效用都会更大。找到这些问题的答案比较容易，其所耗费的成本比对项目的投资要少得多。

至少，像开端计划这样的项目不太可能给孩子们带来什么伤害。而许多非科学家们设想的干预方式可能会伤害孩子。

善意的人们设计了一个项目来帮助那些经历过悲剧事件的精神受创的受害者。这样的心理治疗师鼓励加入治疗小组的人们以自己的角度重述事件，描述他们的情感反应，说出自己对他人反应的评价，讨论自己的压力症状。治疗师会引导受害者恢复正常状态，并帮助他们在一次次治疗过程中减轻症状。在“9·11”恐怖袭击事件发生后有大约 9 000 名心理治疗师到纽约市提供帮助。

这类心理治疗师深得我心。然而，行为科学家们进行了大量随机实验来检验这种严重应激诱因疏泄治疗的效用。他们并没有发现任何证据可证明严重应激诱因疏泄治疗对于抑郁、焦躁、睡眠障碍等压力症状有积极效果。相反，有一些证据还显示接受了严重应激诱因疏泄治疗的人可能会发展出更严重的创伤压力心理障碍。

巧合的是，行为科学家的确发现有些干预对于创伤受害者有实际作用。在经历过危机事件几周后，社会心理学家詹姆斯·彭尼贝克让创伤受害者连续 4 天晚上各自写下内心最深处的感受，以及危机事件对他们生活的影响。没有与治疗师面谈，没有小组治疗，没有专家提供如何应对创伤的意见，就是写下感受。通常创伤经历会对受害者带来很大影响，让他们受尽压力和精神折磨。然而，我本人并不是很相信这种书写伤痛的方法有很强的效果。这种书写的方法自然比不上即刻的心理干预、陈述伤痛或提供建议有效。但是这的确有效，我们的假设有时候并不正确。

彭尼贝克认为他的书写练习方法有效果，这是因为这种方法让人们在一段时间的煎熬和自我消解之后，形成了对于事件和自身反应的一种理解式的叙述。实验表明，那些最有收获的人是在书写伤痛经历早期有着不成熟和无序的叙述，而在结束时叙述连贯统一的人。

另外有一些善意的人试图帮助一些因同辈压力而犯罪或是自甘堕落的青少年，结果有时候甚至比用严重应激诱因疏泄疗法治疗创伤受害者还要糟糕。

几十年前，在新泽西州的拉维州立监狱里，狱友们决定做一些事警告那些以身犯险的青少年，告诉他们犯罪的严重后果。这些狱友向孩子们展示了监狱是什么样的，包括以图表形式叙述了高墙之内的强奸和谋杀行为。

一部在艺术与娱乐频道播出的获奖纪录片被命名为“现身试法”。这个名字和相关实践席卷了美国各地。

这个“现身试法”项目会有作用吗？人们针对此项目进行了7项实验。每一项实验都表明，那些参加了这个项目的孩子比在控制组的那些未接受任何干预的孩子更容易犯罪。平均而言，犯罪率增加了13%。

这个拉维项目仍然在进行，在东新泽西有超过5万个孩子参与过这个项目。让我们用5万这个数字乘以13%，得到6 500这个数字。这就是那些善良的人们进行了所谓的干预之后带来的新增犯罪数量。而这只是新泽西一个州的情况。这一项目还在很多地区被推行。华盛顿州公共政策研究所的一项研究发现，每在“现身试法”项目上花费一美元，则对于犯罪治理和监禁的成本就增加了200多美元。

为什么“现身试法”项目不起作用呢？它看上去应该是有效的。我们不知道原因，也不知道它为何还会起到反作用，但这些并不重要。这种方法被设计出来是一个悲剧，犯罪并没有停止。

为何犯罪没有停止呢？我大胆猜测原因正是“它看上去应该明显有效果”。许多人，包括大量政客，会宁愿相信他们直觉上认定的因果假设，而不是科学数据。然而，这种认识对于理解科学家们无法找到“现身试法”项目无效的证据并没有帮助。科学家，尤其是社会科学家，不会陷入在科学数据面前抓住自己的直觉不放的陷阱，因为他们很清楚假设可能是错的。（在本书写作期间，美国艺术与娱乐频道仍在播出宣扬“现身试法”项目的节目。）

D.A.R.E.（毒品抗拒教育）是另一项有意防止孩子误入歧途的项目。该项计划的一部分内容是，当地的警察接受 80 个小时的授课技巧培训，然后进入学校，劝告孩子们减少服食毒品、饮用烈酒、消费烟草。这个项目每年得到地方、州和联邦政府高达 10 亿美元的资助。D.A.R.E. 网站上的信息表明，美国 75% 的学校，全球有 43 个国家加入了这项计划。

然而实际上，在 D.A.R.E. 计划推行的 30 多年中，它并没有降低青少年吸毒的概率。D.A.R.E. 并不承认其项目的无效，还对于证明其失败的科学证据强烈反对。由 D.A.R.E. 延伸出来的项目补充和替代了原有的项目，然而在外部研究机构的测评中，其效果仍然不显著。

为什么 D.A.R.E. 不起作用？我们不知道。它应该是有效的，但是我们没有找到真正的原因。不过，有一些项目的确是降低了青少年吸毒、酗酒、消费烟草的概率。这其中包括“生活技能训练”项目和“中西部预防计划”。这些项目中有一些 D.A.R.E. 中不具备的因素，明显的一点是这些项目会在孩子进入青春期前教授他们一些应对同辈压力的方法。D.A.R.E.项目的设计者假设警察是一个重要的社会影响因素，会对青少年起作用。而一位社会心理学家会告诉他们，同辈群体其实才是更有影响力的。这些更成功的项目也提供了有关青少年和成年人吸毒酗酒的信息。回顾这些信息，你会感到很惊讶，因为超出大多数青少年的预期，他们的吸毒概率下降了，并且是其同辈群体的行为使他们自身减少了错误行为。

那些伤害青少年的项目仍在继续开展，而同时真正有用的项目却没有被正视，甚至不被采用。我们的社会为那些错误的假想付出了高昂的经济和人身代价。

小结

有时候，我们会将自己观察到的一些事物之间的关系认定为紧密的确定性关系，就像真正的实验一样。那些在幼年时期相对而言接触了较多病菌的孩子在成年后较少患上自身免疫性疾病。当这一发现在多种情形下被观察到时——卫生条件差与条件好的国家，乡村与城市，养宠物与不养宠物，自然分娩的与剖腹产的孩子等，这一论断就显得十分有说服力了。这类观察引导科学家进行真正的实验，以证明人在成长早期接触病菌能够降低未来患上自身免疫性疾病的概率。

随机控制实验通常被当作科学和医学研究中的黄金标准，这是有充分理由的。此类实验的结果比其他任何实验的结果都更有说服力。随机分配保证了在实验组和控制组的任何变量之间都是没有差别的。我们发现的二者之间的任何差别通常都被认为是科学家的干预导致的。双盲随机控制实验是指在实验中，研究者和病人都不知道病人所处的具体环境是什么。这类实验确保了结果仅仅是由干预这个行为本身而导致的，而非医生或病人有关干预的知识的影响。

社会为不进行实验而付出了高昂的代价。因为没有进行随机实验，我们不知道花费了 2 000 亿美元的“开端计划”是否对于提高孩子的认知能力有效。因为进行了随机控制实验，我们了解到高质量的早教项目极其有效，参与其中的孩子在成年后在健康和其他方面都获益匪浅。针对早教技术的适当实验有可能让我们节省大量成本，并为个人和社会带来益处。D.A.R.E.项目并未使得青少年减少吸毒酗酒，“现身试法”项目导致了更多的犯罪，心理治疗师可能让病人陷入更深的焦虑而没有减轻他们的症状。不幸的是，在许多领域，社会并没有办法保证其采用的干预手段总能经过实验的检验，也不能确保所有公共政策都经得起实验的检验。

第 11 章　实验经济学

你是否发现，汽车销售员给女人提出的报价比给男人提供的报价要高？

教室的大小会影响学习吗？

复合维生素是否对你的健康有好处？

一位雇主是否会对长期失业的人抱有偏见，只是因为他们自己曾长期失业？

绝经后的女性是否应该接受激素替代疗法以减少患心血管疾病的概率？

针对上述的每个问题都有许多不同答案。有些答案基于错误的方法论而产生的错误研究结论。有些答案则正确无疑，那是因为采取了准确的科学方法。

本章将会展示 3 个理解科学发现和如何证实其真伪的重要方面。

1. 那些依靠来自科学事实的相关性研究很少会产生错误——即使那种相关性来自于非常复杂的“控制”了多项变量的分析——“多元回归分析”。

2. 那些对比某两种疗法（或其他事物）的实验，如果人

（或其他实验对象）是随机分配的，通常比基于多元回归分析的研究更有说服力。

3. 因为涉及人类行为的假设通常会出差错，因此有必要在任何可能情况下进行实验以验证那些有关重要行为的假设。

多元回归分析

本章开头的所有问题都是在问一些自变量或预测变量（一个输入值或是一个推断的原因）是否影响了一些因变量或结果变量（一个输出值或一个效果）。实验能控制自变量；而相关性分析只能测量自变量。

一个可用于相关性分析的工具是多元回归分析，在这个分析中，多元自变量彼此间同时具有联系（或者是有序列上的联系，当然这里我们不探讨多元回归分析的多样性），并且与因变量之间也具有联系[①]。相关的预测变量和其他被当作控制变量的自变量一起被检验。检验的目的是为了证明变量A影响了变量B，而除A之外的其他任何变量都不会产生这种效果。这就是说，A与B两者之间的关系会始终存在，即便那些控制变量对因变量的效果也被考虑在内。

---

① “回归”这个术语在这里略显令人困惑，因为在检验一组自变量与因变量之间的关系时，“向均值回归”的概念似乎是完全不适用的。针对不同的目的而使用同一词语是因为卡尔·皮尔逊率先用这种方法检验一些变量的相关自变量之间的关系（有一种检验相关性的工具就是以发明者皮尔逊命名的）。父亲身高和儿子身高的相关性常常会呈现出一种向均值回归的状态。通常高个的父亲可能会有较矮的儿子，个矮的父亲反而通常会有较高的儿子。一种相关性是有关两个变量关系的一种简单的回归分析。多元回归分析是检验一组变量中的每两个变量之间的关系。

来看下面这个例子。吸烟和较高的心血管疾病发病率有关。人们会倾向于认为吸烟引发了心血管疾病。问题在于还有大量其他事物与这二者皆有联系，例如年龄、社会阶层、肥胖。年迈的吸烟者比年轻吸烟者吸烟年头久，因此我们需要把年龄因素排除在吸烟与患病的关系之外。否则，我们就会认为是年纪大和吸烟这两项因素与患心血管疾病有关。这样就合并了两个变量。我们只想知道吸烟和患心血管疾病之间的关系，这个人究竟有多大年纪我们并不关心。我们需要“控制”年龄的影响，把年龄–患病的关系剔除出吸烟–患病的关系。这样我们就可以说，实际上，吸烟和患心血管疾病间的关联在各个年龄层都能看到。

对于社会阶层这个因素来说，以上逻辑同样有效。在其他因素相同的前提下，一个人所处的社会阶层越低，他吸烟的可能性越大；一个人所处的社会阶层越低，则他患心血管疾病的风险越高，同时这不受其他风险因素支配，比如吸烟。对于肥胖这个因素也是同理。这些同吸烟和患心血管疾病的概率都有关联的变量需要剔除出去，这样才能看到吸烟和患心血管疾病之间的真正联系。

多元回归分析背后的原理是，如果你控制了一切与自变量和因变量都有关系的因素，将它们从交错的混合影响中抽离，那么你就能得到预测变量与结果变量之间真正的因果关系。实际上，会有许多因素妨碍这一理想分析状态实现。

首先，我们如何能确定我们辨认出了所有可能的混淆变量——那些与自变量与因变量皆有关的变量？我们几乎不可能宣称认清了所有变量。我们只能测量那些我们认为可能重要的变量，并且不考虑无穷多的我们认为不重要的变量。然而“假设可能是错的”随时存在。因此这场战役通常会输掉。

其次，我们如何正确地测量每个可能的混淆变量？如果我们对一个变量测量得不准确，那么我们对它的控制就达不到要求。如果我们对一个变量测量得太糟糕以至没有任何效度，那么我们就无法控制任何变量。

有时候，对于测量一些有趣和重要的问题，多元回归分析是唯一可用的研究工具。比如说，宗教信仰和实践是否与较高或较低的生育率有关。我们无法进行一个实验来检验这个问题，无法随机分配人们去信仰什么或是不信仰什么。我们只能利用像多元回归分析这样的检验相关性的方法。实际上，宗教因素和生育率是有关联的，不论是在个人层面上，还是在国家和文化层面上。将收入、年龄、健康状况等个人因素控制起来，将所属族群这个因素控制起来，将国家这个因素控制住，那么宗教信仰越深，则生育率越高。然而，可能只是因为我们不知道，宗教信仰和生育率之间的因果联系可能并不存在，实际上是有未知的第三变量对两者皆有影响。因果关系甚至有可能体现在相反方向上：有了太多的孩子可能会让人们去寻求宗教支持和指引！不过，相关性的发现很有意思，知道这些便可能得出一些真实世界中的推论。

我很清楚，并不是所有相关性研究或者多元回归分析都是没有价值的。我自己经常使用多元回归分析法，即使是在我用实验探索因果关系的时候。如果我知道有一种特定的事物间的关联存在于生活中，而不只是存在于实验室中或是某种非典型的生态环境中时，我会十分开心。

另外，我们总能聪明地让我们确认自己发现了一些因果关系。国家的富裕和国民的智商水平之间的联系，这里的因果联系是怎样的？这种联系本身充满争议。很多事情都和二者皆有关联，比如身体健康。“健康，富裕和睿智”并不仅仅是种表述，这三者之间关联极深，而其中又涉及许多潜在的因果变量。并且，国富与民智之间的因果联系可以从两个方向上来看。如果国民更聪明，那国家也更富有，这是因为有更多先进和复杂的方式可以采用，让生活变得更加容易。如果一个国家更富裕，那它的国民更聪明，因为财富通常可以提升教育质量。

但是，有时候我们也会看到一种被称作“滞后相关”的因果关系，即一个自变量（假定的原因）与另一个变量（假定的结果）的关系会在一段时间之后体现。例如，如果一个人因为教育水平提高而变得更聪明，那么他在将来的某个时候会更富有吗？的确会更富有。几十年前，爱尔兰在提升其教育体系上获得了综合性的高度成功，尤其是成功提高了高中、职业学校和大学的教学水平。大学入学率在较短时间内就提升了 50%。经过 30 年的发展，那个曾经国民智商测验得分远低于英国的爱尔兰（据英国的一些心理学家称，这是基因导致的）的人均国内生产总值竟然超出了英国。芬兰同样从几十年前开始努力，显著提升了国民的受教育水平。芬兰主要的关注点在于保证那些最贫穷的孩子也能获得和最富有的孩子一样的受教育机会。到 2010 年，芬兰人在国际学术成就测验中取得的成绩超过其他任何国家的人，其个人平均收入取得了极大增长，一举超过日本和英国，紧随美国居次。那些在近些年中没有在教育提升方面取得长足进展的国家则在国民人均收入上有所跌落，比如美国。这样的数据之间仍存在相关性，而它们表明当一个国家开始打破其教育方面的困局时，它就会变得更富裕。当一个国家在教育方面停滞不前时，与其他保持进步的国家相比，它会失去其财富。这一点相当有说服力。

许多其他情境也可以极大地提升相关性研究的说服力，使其几乎可以与自然实验，甚至是与随机控制实验的说服力相比肩。例如，纯粹对于效果的度量有时候会让我们感到这肯定不仅仅是人为控制的，而是存在相关变量。我们有时候也会对一种情况表现出确信无疑的态度，即如果效果是有“剂量依赖性”的，那么产生这种效果的特定治疗方法便是真实的。换句话说，使用某种治疗方法的频率越高，则效果显示得越明显。比如，那些一天抽两包烟的人比一天吸一包烟的人更有可能在心血管方面出现问题。这更容易让人们相信，吸烟真的会让心血管的健康状况恶化，而其实单纯的吸烟数量与发病率并无关联。

然而，因为多元回归分析常被采用，所以关于它确实存在一些严重的问题。我必须要明确指出这些问题，因为媒体总在持续报道基于错误方法而得出的研究结论，而一些重要的政府决策就是基于这些报道而来。流行病学家、疾病研究者、社会学家、心理学家和经济学家都会用到多元回归的工具。它会引发严重的错误，而这种方法的拥护者宣告他们发现了所谓的因果关系其实是虚假的。

在许多情况下，多元回归分析向人们揭示了某种因果关系，而真正的随机控制实验给出了另外的结论。在这种情形下，我们应当相信实验的结果。

你会认为一个班级中孩子的数量对孩子们的学习成绩有影响吗？看上去似乎是有影响的。然而，有许多备受尊敬的调查学者进行的大量多元回归分析告诉我们，去除学区里的孩子所在家庭的平均收入、学校规模、孩子在智商测验中的表现、城市规模和地理位置这些因素，班级的学生数量与学生的成绩并没有关联。

推论是：我们现在知道了并不需要浪费钱缩小班级的规模。

然而，田纳西州的科学家针对班级规模进行了一次随机实验。通过掷硬币，研究者将幼儿园三个年级的孩子随机分配在小班（13~17 人）或大班（22~25 人）中。这个研究发现小班中的孩子在标准化考试中的成绩提高了 0.22 个标准差；而且少数族裔孩子的成绩提升效果比白人孩子更明显。另外还有三个关于缩小班级规模对孩子成绩影响的实验，这些实验的结果几乎都和田纳西州的实验相同。这四个实验并不只是关于班级规模和学生成绩关系的附加实验。它们替代了所有有关班级规模的多元回归分析。这是因为对于这类问题，我们会更信赖实验的结果。

为什么通过多元回归分析会得出班级规模不重要的结论呢？我也不知道。但是，我们也不必非要知道一个有关班级规模是否重要的强力观点。

当然，这四个实验也留下了许多悬而未决的问题。我们并不知道对于一个国家的不同地区、城市化程度不同的地域、不同的社会阶层而言，班级的规模是否重要。我们不知道那些产生了不同教学效果的班级究竟发生了什么。这些问题的答案可以通过进一步实验来寻找。而对于每个应用不同于现在已有方式来检验不同人群的实验来说，如果有了积极发现，那么我们会更加确信规模大的班级更有利于学生提升成绩。

缩小班级规模是否是进行教育投资的最佳着力点则是另一个问题，寻找这个问题的答案需要的成本不低。芬兰并没有特别的小型班级，最终教学水平提高更多地是因为向教师支付了更高的薪酬，并且主要从大学班级最优秀的学生中挑选教师，就像美国现在做的一样。不过，无论在什么情况下，一个国家都不可能只根据一个X因素给Y因素带来了有益影响就制定出一个政策。在政策出台过程中，还是需要完备的成本–收益分析的。

那些基于多元回归分析或相似分析方法的相关性研究所存在的问题是，它们明显会受到自我选择的错误影响。各类样本——人、班级或农田——有着千百种不同。长期吸烟者并不只是吸烟的时间久，他们还会被各种与吸烟有关的因素影响，比如更大的年龄、更低的社会阶层和肥胖。A班的教室比B班的大，然而可能仍然存在一些研究者无法控制的其他变量。A班可能有一位更好的老师，这是因为校长认为可以管理好大班的老师更优秀。B班的学生可能有更好的学业成绩，即便它比A班的学生多，因为校长认为更多有能力的学生在一起会不易受到外界因素干扰。这样看来，并不能通过简单地增加教室或控制变量来解决问题。

在那些样本是在实验情境下随机分配的研究中，教室存在的多样性在其他层面上也会存在。然而，重要的是，实验中是由研究者选定具体条件的。这意味着，平均而言，实验教室和控制教室有着同样好的老师，同样有能力和积极主动的学生，同样的资源。这些教室并不是自己“选择”了它们所属的水平，而是研究者选定的。那这两类教室唯一的区别就在于相关变量了，即班级的规模。那么，像这样基于班级规模的实验便不会得出确定性的结论。教师和管理者在此不是双盲的。他们知道每个班级的规模，这可能会影响他们的教学方式，包括他们对工作投入多大的精力。这就是那些涉及自我选择的问题中的缺陷。

医学乱象

你是否知道摄入大量橄榄油可以让你中风的概率下降41%？

你是否知道如果你患上了白内障并对其进行手术，则在未来 15 年中你的死亡率会比未进行手术的人低 40%？你知道耳聋会导致痴呆吗？你知道怀疑他人会导致痴呆吗？

如果你对上述说法感到怀疑，那是很自然的。然而，这类所谓的发现不断出现在媒体的报道中。它们通常是基于流行病学研究而得出的结果。（流行病学是针对患病群体类型和病因的研究。）大量的流行病学研究都是依赖多元回归分析而进行的。流行病学家们通过多元回归分析“控制”诸如社会阶层、年龄和病人曾经的健康状况等因素。可是，他们无法避免自我选择带来的问题。有条件采取特定治疗方法的只是一类人，能消费大量特定食品的只是一类人，能摄取特定维生素的也只是一类人。这些人跟没有条件做这些事的人有着诸多不同。

让我们来看那项声称摄入更多橄榄油能降低中风概率的研究，在此研究中剔除的控制因素包括“社会经济背景、体育运动、身高体重指数、中风的风险因素”。那些“频繁”摄入橄榄油的人比从不食用橄榄油的人中风的概率降低了 41%。然而，可能并不是摄入橄榄油本身这件事降低了中风概率，而是某种和消费橄榄油相关的事造成的影响。比如说，种族的原因。意大利裔美国人是消费橄榄油的一大群体，而非洲裔美国人则几乎不会消费橄榄油。意大利裔美国人的预期寿命比黑人要长得多，而黑人则刚好更容易中风。

在流行病学研究中最大的潜在“捣乱分子”通常是社会阶层。如果不是其他大多数医学方面的原因的话，阶层应该是最明显的造成不同人群中风概率不同的因素了。富人和我们不同。他们有更多的钱。更有钱的人便能消费得起橄榄油，而不是玉米油。更有钱的人会有条件进行更广泛的阅读，与他人交流阅读体会，从而相信橄榄油比其他油类更健康。更有钱的人能享受更好的医疗服务。更有钱的人——那些处于更高社会阶层的人，无论是通过教育水平、个人收入，还是职业声望来衡量都会享有更好的生活。

在流行病学研究中控制不了社会阶层因素而带来一个后果是无法找到一种特定疾病的病因。假设研究者尝试控制社会阶层变量，那么该如何操作呢？有些人使用的收入指标，有些人用的教育水平，有些人用的职业声望。哪一种最好？还是说你最好把三者结合起来？真实的研究中其实会使用其中一种，或者都用，或者另择其他变量。这样做的结果就是媒体上各种“医学发现”让你感到混乱迷茫。（油脂对你无益。不，油脂有益。红肉好。不，红肉不好。抗组胺剂可以有效减轻一般感冒。不，抗组胺剂没什么用。）产生这些不同的结论就是因为研究者采取了不同的方法去定义社会阶层，或者甚至是根本没有考虑这个因素。

然而，社会阶层只是大量潜藏于多元回归分析研究中的干扰因素之一。几乎所有在此类研究中与预测变量和结果变量都相关的因素最终都能用来解释那两个变量的关联。

在市场中，有上千种食品补充剂。多元回归分析研究有时能发现某一种补充剂对另一种有益。媒体继而就向公众传达了相关信息。不幸的是，一般读者通常无法判断究竟是否应该对一个基于多元回归分析的特定研究给予较多关注，或者一个真正的实验是否能够传达应当予以注意的重要信息。信息的传达者，即便是那些专业的保健信息传达者，通常也无法完全理解两种研究方法之间的重要区别。

有众多事例可以表明多元回归分析研究发现的是一件事，而实验发现的是另一件事。例如，多元回归分析研究表明摄入维生素E补充剂可以降低患上前列腺癌的概率，而科学家们在全美多地进行了一项针对维生素E补充剂的随机实验表明，摄入维生素E补充剂竟然让人们患此癌的概率提升了一点点。

维生素E不是唯一存疑的补充剂。有大量实验研究表明，摄入复合维生素——这是一半美国人都在做的事——没有明显益处，甚至大量服用某种维生素实际上会给人带来伤害。现在几乎没有什么证据可以证明市面上除了维生素E之外的其他5万多种食品补充剂的作用。我们得到的大多关于特定补充剂的证据都证明它们并没有用，有些还有害。糟糕的是，在补充剂生产者的游说下，国会让那些补充剂得到联邦规章的豁免，这些生产者不必通过实验证明那些补充剂的实际效用。结果便是，每年人们在这些无用甚至会伤人的“万灵药”上浪费数十亿美元。

在只能用实验解决问题时误用多元回归分析

一个人待业的时间越久，他再找到工作的难度越大。在本书写作之时，美国短期（14周或者更短）待业的人数只比历史上“大萧条”时期之前的人数稍微少一点。但是，长期待业的人数比那时高200倍。一些雇主是否对长期待业者抱有偏见呢？有些人根本不被考虑，是否仅仅因为他们长期待业呢？多元回归分析并不能告诉我们，在其他条件一致的情况下，雇主们是否会对长期待业者表现出不公正。长期待业者可能有糟糕的就业记录，或者对找工作一事表现得怠惰，又或者对其所做的工作极其挑剔。政客们在“大萧条”时期总会以这些陈词滥调作为说辞，然而你依然不能利用多元回归分析来证明这些解释是否正确。即使控制再多的变量也无法避免自我选择的影响，你无法辨别是否存在聘任偏见。

唯有实验方能回答此问题。经济学家兰德·加亚德和威廉·狄更斯向 600 个开放职位投了 4 800 份虚构的申请资料。在申请的其他条件都一样的情况下，那些短期失业的虚拟申请人获得面试的机会比长期失业者多两倍。实际上，这些短期失业者并不比那些长期失业者更符合岗位要求。

有些问题的确只能借助实验，而一些科学家始终感觉通过多元回归分析才能更好地解答。

许多实验研究表明，非洲裔的美国人在申请工作时会遇到下述情形，在两个申请人其他条件都相同的情况下，如果申请人的名字听上去像是黑人（比如D’Andre或Lakaisha），则其获得面试机会的可能性比名字不像黑人（比如Donald或Linda）的人低。名字听着像白人的申请人获得的面试机会比名字听着像黑人的人多 50%。有一个听着像白人的名字在找工作中获得的好处几乎等于 8 年的工作经验。德高望重的经济学家罗兰·弗莱尔和史蒂文·莱维特对黑人姓名是否真正导致了更低的经济产出感到怀疑，于是他们利用多元回归分析检验听着像黑人的名字和各种经济产出之间的关系。他们研究的人群是出生于加利福尼亚州的非西班牙裔黑人女性，她们在成年后依然在加州工作生活。因变量不是找工作的成功率，收入或是职业声望，而是评定生活状况的一些间接指标，比如不同区域的女人的平均收入，以及她们是否有私人健康保险。研究者声称他们使用的变量是“衡量她的当前工作质量的最佳指标”。（对于研究者而言的确是最好的，不过这真的是一个对于职业成就所进行的相当粗糙的评定。）

弗莱尔和莱维特发现，名字听着像黑人的女人在代表职业成功的指标上表现得远不及名字听着像白人的女人，正如我们基于实验所做出的预测。然而，当他们控制了以下变量例如这个女人出生的医院里黑人婴儿的出生率、她出生的镇里黑人婴儿的出生率、她的妈妈是否生于加利福尼亚州、她的妈妈生育她的年龄、爸爸当时的年龄、孕期长度、她是否生于一家镇医院、她出生时的体重、她自己生的小孩数量、她是否是单亲妈妈……两位学者发现名字的类型和职业成就之间的关系消失了。

两位学者注意到了这种分析存在的问题。他们承认“这种实证研究方法的明显缺陷是如果有关于某个女人的未被观察到的变量与生活质量和她的名字本身都有关联，那么我们的评定将会存在偏差”。的确如此。

然而，两位学者进一步研究发现，在控制了其他因素的情况下，某个女人的名字听起来像黑人的程度如何和生活质量之间并无关联。“我们发现……在控制了一个女人出生时的相关状况变量后，有一个明显的黑人名字和之后的生活质量之间没有负面关联。”当然，还有大量的变量可以用来公正地检验这个结论，其中有许多是比弗莱尔和莱维特所用的变量更有效的指标。（当有相当大数量的变量被检验时，其中的许多都会与因变量有更强的联系，而且这种联系的强烈程度超过了变量与最根本的相关性之间的联系，结论因此也就不可靠了。）

弗莱尔和莱维特两人暗示，父母在给孩子起一个听着像是黑人的名字时，并不会担心这在未来可能会对孩子的职业生涯带来什么负面影响。而从实验研究的角度来看，没有负面影响几乎是不可能的。

凯瑟琳·米尔克曼和她的同事最近所做的一项研究表明，一个听着像是黑人的名字会成为一个人申请入读研究生院的明显障碍。许多教授每周都会收到一封由一个信心十足的学生发来的请求面试、寻求科研机会的邮件。研究表明，如果这个学生的名字听着像是白人，那他得到面试机会的可能性要多 12%。这种差异会对研究生入学带来明显的影响。是否能获得研究生院导师的青睐并得到第一次面试机会深深影响着申请人未来的职业生涯。

为什么弗莱尔和莱维特情愿相信多元回归分析研究比实验研究更有效且准确呢？我猜想这可能源于法国人所谓的“专业误信”（deformation professionelle），即倾向于采用同专业的人都使用的工具和观点。对于经济学家进行的大多数类型的研究而言，多元回归分析都是唯一可用的工具。经济学家们并不能控制美联储设置的利率水平。如果你想了解在“大萧条”时期究竟是紧缩还是刺激性的财政政策能帮助国家经济走出困局，你可以将经济紧缩的程度与经济恢复的程度相联系，然而你无法做到将不同国家随机分配到那种紧缩的境况下。

经济学家们在专业训练中学到，多元回归分析是研究的主要统计工具。然而，没有人教给他们一种本应当具有的对于多元回归分析的批判性态度。莱维特在与记者史蒂芬·都伯纳合著的一本书中提到一项基于美国教育部数据的分析，即幼儿教育纵向研究。他们测量了一些学生从幼儿园到五年级的学术成就，同时还辅以其他变量，如父母收入和受教育水平、作为研究对象的孩子家中有多少书籍、这些孩子阅读了多少、他们是否是被收养的等。莱维特基于这种多元回归分析得出了一系列变量和学术成就之间的关系。他总结，在剥离了许多变量的（包括家中的藏书量）影响之后，“读书并未影响孩子在幼年时期的考试分数”。多元回归分析并不能简单地告诉我们，读书对孩子的智力发展不重要。只有通过实验才能验证这件事。莱维特还做过一项额外的研究，在剥离了许多变量（包括父母为孩子读书）的影响之后，家中的藏书情况对于考试分数有重要影响。因此，家中藏书多会让孩子更聪明，但是为他们读这些书并没有效果。莱维特对于多元回归分析的执着信念让他坚持尝试在这类事情上找出因果联系。

莱维特犯得更重要的一个错误是，家庭环境对于孩子的智力发展有相对较小的影响。他得出此结论的研究是基于一些被收养的孩子展开的。“研究表明，一个孩子的学术能力更多地受到其生身父母的智商水平影响，而非养父母。”然而，这种关联是基于错误的数据得出的。我们需要看由自然实验得出的结果，即把被收养的孩子和由亲生父母抚养的孩子进行对比，请注意，亲生父母往往处于低得多的社会经济地位。通常情况下，由养父母创造出的成长环境在很多方面都远强于亲生父母所能给予的环境。实际上，那些被收养的孩子的学业表现得分要比其未被收养的兄弟姐妹高出半个标准差，而前者的智商水平测试得分也要比后者高出一个标准差。养父母所处的社会阶层越高（即平均下来能提供的智力环境更好），被收养的孩子的智商水平测试成绩越好。家庭环境对于智商水平的影响事实上是相当大的。

在莱维特为自己所做的辩解中，他没有给出自己关于收养环境影响的错误结论。在近几十年中，行为科学家和遗传学家常会用相关性数据做研究，从而得到一些关于环境对于智力水平影响力的错误结论。

有一些知名经济学家似乎一点儿也没意识到实验的重要价值。

经济学家杰弗里·萨克斯在非洲的一部分村落中推广了一个极有野心的项目，涉及健康、农业和教育等方面，旨在提升人们的生活质量。这个项目花费巨大，因此被其他发展专家严厉批评。

尽管萨克斯项目中的一些村子的居民的生活条件得到了改善，但那些没有得到萨克斯帮助的相似非洲村落似乎改善了更多。如果萨克斯能采取随机实验，便能反驳那些批评，即让相似的村庄分别用他的方法和放任自流，而最终证明他的项目的确效果更好。然而，萨克斯拒绝进行实验，认为其中涉及“道德原因”。当这些项目可行时，对其进行实验是不道德的。萨克斯花费了不少别人的钱，然而我们并不知道那些钱是否有效改善了人们的生活，并且比那些花费较少的项目要好。

不过，已经有越来越多的经济学家开始采用社会心理学的研究方法，进行随机控制实验。最近的一个例子是由经济学家塞德希尔·穆莱纳森和心理学家埃尔达尔·沙菲尔进行的一系列令人印象深刻的实验，结果表明缺乏资源会给每个人的认知功能带来不良后果，无论是农民还是企业的首席执行官都无法避免。如果你让人们去想象，如果他们突然需要拿出几千美元的预算去修理汽车，然后再让他们进行智商水平测试，你会发现贫穷者的得分大幅下降。同时，那些收入不错的人的得分则不会因为这个思想实验而受影响。（如果是只花费几百美元的修车场景则对贫穷者和富人都没有影响。）

经济学家拉吉·切迪是推动经济学家们采取自然实验的方式检验经济学假设的领导者。从长远来看，教师素质真的重要吗？我们可以通过实验来探究这个问题，让一位高水平的教师和一位资质较平庸的教师来带某一个班级，看看这个班级学生的平均成绩如何，即两位教师轮流带班（高水平的教师或者资质平庸的教师先带班皆可）之后的成绩变化情况。例如，某一所学校每一届的三年级学生可能都会得到差不多的平均成绩，直到有一位优秀的老师到来之后学生们的成绩就提高了（先前的老师离开可能是因为身体原因）。如果在这位优秀的老师在职期间，学生们的成绩得到了很大提升并维持下去，我们便可以看到学生们相应的学术成就的提升，大学入学率的提高和工作后收入的增长。所有这些由教师的好资质对所有变量带来的影响都是显著的。这样的研究近似于实验，因为我们可以把新教师任职前学生们的表现情况大体上看作控制组。问题在于老师们布置作业的情况不是随机的，但是当老师们能实现布置作业完全是偶然条件时，这就是一个相当完美的自然实验了。

经济学家进行的一些重要的干预教育过程的实验是由罗兰·弗莱尔设计实施的。他进行了许多极有价值的教育实验，证明了许多猜想，比如经济激励对于少数族裔学生的学术成就的影响特别小。经济激励对教师的表现也影响较小，除非是出于损失厌恶的考虑，即在学年初给教师们经济激励，并告诉他们如果学生的成绩没有提高，那么就将收回这项激励。这个发现也恰好证明了我们在第 5 章中所讨论的，潜在损失的效果要大于潜在收益。弗莱尔同样也为哈莱姆儿童区实验做出了贡献，参与这个项目的非裔美国孩子在学术成就上获得了较大提升。

固执的心理学家

恐怕现在我不得不承认，心理学家也像其他行为科学家一样要对自己误用多元回归分析而感到惭愧。

我们经常可以看到下面一些所谓的发现。那些可以从公司获得充足产假福利的员工比没有这种福利的员工对工作的满意度更高。这种关联可以由多元回归分析来支持，研究表明更好的休假制度会让员工对其工作更满意，而这种关联甚至在“控制”了公司规模、员工薪酬、同事的满意度、直接上级的受欢迎程度等变量之后，仍然是成立的。然而，这种分析存在三个问题。第一，研究中测量的变量是有限的，如果对其中一个或多个变量的测量不准确，或者存在某个未被测量的变量并且其和休产假制度与员工的满意度都有关联，那么它可能会成为解释休产假制度与员工满意度关联的变量。第二，单独把休产假从员工对于公司的整体体验中剥离出来分析实际上没有任何意义。在这一方面表现得慷慨的公司可能在其他各方面都有积极的表现。从一个公司复杂的系统中抽出一个方面来分析，并“控制”住极为有限的几个相关变量，可能并不能保证我们不犯错误。第三，这种分析很有可能让我们陷入第 3 章中讨论过的成见效应的陷阱。那些喜欢自己工作的人会发现公司的卫生间更干净，同事们的仪表更好，每天通勤的过程不会枯燥。爱是盲目的，在爱中思考有时候并不是那么有效。

如果将这些问题放在人格研究中来看，可能会更容易明白。从一个人身上挑出一个性格特点，并假定这一点和他的其他特征联系不大，这是没有什么意义的。心理学家经常会谈诸如此类的发现，比如“在控制了外向性格、自我控制的变量和抑郁倾向等变量后，自尊会和学术表现有关联”。然而，低自尊和其他负面性格特征，比如抑郁，通常都会被发现是有关联的：当你心情低落时，你会看轻自己；当你认为自己不够好时，你的情绪会更低落。

将自尊看作一个变量，单独分析它与抑郁的关联，这是武断的。这样的关联并不可信，因为很多人会说，“我简直糟透了，我实在是抑郁，都看不到前路在哪里”，或者说“我再也不会快乐起来了，我真是太愚蠢了”。这些都是可能的，然而这类句子形成的循环结构反映了一个事实，那便是自尊和抑郁往往缠绕在一起。它们是相关的，不可能被割裂开来。

我的许多心理学家朋友可能要对我坚持的原则感到郁闷了：下面的情况都不能以多元回归分析来解释——在控制了抑郁这个变量后，去看学术成就是否受到自尊的影响；在控制了神经敏感度这个变量后，兄弟会成员的受欢迎程度是否受到外向性格的影响；在控制了年龄、受教育程度、社交活动的频率和其他一些变量之后，一个人每天接受拥抱的次数是否能预测其对传染病的抵抗力。由自然联系起来的那些东西，多元回归分析是不能将其分割的。

没有相关性不意味着没有因果

有相关性并不能证明存在因果关系。然而，相关性研究存在的问题比这一点更糟糕。没有相关性不能证明就不存在因果关系——这样的错误和反过来的错误，人们都会经常犯。

多元化的训练项目是否提升了女性和少数族裔职员的聘任率呢？我们就这一问题对美国 700 个组织机构的人力资源经理进行访问，询问其组织是否有多元化训练项目，并且查看了美国平等就业机会委员会的相关档案，以确认这些组织的多元化聘任情况。结果是，公司具有多元化训练项目和“在管理层中有白人女性、黑人女性、黑人男性”这一点并无关联。研究者因此认为，多元化训练并不会影响对少数群体的聘任情况。

但是，且慢。是否有多元化训练项目这件事本身，便是一个自我选择变量。一些公司虽然聘任了推行多元化计划的训练师，但公司本身对于聘任女性和少数族裔的人员就没有太大兴趣，甚至还不如另一些积极寻找其他方式增加聘任多样性的公司。实际上，这些公司可能只是应用这种项目来掩盖其真正的招聘意图。有些没有开展多元化培训的公司反倒可能在聘任女性和少数族裔上成效卓著，它们会利用诸如强制多元化一类的方式来实现，就像美国军队做的那样，成功提升了少数族裔在上级军官那里得到的评级。要证明多元化训练是否有效需要进行随机实验。我们需要警惕一种结论，即A与B之间不相关，因而A不可能是B发生的原因。

歧视：看统计数据还是在会议室装上窃听器?

尽管我们在讨论有关歧视的问题，但你不可能通过统计学的方法证明哪个组织或是社会中有歧视现象。你可能经常读到一些新闻，比如女性在特定领域中遇到“玻璃天花板”，一些学校有意限制男生或少数族裔的比例。这些都在暗示我们——不，就是直接控诉，有歧视现象存在。然而数字本身是无法解释整个故事的。我们不知道有多少女性和男性一样，有成为律师事务所合伙人或是公司高管的资质和渴望。我们有充分理由相信女孩和男孩在一些违反学校规定的行为上不会有相同的表现。

就在不久之前，人们还是经常会把研究生院和教员中女性比例低归咎于歧视。的确，是有歧视存在。我曾和负责招收女性进入研究生院和教师队伍中的人私下里聊过。“还是要这个男人吧；女人们太容易中途放弃学业了。”这种私密的聊天能够证明一些简单的数据（比如招收人员的男女比例）无法证明的事情。

然而，现如今，研究生院中 60% 的学生是女性，她们还是法学院、医学院以及人文学科、社会科学和生物科学专业的主要组成部分。在我任教的密歇根大学，有 2/3 的助理教授为女性（这和男性拿到终身教职的比例是相同的）。

那么这些统计数据能证明存在对男人的歧视吗？不能。而且我也可以向你保证那些私密的聊天不能支持这样的观点，至少在我的学校里不能。相反，我们经常面临的境况是，在有意识放松对于男性录取条件的情况下（或许我们会在潜意识下做这样的事），我们还是招收了更高比例的女性。

即便是有这样的研究生教育统计数据，一些人仍坚持声称在物理科学领域存在对女性的歧视。在我最近阅读的一本书中，作者就宣称女人被物理学“排除在外”。除了纯粹的统计数据之外，并没有其他证据，这样的断言可谓不公正。

然而，我们并不能依靠在会议室外监听来证明存在歧视。实验可以帮助我们。汽车推销员会向女性和少数族裔给出比白人男性更高的汽车价格吗？分别向一个白人男性，一位女性和一个少数族裔的成员推销一辆家用汽车，然后看看他们分别会听到什么价位。研究表明白人男性确实被告知了最低的价格。

外表好看的人会在生活中交到更多好运吗？许多研究都证明事实如此。在一份犯罪记录文档上贴上一张事主的照片，然后让本科生来“审定”应该给予什么样的处罚。如果那个犯错的孩子好看，人们就会认为他将来会成为一个好公民，并建议给他相对较轻的处罚。如果那个孩子长相丑，那么人们会建议给予重罚。

“生活是不公平的。”约翰·肯尼迪如是说。实验是一种最佳工具，它能够帮助我们分辨这个世界对不同人群的不公平程度究竟有多深。

小结

多元回归分析检验的是自变量和因变量之间的关系，当然在检验时会控制自变量和其他变量的关联，以及因变量和其他变量的关联。这种方法能告诉我们因果关系的情况，前提是所有可能的变量都被辨识且测量了，在信度和效度上都达到标准。实际上，这样的情况很难碰到。

多元回归分析中存在的根本缺陷在于自我选择，这在其他所有相关性研究方法中都存在。研究者不能为每一个主体（或样本）选择自变量值。这意味着有许多和自变量相关的变量都会牵涉其中。在大多数情况下，我们不能辨别出所有这些变量。在行为学研究中，可以确定的是，我们完全不能保证分辨出所有看似合理的相关变量。

尽管存在上述问题，多元回归分析其实还是有不少用途的。有时候，想要控制自变量是不可能的。你不能改变一个人的年龄。即便是我们做了实验，多元回归分析也能让我们对自然状态中存在的被实验证明了的关联有更强的信心。多元回归分析一般要比实验花费更低，它可以帮我们辨识出一些关联，然后我们可以通过实验去证实。

当一个完备的实验告诉你某些事物间的特定关联，而多元回归分析却告诉你了另一种结果时，你应该选择相信实验结果。当然了，糟糕的实验能告诉你的不比多元回归分析多，但这不常发生。

多元回归分析存在的另一个基本问题是，它总是假定自变量是建成大厦的砖石，而且在逻辑上认为每个变量都可以独立拿出来解释结果。然而事实并非如此，至少对于行为学研究的数据而言就不是这样。自尊和抑郁是内在相互联系的。认为其中一个变量会独立地对因变量产生影响是完全武断的。

就像相关性不能证明因果关系一样，没有相关性也不能证明就不存在因果联系。当使用多元回归分析方法时，可能会出现假阴性结果，就像出现假阳性结果一样，这是因为我们没能分辨出隐藏的因果关系网。

第12章　放弃提问，做个实验

在你的一生当中，你会在报纸、杂志和商业报告中读到多少有关人的信仰、价值观和行为的调查问卷和研究成果呢？自然会有成千上万。很有可能，你自己也会设计一些这样的调查来获取信息，这对于你的事业、学业或是志愿工作十分重要。

我们中的大多数人都没有学会以批判性的眼光去看待那些调查结果。“嗯，亲爱的，我在《泰晤士报》上看到一篇报道，有56%的美国人支持提高税收，以修建更多的国家公园。”同样，在我们自己设计调查问题时也会得到类似的回答。

到目前为止，我讨论过的所有方法都几乎可用于任何事物——动物、蔬菜或是矿物。我们可以对老鼠做“A或B”测试，可以借助自然实验研究影响玉米地状况的因素，可以用多元回归分析研究影响水的纯度的因素。现在，我们要看一些在测量有关人类的变量时遇到的方法上的困难。不同于老鼠、玉米和水，人可以通过语言（口头或书面的）告知研究者他们的态度、情感、需要、目标和行为。人们还能告诉你，什么因素可以影响这些变量。在这一章中，你将会看到，这样的报告是怎样误导研究者的。而在本书的第一部分中你们已经了解到分析影响人类行为的因素时的限制，因此本章内容并不会让你惊讶。这一章会表明大量的行为测量方式如何为你提供有关人类性格和状态的可靠信息，对这些行为的测量要比人们的报告本身有说服力得多。

你还能得到一些进行实验的建议，这样可以让你在研究哪些因素会影响人的态度、行为、生理和情感健康时更有把握。对于你自身的相关性证据，像其他类型的相关性证据一样，有时也会产生误导作用。在研究你自己时，用实验的方法可以让结果准确、有说服力。

微妙变化的态度

下面这些例子可能会让你在相信自我报告的答案前停下来多想一下，会帮助你思考如何以最佳方式获得有关人类态度和信仰的有效信息。这些例子也可能会让你，在面对人们解释其判断和行为的原因时，多一些批判性的考量。

问题：假设我请你讲述三件你生活中积极的事，并谈谈你对生活的满意度；另一种情况是请你讲述三件你生活中消极的事，并谈谈你对生活的满意度。在哪种情况下你会表达出更高的生活满意度呢？

回答：无论你怎样猜测，我都要遗憾地告诉你，你的答案是错误的，这完全取决于我问你的那三件事是发生在最近还是5年或更久以前。如果你在想着最近发生的一些糟糕的事而不是最近发生的一些积极的事，那么你的生活看上去会更糟糕一些。这并不令人意外。但是如果那些糟糕的事发生在过去，而现在的生活顺利，那么你的感觉就会大不一样。而如果快乐的事发生在很久以前，那么你最近也不会有特别好的感觉。（这也能解释发生在美国“最伟大的一代”[①]成员身上的奇怪现象，他们在“大萧条”时期的生活满意度甚至比其他时候更高。）

问题：你在奥马哈市的表兄打电话来，问你最近过得怎么样。你的答案会受到当时你所处的环境影响吗？晴朗温暖的天气和阴冷的天气会让你的答案不同吗？

回答：结果的确会有不同。如果天气不错，你更有可能回答最近一切都好。然而，如果你的表兄先单独询问了你天气状况，然后又问你最近的情况，那么你的回答则不会受到影响。为什么呢？心理学家认为，当人们被潜在引导着去想有关天气的信息时，他们的情绪会因为相关天气状况而受到影响，可能相应地更快乐一点儿或是更伤感一点儿。实际上：“生活看上去是不错的，然而可能一部分原因是我觉得有 70 华氏度（约 21 摄氏度），阳光暴烈，因此我又觉得一切都马马虎虎吧。”

问题：你认为一个人对婚姻的满意度与他对整体生活的满意度之间的相关性是怎样的？

回答：这看上去像是个很容易回答的问题。我们可以先问人们对生活的满意度，然后再问他们对婚姻的满意度。这两者间的相关性越高，则我们认为婚姻满意度对生活满意度的影响可能越高。研究者真的做了检验，发现相关性为 0.32，这表明其实婚姻满意度对生活满意度的影响是很有限的。但

① “最伟大的一代”（the Greatest Generation）指生于 1928 年之前，从青少年时期开始接连经历了“大萧条”、“一战”、“二战”的那一代美国人。——译者注

是，假设我们颠倒提问顺序，得到的相关性系数就变成了0.67，这表明婚姻质量对生活质量影响相当大。因此，乔告诉你他的生活是幸福的还是马马虎虎的是依赖于——在很大程度上——你是否先问过他对婚姻的满意度如何。这一现象和本章中讨论的其他现象都表明，提问语言的类型对人们表达其想法的影响，这在第1章中也讨论过。其他一些现象表明情境对于人们表达其想法的影响，这在第2章中讨论过。

提问顺序对人的影响是很大的，这一点在“先问关于婚姻的满意度就会让相关性相当明显”上就得到体现。如果你没有先提出婚姻这一点，那么人们对于生活的思考就会很宽泛，那么许多其他因素就会影响其对生活满意度的评判。那么，婚姻质量到底对生活质量有多重要呢？事实上，千万不要问这类问题。如果婚姻质量与生活质量的相关性变化的范围如此宽泛，那么我们并不能从中得到什么真实的情况。

实际上，我们总在揣测每一个关于态度和行为的问题的答案——通常通过一些看起来是偶然的或是愚蠢的事物来判断。

假设我问你，你对政治人物有多少好感。等一下，在这之前我会先指出其他人对于政治人物的平均支持分数为5分，这在以1—6分的评分体系里算是高支持度；或者我会说明其他人对政治人物的平均支持分数为2分。结果是，你会在前一种情况下给出较高分。其中一部分原因是纯粹一致性：你不想让自己看起来是个异类。而更有趣的是，告诉你他人的打分不仅会影响你对政治人物的判定，还会影响你对于我提及的这类政治人物的设想。如果我告诉你，大多数人对政治人物印象良好，那么我在暗示这里的“政治人物”是那种像丘吉尔或罗斯福一样的政治家。如果我告诉你，大多数人对政治人物的评价较低，那么我的潜台词是这里的“政治人物”是那种蝇营狗苟的政客。我在用语言左右你的判断。

有多少美国人支持死刑呢？宽泛而言，大多数人都支持。而对于某一个具体案例而言，则是少数人支持。针对一个案件、一个罪犯和犯罪现场给出的细节越多，人们越不倾向于处死犯罪者。甚至在那些极端罪恶的案件中仍是这样，例如奸杀女性。在法庭上呈现出的有关罪犯的人格特征和生命背景的细节越多，人们越不愿意支持死刑判决。哪怕是在所有信息都完全负面的情况下，人们依然会这么做。

有多少美国人支持堕胎？在此我得拉上窗帘，悄悄地问问人们：“你希望如何处置这个胎儿？”根据 2009 年的盖洛普民意调查，有 42% 的美国人支持有“选择权”，而不是“生命权”，即有 42% 的美国人支持合法堕胎。而一项同年进行的盖洛普调查显示，有 23% 的美国人认为堕胎在所有情况下都是合法的，有 53% 的美国人认为堕胎只是在特定的情况下合法。这样看来，有 76% 的美国人支持堕胎。我完全相信我们甚至能得到更高的支持率，如果我们给被调查者一些前提的话，比如当事女性因被强奸而怀孕，近亲性交而怀孕，或是为了保住母亲的生命。如果被调查者对上述任一个问题回答是的话，那么我们就说这个人是支持堕胎的。因此，究竟是少于一半的人支持堕胎还是相当多的人支持堕胎，这完全就是由提问方式决定的。

心理学家进行的大量研究表明，人们对于某一事物的态度不会始终保持一致。“我对堕胎的态度如何呢？嗯。我想想看。对了，堕胎，支持。是了，我的看法是这样的，我会有条件地反对。”

实际上，人们对于事物的态度会特别依赖于情境，因而会不断变化。改变了环境，你也会改变自己的态度。不幸的是，哪怕是极其微小的变化，例如提问的词句、使用的答案的类型和数量、前述问题的性质等，都会成为情境性的因素，进而深深地影响人们对自己观点的表达，即使是关于个人与社会重要问题的态度都是十分容易变化的。

什么会让你开心？

口头报告对某件事的态度会受到一系列不同方法的影响。人们会在一些事情上撒谎，比如性、金钱。人们希望给自己和他人留下好的形象。这种社会期望偏误常常会导致人们加强自己的正面形象而弱化负面形象。然而，说谎和想让自己看上去更好只是我们遇到的最容易的麻烦。在我们探寻人们态度和行为的真相，以及人们相信一些事物的原因和做一些事的原因时，会遇到许多麻烦。

至少，我们十分清楚什么会让我们开心或不开心。

请给下面一些会影响你某一天心情的元素排序。让我们看看你在评估什么会引起自己情绪波动这件事上的准确性如何。给下列元素的重要性评级，1 代表影响非常小，5 代表影响特别大。

1. 你的工作进行得如何？
2. 你前一天晚上的睡眠时间是？
3. 你的健康状况如何？
4. 天气怎样？

5. 你是否有性行为？

6. 这是一周中的哪一天？

7. 如果你是女性——今天是你月经周期的哪个阶段？

无论你说什么，都没有理由相信这种评估是准确的。至少，我们知道这个调查是针对哈佛大学的女生的。心理学家让学生们在每天结束时报告自己对情绪的评估结果，持续了两个月。学生们被要求回答上述几个问题。两个月过去后，参与者被问及其中每个因素对其情绪的影响。

参与者的回答让我们发现了两件事：第一，参与者指出每个因素在多大程度上影响了他们的情绪；第二，每个因素能在多大程度上预测人们的情绪。这些自我陈述是否反映出了人们说出的因素与说出的情绪之间的真正相关性呢？

实际上，结果一点儿也不准确。那些因素对情绪（基于每日评分）的真实作用为零，参与者们相信的那些因素的变化程度影响情绪的变化情况也是无稽之谈。真的没有一点儿相关性。如果一个女人说今天是星期几这一点很重要，那么这天是星期几与其情绪之间的实际联系可能是很低的。如果一个女人说，性行为不是那么重要，那么性行为和情绪之间的实际关联可能会很高。

这里还有一个更加令人尴尬的发现。（参与者本身会很尴尬，对其他所有人也一样，因为没理由认为哈佛大学的女人是唯一对影响自己情绪的因素无法判断的一群人。）简关于影响自己情绪的因素的自我报告不会比她对哈佛大学的女人们就同样问题的猜测更准确。实际上，她对他人和对自己的猜测结果最终是差不多的。

很明显，我们是有一些情绪影响因素的理论的。（天知道这些理论都是怎么出现的。）当我们被问及不同的因素如何影响我们的情绪时，我们便会求助那些理论。我们没有努力发现事实，甚至在有可能发现的时候我们也没有去做。

我坚持认为我们不了解是什么因素让我们快乐。当然了，我们做出了许多努力。我们唯一能说的是，我们认识到的关于影响自身生活状态的因素大都没有我们想的那么重要。这个世界上当然不存在什么能影响情绪的特殊因素。正如你在第 8 章中读到的那样，发现事物间的关联并非我们擅长的事。

关于哈佛的这项研究就是一个例证。心理学家们发现，我们自己报告的影响自身情感、态度和行为的因素都不是那么可信的，正如我们在本书第一部分中讨论过的。

态度和信念的相关性

> 第一个人说："你的妻子怎么样？"
>
> 第二个人说："这要看和谁比？"
>
> ——古老的舞台规则

对你有关民族和国家的观点的效度进行检测，请回答下列问题：

> 哪国人更看重选择实现个人目标：中国人还是美国人？
>
> 哪国人处事更加认真：日本人还是意大利人？
>
> 哪国人更具有亲和力：以色列人还是阿根廷人？
>
> 哪国人更加外向：奥地利人还是巴西人？

我猜你肯定不会觉得中国人比美国人更看重实现个人目标，

或是意大利人比日本人处事更加认真，以色列人比阿根廷人更具有亲和力，奥地利人比巴西人更加外向。

我们如何知道存在这些差异呢？从那些国家来的人们告诉了我们那个国家国人的面貌。

人们对于自身价值观和性格特征的想法为何会与大众观点相差甚远呢？（同样也可以思考，人们的想法为什么也与那些熟悉以上每种文化背景的学者专家的观点不同呢？）

人们在思考其自身的价值观、品性和态度时很容易受到大量“人为因素”（artifact）影响。（artifact 这个词有两种模糊的相关意义。在考古学中，这个词指人造的物品，例如一件陶器。在科学方法论中，这个词指因为一些难以预料的测量错误而导致的错误发现，通常都是人为原因导致的。）

在上述有关文化差异的例子中，人们对于自身性格的汇报和我们对于不同国家的人的性格的判断之间的差异可归因于群体参照效应。当你问我对于自身价值观、人格特点和态度的看法时，我可能会有意识地把自己置于一个明显的群体中（比如我就是这个群体中的一员），而后再来回答你的问题。如果你问一个美国女人，她认为追求自己的目标有多重要，她可能会暗中把自己与其他美国人对比，可能与其他犹太裔美国人对比，也可能与她学校中的其他犹太裔美国女性对比。因此，当这样与其他美国人（或是犹太人，犹太裔女性，俄亥俄州的犹太裔女性）对比之后，选择她自己的目标就显得没有那么重要了。一个受访的中国人则可能把自己和其他中国人、其他中国男人或是其他在北京师范大学的中国男人做比较——可能对他而言，他更关心选择自己的目标，而不是他的参照群体中的其他人的选择。

有意利用参照群体比较是一个影响自我陈述（比如奥地利人比巴西人更外向等）的重要因素，我们知道这一点的一个原因是，当你让参照群体显而易见时，差异就会消失。加州大学伯克利分校的欧洲裔美国人会认为他们比伯克利的亚裔美国人更认真，然而，当你让这两组人都与一个更明显的参照群体——“典型的亚裔美籍伯克利学生”——做比较时，他们之间的差异就没有了。

当其他条件保持一致时，在大多数文化背景下的人们都相信他们自己要比同群体的其他人更优秀。这种自我拉抬偏差有时被称作“乌比冈湖效应”，这源自美国主持人盖瑞森·凯勒虚构出的一个神秘小镇，那里的“小孩都在平均水平之上”。在领导能力方面，有70%的美国大学生都认为自己要高于平均水平，只有2%的人认为自己低于平均水平。在评价“自己与他人的相处能力”时，几乎每个人都会认为自己高于均值。实际上，有60%的人会说自己在前10%的水平，而有25%的人会说自己在前1%的位置！

自我拉抬偏差在不同文化和亚文化群体中会有不同程度的差异。在谦虚偏差这个问题上，没人会认为美国人表现得很明显，而东亚人则会表现得很突出。所以在任何涉及价值因素（领导力、与他人的相处能力）的自我评定中，我们都会发现西方人的自我评价总是比东亚人的自我评价高。美国人比韩国人更可能评价自己是更好的领导者，意大利人比日本人更可能自我评价更认真。

还有许多其他人为因素也会影响自我陈述。这包括默许心向反应或者是赞同偏向。这是一种对所有事情都倾向于同意的态度。正如你预料的那样，礼貌的东亚人和拉丁美洲人比直率的欧洲人和欧洲裔美国人更经常说“是”。在同一种文化背景下，个体表示认同的情况也有差异。幸运的是，有办法可以消除这种偏误：研究者可以通过答案的类型来平衡，这样回答者就会有一半的时间在一些维度上得到较高的分数，例如内向和外向，他们会同意一种陈述，而在另一半时间中反对一种陈述。（“我喜欢参加大型派对”和“我不喜欢参加大型派对”）这就可以消除人们总是同意各种陈述造成的偏误。所有的社会科学家其实都深知这种维持平衡的方式，然而令人惊讶的是，他们常常选择忽略。

听言，还是观行？

依上所述，是否存在某种更好的方式能够比单纯询问当事者，进而可以比较不同的人、群体或是文化之间的差异呢？你确信一定有。测量行为，特别是在观察对象不曾察觉的情况下，那么这时候测量出来的结果便会比各种有人为因素介入的情况更有说服力。

你可以通过检测人们在一些指标上的得分（或者更好一点的情况是，控制了他们的认知能力得分之后的结果）来判断其认真程度，而不是直接询问，比如房间的整洁程度、他们在赴约或上课时的守时程度等。我们也可以测量某种文化整体所表现出的认真程度，测量的对象可以包括邮政服务的速度、时钟的精准度、公共汽车和火车的准点率、人们的寿命、人们在面对冗长无聊的问卷时回答的问题数。（顺便提一句，不同国家的人的数学测试得分与他们回答冗长问卷时的问题数之间有着很高的关联。）

令人惊讶的是，当我们测评不同国家人的认真程度时，我们发现，通过行为指标显示一个国家的国民认真程度越低，则通过自我报告得出他们的认真程度越高。

当我们在测量一些真正的心理学变量时，我遵循的原则是，相信行为（包括像心率、皮质醇的分泌量、不同脑区的活动情况等生理活动），而不是相信人在具体的情境中的反应（由自己或他人描述的他们希望或是倾向于某些变量将出现的情况）。不过，若是与关于信仰、态度、价值观或性格的口头报告相比，你更应该选择相信人在具体情境中的反应。

我当然不是希望你怀疑自己在媒体中看到的每一则新闻，或是怀疑自己设计一份行为调查问卷的能力。如果你想弄清楚你的职员究竟会在周六还是周日出去野餐，你不必太担心他们会糊弄你。

然而，即使是对于偏好的表述，你还是不能完全相信自我报告。正如史蒂夫·乔布斯所言："不应该让顾客自己弄清楚他们需要什么。"亨利·福特曾评论道，如果他问人们在交通方面有什么需求，他们会说"跑得更快的马"。房产经纪人往往会说"消费者都是骗子"。那些向你保证自己会喜欢低矮房子的顾客，最终会爱上 20 世纪 20 年代都铎式的建筑。那些追求钢筋玻璃材质的现代高楼的顾客实际上却喜爱人造的土坯房屋。

了解人们的偏好对于生意人来说是一件麻烦事。即使是那些考虑最周全的人也会陷入困境。亨利先生在福特汽车公司的继任者喜欢组织焦点小组会议，参会的一组人相互提问，并回答法人代表的问题。组织者借助人们表达的偏好来判断哪种新产品或服务可以继续推出或保持。汽车界的传奇在 20 世纪 50 年代中期继续上演，福特先生有了一个新想法，他想把中柱从四门车上移除，看看这样轻便的外观是否能吸引更多的消费者。在组织焦点小组讨论时，人们都认为这个主意不好："为什么要这样，车不能没有中柱""看上去太奇怪了""我认为这样不安全"。通用汽车公司则跳过了焦点小组讨论这一步，直接将无中柱车“奥尔兹莫尔比”投入生产，称其为四门活动硬顶小客车。该车在市场上获得了巨大的成功。这次无中柱车的经历显然并没有让福特公司反思自身焦点小组的问题。在 20 世纪 50 年代推出埃德塞尔汽车时，公司又一次在决策上受到了焦点小组的影响，但这次是惨痛的失败。

在此我们学到的教训是：在任何时候都不要太相信人们的说辞，而是要看他们的实际行动。

总结一下，这一部分主要讲述了我们如何找到最佳的测量变量，如何找到最佳方式检测这些我们关心的变量与其他变量的关联。在一系列研究策略的链条上，真实实验优于自然实验，自然实验优于相关性研究（包括多元回归分析），而相关性研究又胜过假设和“恰好是他”统计学。无论对于个人、机构，还是整个国家而言，如果不能采取最佳的科学方法论，就要付出惨重的代价。

自我实验

正如哈佛大学那项研究让女性评估影响她们情绪的因素一样，每当我们在日常生活中和其他领域里需要观察一些相关性现象时，总会遇到麻烦。幸运的是，我们可以以自己为实验对象，然后找出影响我们做决策的更多信息。

是什么因素让人们难以入眠？清晨喝一杯咖啡是否能让你一天都保持高效状态？如果你在午餐后小睡一会儿是否在下午工作时更有效率？如果不吃午饭，你是否更有效率？做瑜伽是否能改善身体状况？佛教教义中的“仁爱”之念（具体表现为对他人微笑，反省积极的品格和慷慨的行为，重复“仁爱”这一词汇）是否能给你带来内心的平和并减轻你对他人的怨怒之情呢？

对自己做实验存在的一个问题是样本量只有 1。不过好处是，针对自己的实验天然就包括了“前后对比的设计”，这可以提高准确性，因为减少了误差方差。你同时还可以让复杂的变量达到最小值。如果你要观察某个变量对你的影响，那么在研究期间请保持其他所有因素持续不变，并对比在这个变量存在以及未存在两种情况下你的状态。这样你就能完成一个非常不错的实验了。不要同时在不同的房间里做瑜伽，或是在你和男朋友分手时做瑜伽。在一个恰当的“前后对比设计”的情形下开始做瑜伽。控制好你的身体和情绪状态，调整好你和他人的关系，在开始做瑜伽之前的几周保持良好的工作状态，并且在开始做瑜伽后连续几周都使用同样的测量变量。简单的三点量表就能提供充足的测量信息。在一天结束时你为自己的身体状况打分：不太好；还行；非常好。测量出在做瑜伽之前一段时间和之后一段时间的身体状况平均值。（希望在这段时间里你的生活中不要发生什么重大的事件影响这个计划。）

通常你都能比“前后对比”研究做得更好。你可以根据实际情况充分利用随机分配的设计。如果你想弄清楚清晨喝咖啡是否会让自己做事更高效，那就不要只是随意地在某些早晨喝咖啡。如果你这么做了，那么任何会混淆视听的变量都有可能影响测量结果。如果你只是在早晨感到无力时喝咖啡，或是只在你想保持工作状态最佳的那天喝咖啡，那么你得到的数据就会一团糟，任何你从中得到的信息都有可能是无效的。在你要走入厨房时抛一枚硬币——正面冲上喝咖啡，背面冲上就不喝，然后记录你那一天的工作效率。使用三点量表：并不十分有效率，差不多有效率，非常有效率。连续几周都做记录。计算出喝咖啡的日子的平均效率状况，以及不喝咖啡的日子的平均效率值。

在任何其他你想测量的影响身体状况或效率的因素的实验中，都可以采取相同的实验步骤。不要欺骗自己妄图不用系统性的随机实验就能得到良好的实验结果。

在类似上述的情况下做实验是十分明智的选择，因为对于不同个体而言，喝咖啡产生的效果大有不同，通过耐力训练和力量训练而获得的效果迥异，到底是在清晨、中午还是晚上达到工作效率高峰也是不同的。对吉尔或乔伊有效的事情对你而言则未必有效。

小结

口头报告十分容易引起大量的误读和错误。我们的头脑中没有放文件的抽屉可以把态度取出来一个一个观看。人对自身态度的报告会受到问题语句的影响，会被之前提出的问题影响，会被在提问时突然出现的情境性因素影响。换句话说，态度通常是在不断变化的过程中被建构的，并且会受到大量外部因素的影响。

我们在回答关于态度的问题时，会在潜意识里将所涉对象和某个参照群体对比，进而得出答案。如果你问我有多认真，我会告诉你我和其他（那些心不在焉的）人比起来有多认真，比如教授、我的妻子，或是那些刚好我在此刻想起来的人。

对于我们行为原因的报告，就像在第 3 章中和这一章中分析的一样，会很容易出现大量错误，受到各种偶然因素的影响。它们通常会被当作确定的理论，事实上它们只是未经过深思熟虑的所谓“事实”。

行胜于言。与语言上的回应相比，行动是理解人们态度和性格的更好的指南。

对你自己进行实验。心理学家用于研究人类行为的方法论同样可以用于对你自己进行实验。对于因果关系的观察很有可能会出现误区，比如误以为某些原因导致了某个特定结果。精心设计观察方法，进行随机实验，再加上系统性的记录，这样你就能得到一个关于行为归因的准确结果，这是单纯通过在生活中进行随意观察而无法得到的。

第五部分

东西方的思维对话

MINDWARE
Tools for
Smart Thinking

人们为了减少在归因时犯错的概率，探索出了不少方法。一种方法是遵循形式逻辑的原则，即一种可以用纯粹的抽象概念描述的推理方法，可以完全不与现实世界的事实发生联系。如果你的论断结构可以直接套用一种有效的具体逻辑来阐释，那么你就可以得出一种有效的推演式的结论。而你的结论是否正确则完全是另一回事，这取决于你的前提的真实性，而前提是先于你的结论而存在的。形式逻辑是一种演绎推理，即“自上而下”的论断结构，需要从前提中得出结论。

历史上，人们对两种形式逻辑给予了较多的关注。最古老的一种是三段论。三段论一般用于一些直言推理中。例如：所有A都是B，X是A的一种，则X也是B的一种。（最有名的一个三段论是：人都终有一死，苏格拉底是人，因此苏格拉底终有一死。）自三段论出现，至少有2 600年了。

形式逻辑还包括命题逻辑，它出现得更晚一些，在公元前4世纪由古希腊斯多葛派哲学家第一次严肃提出。这种逻辑形式引导我们如何从前提得出有效的结论，比如说通过条件逻辑。例如：如果发生P，就会发生Q。发生P了，因此会发生Q。（如果下雪，学校就会关闭。下雪了，因此学校要关闭了。）如果Q要发生，那么P是一个条件，或者说，P是Q发生的一个充分条件。

与演绎逻辑相对，归纳推理是种“自下而上”的推理类型。人们会收集各种证据以暗示或支持结论。归纳推理中的一种就是，观察事实，然后围绕这些特定的事实得出一个概括的结论。本书中会介绍各种类型的归纳推理。科学方法几乎总是会依靠某种归纳推理的，事实上通常是完全依靠。本书中的所有归纳推理在归纳逻辑中都是有效的，但得出的结论不一定符合演绎逻辑。基于观察和计算，我们可以归纳出某些事件中涉及人数的平均值是X加上或减去Y标准方差。或者，我们也可以从实验结果中归纳出A导致了B，因为每次A发生时，B就会发生，而A不发生时，B也不发生。更有可能的情况是，当有些事情是真的而我们又漏掉了另一些事实时，我们认为A导致了B，可实际上A导致B并不是必然的，例如可能是一些与A有关的事情导致了B。即使我们观察到的所有情况都是真实的，也不能保证归纳推理一定正确。这样的情况非常多，没有例外。从归纳推理的角度来说，“所有天鹅都是白色的”是对的，但实际证明，这个推理是错误的。

演绎和归纳推理模式从根本上规范了推理过程。它们告诉人们什么样的推理是有效的。同样于2 600年前的古希腊和印度同时发展的，还有另一种完全不同的推理体系，那就是辩证推理。这种推理形式对于真正解决问题的作用并不大。这种推理形式包括了“苏格拉底式对话”：这是一种在两个人之间进行的推理方式，他们对话或辩论，通过激发批判性思维、厘清概念，发现那些可能推动讨论深入且达成更加一致和正确的矛盾观点，以此追寻真理。

18—19世纪的辩证推理的发展主要归功于哲学家黑格尔、康德、费希特，他们聚焦于从“论点”到“反面论点”再到“综合论点”的过程，即一个包含了其潜在相反观点的命题，随后在综合论题中解决这一矛盾。

其他一些被冠以“辩证”之名的推理类型则在中国发展、衍化，同样源起于约2 600年前。中国的辩证推理解决的论题范围比西方或印度更广泛。中国的辩证法给出了矛盾、冲突、变化和不确定性的解决方式。例如，面对矛盾时，黑格尔式的辩证法更具“攻击性”，他会通过消解旧矛盾来支持一个新的命题，而中国式的辩证法则力图寻求两个看似冲突的命题皆合理的可能性。

辩证推理不属于形式逻辑或演绎推理，通常不解决抽象问题。它寻求真实有用的结论，而不是有效的结论。事实上，通过辩证推理得出的结论通常会与通过形式逻辑得出的论断相悖。就是在近些年，东方和西方的心理学家都开始研究辩证推理，他们发展出了有关先验形式的系统性描述方式，并提出了新的辩证原则。

第 13 章会介绍两种常见的形式推理类型，第 14 章会展示一些我眼中最有趣、有用的辩证推理的形式。在本书中，我们讨论的所有科学工具在某种层面上都是基于形式逻辑的，而许多其他的工具则更贴合于辩证的规则。

第 13 章　逻辑

下面是从一副扑克牌中随机抽出的 4 张，每张牌都是一面写有字母，另一面写有数字。请决定你将翻动 4 张牌中的哪一张，以发现其是否符合下述原则：“如果一张牌的一面是元音字母，则其另一面为偶数。”只翻动必要的牌以确定此原则是否存在。你可以这样记录：如果你在电子阅读器上阅读，可以将你的选择标黄；如果你阅读的是纸质书，用铅笔标出你的选择。

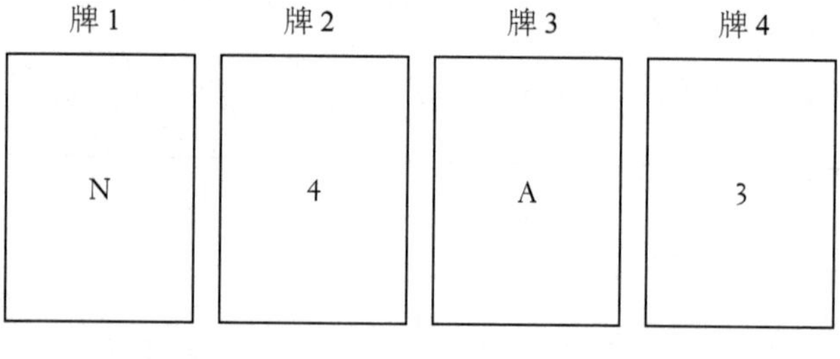

我必须翻动的是：

a. 只翻动牌 3

b. 翻动牌 1、2、3、4

c. 翻动牌 3 和牌 4

d. 翻动牌 1、3、4

e. 翻动牌 1、3

我们随后会将这个问题置于另一种情境中。

批判性推理的文本中往往充满了形式和演绎逻辑。之所以会如此，主要是因为古代的教育传统使然，而与今天的实用性思维不同。实际上，你大可以怀疑在本章中读到的有关形式逻辑的内容在日常生活中的实用价值极其有限。

但是不可否认，仍有一些不错的理由告诉你应当了解一些形式逻辑的知识。

1. 对于科学与数学而言，形式逻辑是必要的。

2. 本章展示了西方的有限理性与东方的辩证思想之间存在的明显分异。这两种思想体系可以应用于相同的问题上，但会得到截然不同的结论。将这两种体系并置是一种很好的机会，我们可以借此找到两者的缺陷。

3. 一个受过教育的人应当对一些基本的形式逻辑形式进行学习。

4. 至少对大多数人而言，形式逻辑充满趣味性。（至少，也和这一章的体量一样大！）

在西方，形式逻辑的起源大致是这样的：亚里士多德厌倦了在市场和集会上听到的那些糟糕的论断。于是他决定发展出新的推理模式以便让这种思维过程变得有效度。一个论点有效，当（且仅当）它的结论是从前提推断出的。有效性与真实无关。当一个论点的叙述结构是恰当的时候，它就是有效的，而同时其结论可能是错误的。

论点有效性的概念是极其重要的，这有许多原因。第一，因为你不想让别人欺骗你（或是自欺欺人），而他们欺骗的方式是告诉你某一个结论是合理的，而只因为此结论是从某个前提推断出来的——除非那些前提是真实的，而结论是必然由其推出的。第二，我们不希望对自己不喜欢的结论质疑，而这些结论和推出它们的前提一样恰巧都是真实的。第三，如果我们能对有效性和真实性的概念有清晰的理解，那么我们就能抛开前提和结论的意义而单纯地评估两者之间的关系，即以纯粹抽象的形式思考个中逻辑，就像可以把具体的鸟类和蜜蜂抽象成A群和B群。这样的抽象思考能向我们揭示结论是如何从前提推出的，即便结论高度难以置信，但它至少并非是不合逻辑的推理结果。

三段论

亚里士多德对形式逻辑领域的一个重要贡献是三段论。各式三段论在中世纪时势如破竹般进入了家庭手工业领域，当时的僧侣们创造了许多。从中世纪到19世纪晚期，哲学家和教育学家都相信三段论为人类的思维提供了许多有力的规则。因此，他们在西方的高等教育课程中设置了大量相关学术训练。

有关有效性的论题源自三段论，而这与分类推理有关。有些类型的分类推理包含了诸如“所有”“一些”“绝无”之类的数量词。最简单的三段论包含了两个前提和一个结论。那些简单的三段论中的最为简单的一个，且我们通常不会弄错的是：所有A都是B，所有B都是C，那么所有A都是C。典型的表述如下：

所有职员都是人。

所有人都有两只脚。

所有职员都有两只脚。

这个论断是有效的，因为结论是按照逻辑从前提中推出的。结论同样是真实的。

所有职员都是人。

所有人都有羽毛。

所有职员都有羽毛。

这个论断同样是有效的，尽管结论是不真实的。但是结论的不合理会让我们觉得这个论断同样是无效的。以A、B、C来替换职员、人和羽毛可以让我们来看清楚这个论断的有效性。这可能会强迫我们重新思考一个结论的真实性，而这一点十分重要。

下述论断是无效的，即便其前提和结论都是真实的（或至少是高度可信的）。

所有接受救济的人都贫穷。

一些穷人是不诚实的。

因此，一些接受救济的人是不诚实的。

转换成抽象形式即是：

所有A都是B。

一些B是C。

因此，一些A为C。

这种抽象化的练习十分有用，因为我们可能会觉得一些结论看似合理就认为它为真，并且以为我们在真实的前提下逻辑自洽地推断出来的结论为真。发现一个论断是无效的可以让我们不再认为一个结论必然为真，并开始对其质疑。（辨识上述论断无效性的关键在于，认识到A是B的一个子集。）

事情从这里开始会迅速变得复杂起来：所有A为B，一些C是A，则一些C是B。有效吗？没有A是B，一些C是B，则没有A是C。有效吗？

你可以就这样消磨时间，直到牛儿们都回家了。中世纪的僧侣就是在无聊打发时光的过程中想出了大量的三段论。然而，我同意哲学家伯特兰·罗素的看法，这些三段论就像那些僧侣一样枯燥无味。同样的，2 600 多年来围绕三段论而进行的教育对于有效思维也是无所裨益的。

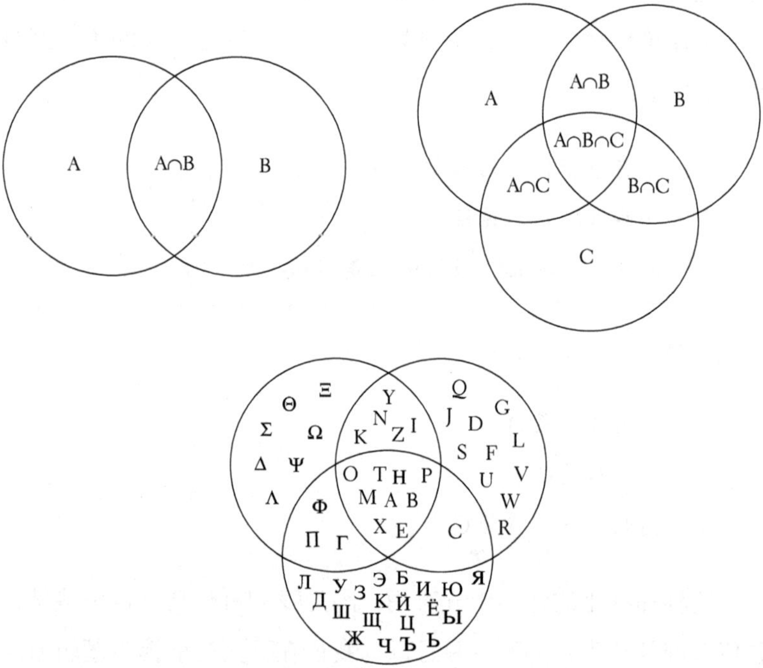

相互重叠的不同类别产生了交集

在我看来，能从分类推理中获得的最有用的东西是学会如何画文氏图。此图得名于 19 世纪的英国逻辑学家约翰·维恩，而维恩发明了一种绘图方法，可以表现类别之间的关系。我常常会发现文氏图很有用，甚至在有时候是表现类别之间关系的必要方式。上图就展示了一些比较有用的文氏图，读者们可以感受一下。

在上图中，左上角的图形展示了一种我们日常生活中会用到的三段论。它展示的情形是：一些（但并非全部的）A是B，而一些（但并非全部的）B是A。A可能代表了小型有毛发的动物，而B可能代表了鸭嘴恐龙。有一种动物刚好在A与B的交集上，那便是鸭嘴兽。或者我们也可以用左上角的图来表示：在国际学校里说英语的学生中有一部分同时会说法语，而说法语的学生中的一部分也说英语。（A中的一部分为B，而B中的一部分为A。）只说英语的学生（仅仅是A）必须跟史密斯太太学数学，只说法语的学生（B）必须跟着皮罗特先生学习。而说两种语言的学生则可以跟两位老师中的任意一位学习。

右上角的图展示了一种更为复杂但也并不少见的情况：一些A为B，一些B为A，一些A为C，一些C为A，一些B为C，而一些C为B。

最下方的图展示了上述情况的一个现实案例。它展示了希腊字母（左上圆圈）、拉丁字母（右上圆圈）和俄语字母（下方圆圈）的交集。我不相信你能仅仅通过口头表达就弄清楚这些类别重叠的情况。无论如何，我觉得我只能借助字母汤来完成辨认的过程。

文氏图对于你解决广泛领域内的问题当然是不够的，但是它为你提供了一些展示类别包含和排斥关系的基本图解方法。你可能会发现学习文氏图的确有用。

命题逻辑

三段论只能应用于我们日常生活中遇到的很小一部分推理问题。更重要的方法是命题逻辑，它的应用范围更广泛。从公元前300年到公元1300年，哲学家和逻辑学家对于命题逻辑只是略有推进。自19世纪中期开始，逻辑学家开始在这一领域大放异彩，尤其是他们关注了诸如“且”与“或”这样的逻辑用语。“且”的意思为联结，例如，“A发生，且B发生，则A和B同时发生”。“或”的意思为非联结，例如，“A发生，或B发生，则若A发生，B不发生”。在那个年代针对命题逻辑的工作成为后来计算机设计和编程的基础。

在本章的开头，我曾让你来解决一个有关扑克牌的问题。你现在可以明白，那是一个需要使用条件逻辑来解决的问题。如果P发生，则Q发生。“如果一张牌的一面上有元音字母，那么它的另一面上就是偶数。”在我们来仔细分析这个问题之前，我们先来看看下述问题。

你是一位警察局局长。你的工作之一是确保餐厅不向21岁以下的人出售酒。你的任务是挑出下列顾客中的一些人来检查，看看他们是否遵守了规矩：“如果一位顾客喝酒了，则这个顾客至少为21岁。”你应当只检查那些需要守这些规矩的顾客。

在第一张桌前，你看到了4位顾客。你看到：

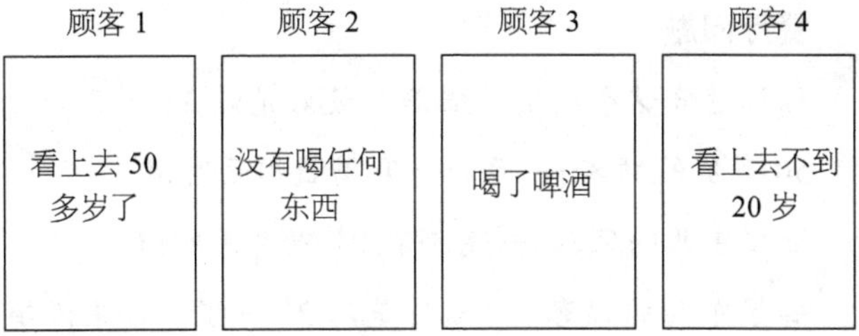

你需要检查：

a. 顾客 1

b. 顾客 1，2，3，4

c. 顾客 3 和 4

d. 顾客 1，3，4

e. 顾客 1 和 3

我敢肯定你会选择c，检查顾客 3 和 4。现在让我们回顾一下扑克牌的问题，我想很少有人在那个问题上选择c，即牌 3 和 4。我们能同意你的选择吗？其实这两个问题的逻辑结构是相同的。请看下述我的逻辑。

扑克牌问题

保证遵守这个规则：元音？最好是个偶数在它的背面。

N — 它的背面是否是偶数都无所谓。

4 — 它的背面是否是元音字母都无所谓。

A — 它的背面最好是偶数。如果不是，规则就被破坏了。

3 — 它的背面最好不是元音字母。如果是偶数，规则就被破坏了。

餐厅问题

保证遵守这个规则：喝酒？最好是满 21 岁了。

50 多岁的顾客 — 无论是否喝酒都无所谓。

没喝东西的顾客 — 是否满 21 岁都无所谓。

喝了东西的顾客 — 最好是满 21 岁了。如果没有，那么规则就被破坏了。

不到 21 岁的顾客 — 最好没喝酒。如果喝了，规则就被破坏了。

如果没有答对扑克牌问题，也不要灰心。只有不到 20% 的牛津大学学生解决了扑克牌问题的抽象版本。

为什么扑克牌问题比餐厅问题困难这么多呢？乍一看这有些奇怪，因为两个问题都可以用条件逻辑来解决，事实上只要用最简单的条件逻辑就行，即假言推理：

如果 P 发生，则 Q 发生。	如果顾客喝酒了，那么他满 21 岁了。
P 事实上发生了。	顾客喝酒了。
因此，Q 发生了。	因此，这位顾客满 21 岁了。

假言推理引出了其否定式（如果 Q 没有发生，则 P 没有发生）。当 Q（满 21 岁）没有发生但 P（喝酒）发生了，就与条件规则产生了矛盾。

请注意，P（喝酒）对 Q 而言是一个充分条件，而非必要条件。即这是一种充分状况，若要 Q 发生，则 P 发生。当然可能还有许多其他条件是充分的，要求这个人满 21 岁才可以做，例如驾驶飞机或者赌博。

如果要满足双重条件，则若想让Q发生，那么P必须是充分且必要的条件。这样就会出现（十分奇怪的）规则，如果你喝酒了，你就必须满 21 岁，并且如果你满 21 岁，你必须喝酒。

在对条件推理做了一些思考后，我们来看看为什么喝酒问题很容易解决。

合理性、有效性和条件式的逻辑

正如我们所见，三段论式的论断可以是有效的，即能够正确表现出一种强有力的论断形式，即便由此得出的结论是错误的。这种情况在命题逻辑中也会出现。

请判断下述每个由两个前提和一个结论组成的论断是否是有效的。

论断A

前提 1：如果他死于癌症，那么他患有恶性肿瘤。

前提 2：他患有恶性肿瘤。

结论：因此，他死于癌症。

论断B

前提 1：如果他死于癌症，那么他患有恶性肿瘤。

前提 2：他没有死于癌症。

结论：因此，他没有患恶性肿瘤。

论断C

前提 1：如果他死于癌症，那么他患有恶性肿瘤。

前提 2：他死于癌症。

结论：因此，他患有恶性肿瘤。

只有论断C是有效的。它符合假言推理：如果P（他死于癌症）发生，则Q（恶性肿瘤）发生。P（死于癌症）发生，因此Q（恶性肿瘤）发生。从论断A和论断B中得出的结论的合理性会让我们有种感觉，即它们是有效的。然而，论断A并不具有一种有效的论断形式：如果P（死于癌症）发生，则Q（恶性肿瘤）发生。Q（恶性肿瘤）发生了，因此P（死于癌症）发生了。这里出现了“相反的错误”，因为在推理过程中出现了倒置前提的情况，“如果P则Q”被换成了“如果Q则P”。（如果他患有恶性肿瘤，则他死于癌症。）如果有前提的话，我们的确能知道，因为Q发生了，P也发生了。然而，那并不是前提。

如果我们不能控制自己关注论断的逻辑有效性的话，我们总会犯相反的错误。

相反错误 1

如果车子不在我们的车库里，那么简进城了。

詹妮弗告诉我她在城里看到简了。

因此，车子不会在车库里。

然而，简有可能利用了另外的交通工具进城去了，这样的话，车子是有可能在车库里的。犯这样的错误更有可能是因为一些特定的背景信息。如果简很少在出门时不开车，那么我们更有可能犯这种错误；如果她有时乘公共汽车，而有时由朋友开车载她出门，那么我们犯错误的可能性降低。

相反错误 2

如果我得了流感，那么我会喉咙痛。

我喉咙痛。

因此，我得了流感。

然而，当然会有其他没有得流感的可能性，比如普通感冒，或者链球菌性喉炎。如果人们迅速被流感击倒，通常会有喉咙痛的症状，而没有其他病痛发生，那么我们更有可能犯这种推理的错误。如果流感、普通感冒和花粉过敏都在同一时刻发生，那么我们可能不太会犯这种错误。

上述的论断B是：如果死于癌症，那么就患有恶性肿瘤；没有死于癌症，因此就没有患恶性肿瘤。这是一种反演错误。这种无效的论断形式是，如果P则Q，P未发生，因此Q未发生。我们经常犯这类错误。

反演错误 1

如果下雨了，那么街道上一定是湿的。

现在没有下雨。

因此，街道上一定不是湿的。

如果我们住在一个城市，这里的街道清洁工人会频繁地清洁（因此把街道弄湿），或者这是一个炎热的夏天，因此消防栓有时是打开的，可供人们取水降温，那么我们犯错误的概率就比较低。如果我们住在亚利桑那州的乡村，没有街道清洁工，也没有消防栓，那么我们更有可能犯错误。

反演错误 2

如果奥巴马总统信仰伊斯兰教，那么他不可能是基督教徒。

奥巴马总统不信仰伊斯兰教。

因此，奥巴马总统是基督教徒。

如果我们默认一个附加的前提，即人们只能信仰伊斯兰教或者是基督教徒，则上述结论是有效的。当然，我们不这么认为，但是我们可能会不由得相信这是奥巴马仅有的两个选择，或者我们在讨论时就觉得奥巴马的宗教信仰选择在这两者之间。

关于相反和反演错误的一个有趣且重要的事实是，它们仅仅是演绎出的无效结论（即它们不是在逻辑上从前提条件推出的）。但它们可能是极好的归纳式结论（即如果前提是正确的，则结论更有可能是正确的）。“如果我喉咙痛，则我得了流感”与“我喉咙不痛，而我得了流感”相比，前者发生的可能性更大。如果没有下雨，则街道是湿的可能性更小。在这些例子中，归纳式结论的合理性同样也让无效的演绎式结论的合理性提高了。

论断形式和逻辑错误的例子不胜枚举。然而，以上这些是其中我们最常犯也是最应当重视的错误。

实用推理模式

条件式推理的抽象形式——若P则Q——很难应用。我们经常以条件逻辑来推理，但是很少能完全利用它的抽象形式。相反，我们更可能会使用一种我称为“实用推理模式”的方法，即一系列可用于日常生活场景的有用规则。本书中随处可见这样的规则。实际上，这也是本书的主要内容。有一些模式可以直接投射到条件逻辑上。这其中包括区分自变量和因变量的方法，以及相关性并不能证明因果关系这样的原则。我们可以推演出沉没成本原则和机会成本原则是有效的，而这是以一种有逻辑的方式从成本–收益分析中推出的。经济学课程教授这些原则，然而它通常无法很好地向我们展示这些形式化的原则如何有效应用于日常生活中的推理。

一些实用推理模式可以投射到条件逻辑上去，却无法有效推演出来，因为它们不能保证答案正确。实际上，它们一点儿也不关注命题的正确性或有效性，而只是评估一个人的行动是否恰当。这一逻辑分支被称作道义逻辑（deontic），来源于希腊语词根“deon”，意为义务。它解决的是一种包含了义务的情况，什么会让人获得允许、什么是可选择的行为、什么行为超出了道义的要求、什么事应当做。契约模式是道义模式中的一种类型，它可用于解决大量与许可和义务有关的问题。

在分析喝酒年龄问题时采用的道义模式正是许可模式。你想喝酒（P）？那么最好满 21 岁（Q）。没有满 21 岁（非Q）？那么最好别喝酒（非P）。

一种相似的模式是义务模式。如果你 18 岁了（P），你必须登记参与选举（Q）。没有登记参与选举（非Q）？那么你应该是没到 18 岁，或者你没有履行义务。

在法学院学习两年会让你的道义推理能力大有长进，而在哲学系、心理学系、化学系和医学院，两年的研究生学术训练对此没有任何帮助。

实用推理模式的第二种类型一点儿也不符合条件逻辑（或者说这种模式至少在贴合条件逻辑上十分不济），然而这第二种类型可以广泛应用于各种问题，并且能够以纯粹逻辑的形式被描述出来。应用这种模式需要逻辑思维，然而逻辑并不是让它们变得强有力的东西，是这种模式本身的力量让它在日常生活中闪闪发光。这其中包括了统计模式和具有科学步骤的模式，比如随机控制设计。统计学和方法论的课程教授这些概念，但是并不能成功创造出这些实用模式，以帮助我们应对日常生活。社会科学和心理学专业的本科生和研究生课程的确推进了实用模式的应用，我们可以将统计学和方法论的模式在日常生活中使用，自然科学和人文专业就做不到这一点。其他应用性强的实用推理模式还包括奥卡姆剃刀原理、公地悲剧和应急概念，这些在第 15 章中将会讨论。

最后，一些有力的实用推理模式并不具备抽象推理的潜质，而是仅仅具有实证原则，可以为日常生活中的大量问题提供正确的解决方案。这包括基本归因谬误，行动者和观察者倾向于从不同角度解释问题，损失厌恶，现状偏见，从质量上来说一些选择的结构优于其他的选择，激励并不必然是让人们改变行为的最佳方式——比如换成本书中提到的其他行为方式。

抽象的实用模式是极其有用的，但是纯粹的逻辑模式的效用十分有限。我相信情况的确如此，因为这个世界上有一种高度发展的文明，即中国的儒家传统，这种思想传统就没有发展出单纯的逻辑形式。有关这一文明的辩证传统，及其现代新发展，将在下一章中展开描述。

小结

逻辑将有关现实世界推理的论断抽象出来，这样一个论断的形式结构就能被单独分析讨论，而不受到先验信仰的影响。形式逻辑，与这 2 600 多年来的教育家的观点相反，它并没有关于日常生活想法的基础。它主要是一种思维方式，能帮我们捕捉到一些推理过程中的错误。

一个结论的正确性和一个结论的有效性完全是两码事。一个论断的结论有效，仅仅是因为它是按照一定逻辑从前提中推出的；而它是否正确，与“前提是否正确”或者“它是否是按照一定逻辑从前提推出”都无关。一个推定不一定非要从什么前提中按照某种逻辑推断出来，但是如果它是有逻辑的或是有实证支持的，那么可信度会更高。

文氏图体现了三段论推理，对于解决一些类别问题是有效，甚至是必要的。

在演绎推理中有时会出现错误，是因为它们对应的论断形式被归纳起来是无效的。这是我们可能会犯推演错误的部分原因。

实用推理模式是推理的一些抽象规则，它是由许多思想综合而来的。这包括了道义规则，如许可模式和义务模式。其中还包括了许多归纳模式，比如本书中讨论过的统计规则，成本–收益分析，按照成熟的方法论步骤进行的推理。实用推理模式并不像逻辑规则那么概念化，因为它只能应用于具体场景中，但是有些实用推理模式要依靠逻辑基础。而像奥卡姆剃刀原理和应急概念，虽被广泛应用却与形式逻辑无关。当然，还有一些纯粹是从大量实践有效性中得到的实证归纳，例如基本归因谬误。

第14章 辩证推理

文明世界两端的传统所具有的最明显差异是对待逻辑的方式。对于西方人而言，逻辑始终是文明的中心，这条线从古至今都没有断过。

——安古斯·格雷厄姆（Angus Graham），哲学家

很明显，因为中国人的思维极其理性，以至他们拒绝理性主义……并且不愿将形式从内容中剥离出来。

——刘述先，哲学家

争辩逻辑一致性的问题……可能不仅让人愤怒，这更是一种不成熟的表现。

——长岛信弘，人类学家

如果你是在西方文化背景中成长的，那么你可能会对一件事感到惊异，即世界上的一个伟大文明——中华文明的历史中竟然寻不到形式逻辑的踪迹。

从柏拉图之前的时代到现在，直到中国人接触到西方思潮之前，在东方的确不曾有过逻辑发展的脉络。在亚里士多德发明形式逻辑之时，中国哲学家墨子和其追随者大致触摸到一点儿逻辑的门路，但他们始终没有发展出形式逻辑的完整体系。在墨子的思想蜻蜓点水般触及逻辑之后，东方的逻辑线索就此断裂。（墨子还在不经意间对成本–收益分析的方法做了系统性研究，这要比西方人正式探讨这个主题早了许多世纪。）

那么，在缺乏逻辑传统的情况下，中国人是怎样成功在数学领域取得重大进展，并领先西方人很久而发明出成百上千的重要东西呢？

我们不得不承认，一种文明在没有特别关注过形式逻辑的境况下，也能取得重大的突破。这种情况不仅适用于中国，也适用于其他扎根于儒家传统的东亚文明，包括日本和韩国。印度的情况则不同，那里的人关注逻辑，大致源起于公元前 5 世纪或公元前 4 世纪。有趣的是，中国人注意到了印度人对于逻辑的研究，并翻译了一些有关逻辑的印度语文献。然而，中文译本中充斥着大量错误，所以其影响十分有限。

与逻辑思维不同，中国人发展出了自己的一套思想体系，即辩证推理。这种辩证思维方式在很多方面都与形式逻辑相悖。

西方逻辑与东方辩证

亚里士多德将逻辑思维的基础确立在下述 3 个定律之上。

1. 同一律：A = A ：无论是什么，它就是它。A 是它本身，而不是其他什么事物。

2. 无矛盾律：A 和非 A 不可能同时发生。没有什么事物同时既是它又不是它。一个命题和它的相反面不可能同时为真。

3. 排中律：任何事物一定要么是，要么不是。A 或者非 A 为真，但两者之间不存在其他情况。

现代西方人接受这些定律。而在中国传统知识中成长的人并不认可这些，至少并不认可其所有方面。相反，东方思维的基础是辩证法。

正如心理学家彭凯平所言，三个原则构成了东方的辩证法。请注意，这里我没有使用“定律”。彭凯平曾严肃指出，“定律”这个用语更像是针对世界的一种普遍而正式的立场，而不是一套铁定的规则。

> 1. 变化论
>
> 现实是处于变化过程中的。
>
> 现在正确的东西可能很快就会变成错误的。
>
> 2. 矛盾论
>
> 矛盾是动态存在于变化中的。
>
> 因为变化是不断的，所以矛盾也是不断的。
>
> 3. 关系论（或整体论）
>
> 整体大于部分叠加之和。
>
> 各部分只有在整体关系中时才有其意义。

这些原则是紧密联系在一起的。变化制造矛盾，矛盾催生变化。持久的变化和矛盾暗示着，抛开与其他部分的关系和世界先前状态的联系去讨论单独的部分是没有意义的。

这些原则还暗示了东方思维中的另一个重要原则，即坚持发现极端状态之间的“中间道路”。有一种很强的预设是，矛盾通常是明显的，而人们倾向于去相信“A是正确的，但非A并不是错误的”。这种观点在禅宗中也有迹可循，即“一个伟大真理的反面也是真的”。

对许多西方人而言，这些道理可能看上去很有道理，甚至很熟悉。而苏格拉底对话就常被称为是辩证的，它们在很多层面上有相似性。这是一次交换不同观点的对话，目的是更贴近于事实真相。犹太人从希腊人那里借鉴了这种辩证思维的框架，犹太学者在过去的 2000 年中对它进行了发展。18~19 世纪的西方哲学家，比如黑格尔和马克思，对辩证传统做出了极大贡献。自 20 世纪晚期开始，辩证推理成为认知心理学家进行严肃研究的一项课题——无论东西方皆是如此。

东方的辩证思想反映出了道家思想对其的深刻影响。对于一个东方人而言，道家思想博大精深，但本质上它是抓住了变化的概念。“阴”（女性的，黑暗的，被动消极的）与“阳”（男性的，光明的，主动积极的）相对。实际上，阴和阳是因为彼此存在才会存在，当这个世界处于阴的状态时，那么就会有明显的标志表明阳的状态即将出现。道的标志是由黑白两股漩涡状的力量形成的，道是指“道路或方法”（way）存在于自然和人性之中。

道的标志

黑色的漩涡中有一个白点而白色的漩涡中有一个黑点，这表示了变化的概念。“最真实的阳是处于阴之中的阳。”这种阴阳观表达了存在于两股相互对立又相互渗透的力量之间的关系，它们能成就彼此，让对方更易被理解，或是一方为另一方变化成对方创造条件。

《老子》中有言：“祸兮，福之所倚；福兮，祸之所伏。”没有人知道，到底会发生坏事还是好事。世界上不存在确定性。正义的东西会变得邪恶，而好的东西也可能突然变坏。

熟悉东方的辩证法可以更容易理解东西方思想中有关“变化”的不同假说。李君基（音译）认为对于各种类型的潮流，例如世界肺结核病发病率、发展中国家的国内生产总值增长、美国儿童的孤独症患病率等，西方人倾向于认为这些潮流将朝着它们目前的发展方向继续发展，而东方人则更愿意认为这些潮流将趋于平稳，或者会朝相反方向发展。有西方传统背景的商学院学生更愿意买入上涨的股票，而抛售下跌的股票。在东方文化中成长的学生则愿意买入正在下跌的股票，并且抛售正在上涨的股票。（可以回顾一下第二部分，这是一个明显体现了错误偏好的例子。）

辩证的传统部分解释了为什么东亚人更关注情境（第2章中曾讨论过）。如果事物处于永恒变化当中，那么你最好关注围绕一件特定的事情的环境因素。所有因素都会影响正在发生的事情，从而引起变化和矛盾。

逻辑传统和辩证传统使得人们对于矛盾命题和论断的反应截然不同。如果你向人们展示了两个指向相反方向的命题——它们几乎是直接互相矛盾的，西方人和东方人在回应时迥然不同。曾有一项针对密歇根大学和北京大学学生而进行的科学对比实验。

例如，一些学生读到：大量的发展中国家的燃料使用情况表明环境问题迅速恶化，这其中包括导致全球变暖；一位气象学家对世界范围内的 24 个独立地点进行了温度研究，发现事实上在最近 5 年内气温有一定程度的下降。另一些学生则只读到其中的一个命题。之后，所有学生都被询问他们对这些命题的合理性的看法。

对于密歇根的学生们而言，当他们看到一个更不可信的命题与某个命题矛盾时，更倾向于相信这个特定命题，比如第一个命题，而当他们仅仅看到这个自身更可信的命题时，他们就会觉得这个命题更可信，比如第二个命题。这种回应在逻辑上并不统一。一个命题不可能在当它与另一个命题矛盾时比不矛盾时更可信。产生这样的错误可能是因为，西方人解决矛盾的方法是，决定哪一个命题正确。在这个选择过程中，他们关注所有可以让那个更可信的命题胜出的原因。确认偏误在这里起到了作用。这样一来，这些更合理的命题就得到了加强，超出了它本身所具有的合理性。而如果人们在选择过程中并没有将它和一个看似矛盾且合理性更弱的命题对比，那么这种偏误更明显。

中国学生的反应则差异更明显。他们会对一个合理性较弱的命题给予更多信任，当他们看到它矛盾的时候。这同样是逻辑不一致的，但是他们坚持的是在这两个相互矛盾的论述中，每一个论述都会有一些真实的地方。一旦那个合理性更低的命题获得了某种形式的支持，那么它就会显得更有道理。我们可能几乎会说东方人有时候会表现出反确认偏误。

因此，西方思维会发生谬误是因为，人们会很快消除表面的矛盾，并接受两个命题都存在一定正确方面的可能性。东方思维会发生谬误则是因为，人们会为了支持一个较弱的命题而寻找它与一个矛盾但强有力命题的不同点，这样人们便能发现一个出现矛盾的较弱的命题可以更具合理性。

逻辑和辩证思维体系都能从彼此那里学到不少东西：各自都能从对方发生错误的地方借鉴到经验。

逻辑与道的对峙

时至今日，东方人对于逻辑的接受度仍有待提高，甚至一些在最好的亚洲大学里学习的年轻人，其在思维方式上仍不是很有“逻辑”。

请思考下述3个论断，并判断哪一个是逻辑有效的？

论断1

前提1：没有警犬是年老的。

前提2：一些经过高度训练的狗是年老的。

结论：一些经过高度训练的狗是警犬。

论断2

前提1：所有用植物制成的东西都有益于身体健康。

前提2：香烟是用植物制成的。

结论：香烟对身体健康有益。

论断3

前提1：非A为B。

前提2：一些C为B。

结论：一些C为非A。

论断1是有实际意义的，并且有一个合理的结论。论断2有实际意义，但结论不合理。论断 3 太抽象了，以至于它和现实世界没有一点儿联系。尽管其结论是合理的，但论断 1 仍是无效的。尽管论断 2 是不合理的，但它是有效的。没有实际意义的论断 3 自然是无效的。（试着画一下这些论断的文氏图，看看是否能帮助你判断它们的有效性。）

心理学家阿兰·洛伦萨杨、金范俊和他们的同事尝试研究亚洲人和西方人在上述问题中是否存在差异。他们向韩国和美国的大学生展示了有效或无效的论断，以及合理或不合理的结论。研究者让学生们评价每一个论断中的结论是否是符合逻辑地从前提中推出的。这里一共存在 4 种不同类型的三段论，从最简单的结构到最复杂的都有。

韩国和美国大学生都更倾向于认为有合理结论的三段论是有效的，而不管它们是否真的如此。但是，韩国学生比美国学生更容易受到结论的合理性的影响。这是因为在进行逻辑推演方面，韩国学生的能力不如美国学生。这两组学生在面对纯粹抽象的三段论时所犯的错误同样多。这是因为美国人的习惯是将逻辑原则应用于日常事件，这一点比韩国人更明显，因此，美国人更会忽略结论的合理性。

东亚的大学生还容易在基于“某个类别中的成员其典型程度有多高”的三段论上犯错误。例如，研究者告诉学生们，所有鸟类都有某种特征（随便编一个，如“有网膜”）。接下来，他们问学生们，老鹰有这种特征的可信性有多高，而企鹅有这种特征的可信性有多高。这两种结论当然是同样有效的。美国学生较之韩国学生，更少会受到典型性的影响。例如，韩国学生在“所有鸟类都有某一特征，因而企鹅有此特征”这一点上就不如美国学生确定。

最后，东亚学生在面对命题逻辑时比美国学生存在更多问题。他们更易受到自身欲望的影响。如果他们希望一个特定的结论为真，那么他们就更容易错误地判断这个结论是从某个前提推出的。这是一种人们期望去犯的错误。这表明了逻辑的实用性——将意义从具体命题中抽离并转换成抽象形式，这帮助西方人避免了在判断时受到不良影响。

情境，矛盾和因果关系

回顾第2章的内容，其中我们探讨了情境的重要性，而西方人习惯聚焦于事件中的核心事物（或一个人）来进行思考。西方人会辨认出一个事物的特征，将其分在一个类别当中，并对这一类别的事物套用一些规则。这种潜在的目的通常会让他们建立起一种因果关系模型，以方便他们借此达到自己的目标。

东方人的方法则是更广泛地关注处于情境当中的事物，关注事物间的关系，以及事物和情境的关系。

人们对这个世界理解程度的不同产生了迥异的历史分析方法。日本的历史老师会从细致阐述历史事件发生的背景开始，随后展开重要事件的时间线索，再把每一个事件置于那条线索之上。老师鼓励学生想象历史人物的思想和情感状态，方法是类比那些历史人物所处的情境与他们在今天所处的日常情境。接着，学生会以自身的情感体验来解释历史人物的行动。如果学生在理解历史人物时表现出了同理心，那么老师就会认为他们拥有良好的历史感。“怎么样”的问题经常会被问到，其出现频率是美国课堂的两倍。

美国老师花较少的时间在展示历史情境上。他们会从结果开始，而不是从最初的事件或导火索开始。在讲述过程中，时间线索被淡化甚至被破坏掉。老师会强调事件影响因素的顺序，而那些原因会被格外重视。（“奥斯曼帝国解体有三个重要原因。”）如果学生们能够为他们的因果模型找到合理的支持证据，那么老师会认为他们在推演历史进程方面的能力很好。“为什么”的问题在美国课堂上被提出的频率是日本课堂上的两倍。

这两种方法都是有用的，并且是互补的。然而实际上，东亚历史分析对西方人而言即是错误的。基本上，对于东方那种整体论式的思想分析风格，西方人并不赞赏，更多的是拒绝。令人惊讶的是，一些在美国生活的日本商人的孩子有时会在美国学校里被迫降级，这是因为老师认为他们缺乏分析能力。

不同类型的思维会产生不同的哲学，或者是世界观。这种思维结构上的不同会产生对探索事物规律的不同思考。因为古代中国人关注情境因素，因此他们在许多古希腊人犯了错误的问题上得到了正解。

古代中国人关注情境，这让他们意识到在遥远的地方之外也可能发生一些事。这让中国人正确理解了声学和磁学方面的问题，同时也正确理解了伽利略百思不得其解的潮汐的真正原因，即月亮会牵引潮涨潮落。

亚里士多德在解释物体落入水中后会下沉的原因时认为，它们具有重力。然而并非所有物体落水后都会下沉，有一些会浮在水面上。亚里士多德解释这些物体有轻质特性。当然，并不存在什么轻质的特性，而重力是物体间的一种关系，并不是某个单一物体的特性。

爱因斯坦不得不在他有关宇宙本质的理论中加入欺骗因子，

即宇宙常数，以此来解释他所坚信的宇宙的稳定状态。当然，从亚里士多德的时代起，宇宙便不像他以为的那样会一直保持稳定状态。然而，作为一个浸淫在古希腊宇宙稳定假说背景中的西方人，爱因斯坦直觉上认为宇宙应当是恒久稳定的，因此他借用宇宙常数来巩固这个假说。

物理学家尼尔斯·玻尔对于东方思维有深刻的理解，中国的辩证推理思维对他影响颇深。他将自己在量子理论上的进展部分归功于东方哲学。在西方，还有存在了几个世纪的一个论争，即光是否包含了粒子或波。相信其中一种假说就不会肯定另一种，它们是矛盾的。玻尔的解决方法是，认为光可以同时有两种存在方式。在量子理论中，光可以通过粒子或者波的形式来观测。只是两者不能同时出现。

不过，虽然中国人在很多西方人弄错的事情上找到了正确答案，但他们永远无法证明自己的理论正确。这需要科学，而西方人已经在科学领域中发展了2 600年。科学，从本质上来说，是一种分类之法，再加上实证规则，并遵循逻辑原则。中国人理解了西方人不明白的遥远作用力的概念，而西方人用科学方法证明了这一点的正确性。科学家们本想用实验证明这种遥远距离之外的作用力不存在，结果他们惊讶地发现它的确存在。

稳定与变化

东西方在关于变化的理解上存在深刻的差异。由于诸多原因，我对这一点并不是很清楚，古希腊人确信宇宙和处于其中的物体都是一成不变的。

赫拉克利特和其他一些公元前6世纪的哲学家认为世界是变

化的。（“一个人不能两次踏进同一条河流，因为人会变而河流也不同了。”）然而，到了公元前 5 世纪，变化的观点不时兴了，人们开始相信稳定的观点。赫拉克利特的观点变得荒谬。巴门尼德只用了几个很简单的步骤，就“证明”了变化是不可能的：去谈论一个不存在的事物是一种矛盾。不存在的东西是自相矛盾的，因此它不可能存在。如果不存在的东西是不存在的，那么就没有什么是变化的，因为如果事物 1 变成事物 2，那么事物 1 就将不存在。

巴门尼德的学生芝诺向许多古希腊人证明了运动是不存在的。一个例证便是他提出的著名的“飞矢不动”悖论。

1. 当一支箭在某一个地方时，它是静止的。

2. 当这支箭在飞行当中的每一个时刻，它都是在某一个地方的。

3. 因此，在它飞行的每一刻，箭都是静止的。

4. 因为箭总是静止的，我们看到的运动（变化）是不存在的。

芝诺的另一个证据是阿基里斯悖论。如果阿基里斯想追上他前面的一个较慢的奔跑者——一只乌龟，他必须跑到乌龟此刻所处的位置。但是当阿基里斯到达那里时，乌龟已向前移动了。因此，阿基里斯永远也追不上乌龟。因为速度快的奔跑者永远也追不上速度慢的，我们可以推出运动永远不会发生。

正如传播学理论学家罗伯特·洛根所言，古希腊人是被困在他们固执的线性逻辑里了。

希腊人对于不会改变的或是高度稳定的世界的观点影响了几

个世纪。极端情况是，西方人将人类行为归因于其固有的性格特质而非情境因素——基本归因谬误，这种思维方式可以直接追溯至希腊人的哲学。

一个由基本归因谬误产生错误的最明显的例子是西方人对于影响智力和学术成就的一些重要因素的理解（或者说误解）。

我五年级的时候，在数学方面遇到了麻烦。我的父母信誓旦旦地告诉我要对未来有期待：尼斯贝特从没有在数学上表现得这么好过。我受到了这种开脱之词的鼓舞。然而，当我后来回顾之时，我却看清了我的双亲以及我自己都忽略了一个事实，我遇到数学问题是在我因单核细胞增多症发作而被迫离开学校两周后出现的。这让我耽误了一些功课。后来我的数学成绩依旧没有变得特别好，不过我得承认如果我没有接受我父母亲对我的鼓励，成绩可能会更糟糕。

与我父母亲对我抱有期望的态度截然不同的是一位美籍华裔的虎妈："你竟然带着一张数学成绩为B的成绩单回家了？如果你想成为这个家的一员，你就要得到A！"

2 000 多年以来，中国人只有通过学习，才能从农民成为最有势力的官员，因而中国人相信努力学习会让人更加聪明。孔子相信能力的一部分来源于"天赋"，但更多来源于努力。

一项 1968 年开始的针对美国高中学生的研究发现，有中国血统的学生和他们的白人同学在智力测验中的得分相当，然而这些中国学生的SAT考试分数却比其白人同学高出了 1/3 个标准差。SAT成绩的确与智力水平高度相关，但是高的SAT分数更多地来源于努力学习。令人惊讶的是，从高中毕业之后，华裔美国人比欧洲裔美国人更有可能进入专业领域，管理层或是技术行业，高出的比例达到 62%。即使在欧洲裔美国人当中，那些相信能力可以通过努力和学习提高的学生也比其他学生表现得更好。当欧洲裔美国人被教导他们的聪明程度与努力学习的程度有密切关系时，这些孩子在学业表现上提高了不少。认识到努力的重要性对于贫苦的黑人和西班牙裔孩子而言更是特别有效。

东西方人有关可塑性和变化的信仰差异贯穿了生活中的方方面面。欧洲文化传统下的人——尤其是美国人——会将一个确证为小偷或谋杀犯的人贴上“罪犯”的标签，而亚洲人会避免这样的类别化。也许正因如此，漫长的监禁在亚洲比较罕见。美国的监禁率是中国香港地区的 5 倍，是韩国的 8 倍，是日本的 14 倍。

辩证法与智慧

下面这封信是写给咨询专栏作家阿比吉尔·范布伦的，在多家报纸上都曾刊出。请思考信中提及的场景中可能会出现的结果。

亲爱的阿比：

我的丈夫拉尔夫有一个妹妹道恩和一个弟弟库尔特。他们的父母在 6 年前的几个月里相继去世了。自那以后，道恩开始每年提出一次为父母购置一块墓碑的想法。我完全支持，而道恩决定在这件事上花大力气，并期望她的哥哥们能承担费用。她最近告诉我，她留出了 2 000 美元做这件事。随后，她打电话宣称自己已经推进事情进展，选择了墓碑的设计样式，刻写了墓志铭，订购了墓碑。现在她希望库尔特和拉尔夫支付他们的那部分钱给她。她说她自作主张做这件事是因为这么多年来她一直为父母没有墓碑而内疚。我觉得既然她是自己做这件事的，她的哥哥们不应该付给她钱。我知道如果库尔特和拉尔夫不付给她钱，那么她会一直纠缠下去，我也会不胜其扰。我该怎么办呢？

在解释了更多思维结构上的东西方差异之后，我们回到这个小问题上来。

回想一下让·皮亚杰，这位20世纪中期伟大的发展心理学家，他认为人在童年之后所有思维的基础都是命题逻辑。他将这种逻辑规则称作“形式运算”，这与“具体运算”不同，“具体运算”是让孩子们思考具体而真实的事物，“形式运算”则是让孩子们思考诸如抽离了载体形状的物质守恒问题。（当你将一个高瘦容器中的沙子倒进一个矮胖的容器中时，沙子量不会改变。）皮亚杰认为孩子会利用逻辑发展他们对世界上的事物的理解，但是他们缺乏利用逻辑进行抽象思考的能力。当孩童进入青少年时期后，他们开始转变，用形式运算思考抽象概念。形式运算——命题逻辑的原则只能被感知而无法被教授。这种思维方式会在青少年时期结束时最终形成。在那个时间点之后，人不会学习到新的利用抽象规则思考的方法。每个正常的成年人都有几乎一样的一整套关于形式逻辑的规则。

然而，上面这个故事所言的大部分内容都是错误的。正如本书展示的一样，在形式运算之外，有数不清的抽象规则，例如统计回归的概念和成本–收益分析。另外，这些抽象规则既可以感知也可以习得，并且在青春期之后我们仍可以不断学习。20世纪后期的心理学家可以说对皮亚杰的理论进行了一次颠覆式回应，他们定义了一种“后形式运算”，即人的思维原则主要是在青春期之后习得的，通常情况下，这样的思维原则也不能保证产生单一的正确答案，而是会得到一系列合理的答案。这样一来，应用这些原则就可能产生思考问题的新视角，或是为解决一些明显的逻辑矛盾和社会冲突提供实用的指导。

著名的后形式主义学家科劳斯·里格尔和迈克尔·巴塞基将这种类型的思维方式标定为“辩证的”。他们在很大程度上依赖了东方思维描述和阐明这些原则，它们一般符合下述 5 个准则。

关系和情境。辩证思维强调关注：关系和情境，将一种事物或现象置于一个更大整体中的重要性，强调理解系统如何运作，系统（例如身体、群体、运作流程）的平衡，需要多角度看待问题。

反形式主义。辩证思维反对形式主义，是因为它将形式从内容中分离。当我们将一个问题的元素抽象出来而形成一个形式化的模型，同时忽略了对于正确分析极其必要的事实和情境时，我们就会犯错误。过度强调逻辑方法会导致曲解、错误和僵化。

矛盾。后形式主义学家强调了辨认不同命题之间、不同系统之间的矛盾的重要性；并且人应当认识到相反的东西可以彼此补足，相比于为了认可一个东西而否定另一个东西，认识到矛盾的互补性能够对事物有更好的理解。

变化。后形式主义心理学家强调将事件放在一个过程中去理解的重要性，而不应当以一种静止的眼光把它当作独立发生的事件来看待。这些心理学家将系统间的互动看作变化之源。

不确定性。部分是因为他们强调变化，承认矛盾，并且认可在大多数情境中多元因素的影响，后形式主义学家十分看重知识的不确定性。

这些思维原则对西方人而言并不陌生。东方人和西方人在这一点上的差异体现为，东方人会将这些原则当作基础，并持久地使用。让我们来看一些在日常生活中使用这些原则的例子。

文化、衰老过程，以及辩证法

心理学家伊戈尔·格罗斯曼、唐泽真弓和泉聪子，那金庆（音译）、迈克尔·瓦纳姆、北山忍和我一起拟定了一些问题，包括前述的“亲爱的阿比困境”和其他社会矛盾，比如族群冲突和反对开采自然资源等，而后我们向美国和日本的来自广泛社会阶层和年龄层的人们提出了这些问题。我们询问这些参与者他们认为会发生什么以及原因，随后我们将答案分为与辩证推理相关的6类。

1. 答案是否避免了对某个原则生搬硬套？
2. 答案是否考虑到每一方参入者的角度？
3. 答案是否注意到了矛盾观点的性质？
4. 答案是否注意到了变化的可能性，还是以静止的观点看？
5. 答案是否提到了折中的可能方式？
6. 答案是表达了一种不确定性，还是比较武断？

我们发现年轻和中年的日本人在回应人际和社会冲突问题时用了更加辩证的观点，比年轻和中年的美国人要多。日本人更有可能避免生搬硬套一个原则，更多地从所有事件参与者的角度解释问题，更关注冲突的性质，更会承认变化和折中的可能性。他们在自己的结论上表现出了较低的确定性。

下表给出人们对“亲爱的阿比”专栏里那件兄弟姐妹为母亲

墓碑付账的事情的答案，体现了利用较多辩证思维和较少辩证思维的差异。表里的所有答案都来自美国人，但是日本人的答案也是完全可做比较的、只是他们更有可能提供辩证式的答案。

关于墓碑故事的回应，较多辩证推理与较少辩证推理的对比

较少辩证推理	较多辩证推理
考虑到冲突中涉及的人们的不同立场	
我能够想象他们之间后来的那种苦涩关系，只要想想拉尔夫和库尔特决定不给墓碑出钱就明白了。接着就会在妹妹和她的哥哥们之间形成交流的鸿沟。如果墓碑对他们来说同样重要的话，那么就不会出现这种问题。	一些人或许认为我们需要像这样来表达对父母的敬意。有人可能会觉得没有什么必要这样做，或者有人可能没有经济能力去做任何事。这可能也表示这件事对两兄弟来说没那么重要。人们通常对什么事情重要有着不同的看法。
认识到解决冲突的多元方式	
她可能最终自己支付，也可能对两个哥哥动怒。我想，如果他们真想帮她，那么早就支付了。我觉得这件事实际上没法真正解决。	可能会有几种结果。哥哥们可能会偿还妹妹的钱，但这会让他们的妻子怨恨。或者这三个人都会怨恨。或者两兄弟拒绝付账，而妹妹最终只能接受。或者其中一个兄弟会支付。
寻找折中之道	
他们可能没有钱，否则他们早就那么做了。道恩在某个时间提出了大家来共同支付，但其实她应当在征得他们同意之后再说付账的事。我认为她自作主张付账了，是陷她的哥哥们于不义之地，而她不该这样做。她得自己承担这后果。	我想可能存在某种折中的办法，即库尔特和拉尔夫意识到购置一块墓碑是一件重要的事。尽管道恩没有征得他们同意就订购了，两兄弟不管怎么样可能都会投入一些，即使没有道恩期待的那么多。不过，希望这会有所帮助吧。

在我们看来，日本人给出的更具有辩证思维的答案反映了他们伟大的智慧。于是，我们进行了良好的合作。我们将这些问题，以及日本人和美国人的答案，都提供给芝加哥大学智慧网络研究

中心的成员。这个网络中心包括（主要是西方的）哲学家、社会心理学家、精神治疗医师和一些对智慧本质与人如何获得智慧感兴趣的神职人员。网络中心的成员赞扬了那些针对这个问题的更加辩证的回答，认为这是更具智慧的。

当人们上了年纪之后，他们是否会因为在社会冲突问题中更多地应用辩证思维而变得更加睿智呢？美国人是这样的。从 25 岁左右到 75 岁左右，美国人会逐渐在年龄增长过程中开始更多地对人际和社会冲突问题使用辩证思维。

这解释了人们会随着年龄增长而在处理社会冲突上越发睿智。他们会更深入地认识到冲突背后的潜在原因，学会避免冲突发生的方法，并摸索出减少冲突产生的方法。

但是，日本人并没有在这些方面变得更有智慧。

下面我们来解释美国人与日本人在此产生差异的原因。年轻的日本人在面对冲突时比年轻的美国人更睿智，这是因为他们所受的社会教化更强调关注社会情境。他们被明确地教授如何避免和减少冲突，冲突对于东方社会结构的破坏之大远甚于西方。

年轻的美国人较少会被教授以辩证的原则应对冲突。但是随着他们的经历增多，在人生中遇到更多的冲突，他们会感知到认知和处理冲突的更好方式。日本人不会随着年龄增长而进步是因为，他们只是应用早期习得的概念，而没有在日常生活的实践中不断积累与冲突有关的经验。另外，他们在生活中碰到的冲突也比美国人要少，因此他们没有太多机会感知更好的应对冲突之法。

因此，如果要概括地说逻辑思维和辩证思维哪种更好，其实是没有意义的。我认为两种方式各有短长。有时候从一个论断里抽象出一点并以逻辑结构来审视很有帮助，有时候坚持将形式从内容中分离出来就是一个错误。有时候试着消解矛盾是有帮助的，但有时候去承认矛盾，看到不同矛盾观点之间存在的正确性，或者是否有可能超越矛盾而找到让双方都升华的途径则更有效。

然而我也会因为笼统地认为“逻辑思维对于科学思维和一些定义清晰的问题是必要的”而惹上麻烦。辩证思维通常在思考与日常生活相关的问题时更有帮助，尤其是与人际关系有关的问题。

假如你同意东亚人、上年纪的人，和芝加哥智慧网络中心的人们对于辩证思维价值的看法，你会学着在你的日常生活中更辩证一点儿去看问题吗？

我想会的。我相信你已经开始这么做了。你在本书中读到的大部分内容其实都更倾向于辩证推理，而质疑过度依赖形式分析的方法。本书强调了关注情境的重要性（拒绝基本归因谬误），过程和个人的多样性和变化（降低对访谈错觉的敏感度），事物和人的特性会与其他特性有所关联（鼓励人们关注自我选择的问题），知识的不确定性（加深对于真实分数、测量错误、相关性评估的准确性、可靠性、效度的理解）。而最重要的一点是：假设自己会犯错误。

小结

一些东西方思维中蕴含的基本原则迥然不同。西方思维是分析式的，强调认同逻辑概念，坚持非矛盾的观点；东方思维是整体式的，鼓励人们认识到变化，接受矛盾。

西方思维鼓励将形式从内容中抽离，以便评估论断的效度。结果是西方人避免了东方人会犯的一些逻辑错误。

东方思维产生了对于世界诸多方面的更准确的信念，也对人类行为的原因做出了更恰当的解释。东方思维强调关注影响事物和人类行为的情境因素，同样也要求人们认识到事物发展过程和个体都存在变化的可能性。

西方人和东方人对存在于命题之间的矛盾的回应是不同的。西方人在遇到一个强有力的命题和一个与之矛盾的较弱命题时，会更相信前者；而如果单独遇到较弱的命题则看法会改变。东方人在遇到同样的强弱命题矛盾的情况时，会更相信较弱的命题。

东西方人看待历史的方式也不同。东方历史分析强调情境，抓住事件的发生顺序，强调事件之间的联系，鼓励人们以同理心理解历史人物。西方人分析历史轻视情境因素，不大关注历史事件的时间序列，强调历史进程中的因果模型。

西方思维在近年来深受东方思维影响。传统的西方命题逻辑中补充进来了许多辩证法的原则。这两种思维传统为彼此提供了广阔的批评契机。逻辑思维的优点似乎是找到更多辩证法的谬误，而辩证思维的优点则是发现逻辑思维的局限性。

在对社会冲突进行分析推理时，年轻的日本人比年轻的美国人表现得更睿智。然而，美国人会随着年龄的增长而增进智慧，日本人却不然。日本人以及其他东亚人习得了如何避免和解决社会冲突的方法。美国人通过社会化学习得较少，而在成长过程中积累了更多经验。

第六部分

认识这个世界

MINDWARE
Tools for
Smart Thinking

许多年前，我和两位年轻的哲学家，斯蒂芬·斯蒂克和阿尔文·戈德曼，开始了一段有关推理的随性对话。当我们发现各自都对关于认识论的许多相同问题感兴趣时，对话变得严肃起来。认识论是关于什么是知识，我们如何更好地获取知识，以及什么东西可以被确切知悉的研究。我们三人和心理系研究生蒂莫西·威尔逊一起开启了一个长期开课的研讨班。

这些哲学家十分确信，有一种科学可以从实证角度解决一些关于知识的哲学问题，而这些问题已经存在了2 600年之久。他们兴致盎然地发现，心理学家们开始研究本书中提到的推理工具，比如模式和启发法，并且展示科学发现的工具与理解日常生活之间的关联。此外，他们还看到心理学家真的有许多科学方法研究这些问题。他们也在哲学文献中发现了大量线索可以帮助人们利用科学方法推理，不仅有对如何提出重要问题的指引，还有对什么可以被当作知识的解读。

戈德曼为这个融合了知识理论、认知心理学和科学哲学（这一领域关注对科学家的方法和结论的评估）的新学科定名为“认识学”。斯蒂克开启了一项名为“XΦ”的运动，其中X代表“实验性的”，希腊字母phi代表了“哲学”。斯蒂克和他的许多学生继续做着出色的心理学和重要的哲学工作。我得说我们当中没有人像我们起初设想的自己的样子。实际上，许多哲学家和心理学家都在沿着相似的路径思考。但是我想我们的确让一些浮现在这个时代的重要想法更明确了。

第15章和第16章的一部分内容是关于戈德曼定义的认识学

的，还有一些讨论斯蒂克对“XΦ”的实验立场。哲学家的惯用手段总是抛出基于“我的直觉”的论断。斯蒂克和他的同事们向我们展示了对于世界本质的直觉，一个人可以称之为知识，一个人可以将其当作道德，这些直觉在各种文化背景和每个个体那里都是不同的，因此将所有这些直觉杂糅在一起称其为“我们的直觉”是毫无意义的。

第 15 章　大道至简

我们心中最好的原则是用最简单的假设解释各种现象。

——克罗狄斯·托勒密

切勿浪费较多东西去做用较少的东西同样可以做好的事情。

——奥卡姆的威廉

对于同样的自然效应，我们必须尽量给出一致的原因。

——艾萨克·牛顿

只要有可能，在你推理的时候，请用已知的实体替换未知的实体。

——伯特兰·罗素

什么可以被当作知识，而什么可以用来解释世间万事万物，这是本书讨论的两个主要问题。它们同样也是科学哲学家们关注的两个核心议题。在他们给出的解答中，科学哲学家们既展现出了科学家们对于问题的系统阐述，也把对科学家们的工作的批评置于其中。相反，有些科学哲学家利用科学家和实验哲学家的发现解释传统的哲学问题（尽管这是一个在哲学家圈子中比我们猜想到的更具争议的做法）。

科学哲学家提出的一些重要问题包括：什么要素构成一个好理论？一个理论应该达到的最简状态是怎样的？一个科学理论能否被确证，或者说它能达到的最高水平就是“还没被证伪”吗？如果对于一个理论我们无法证伪，这是一个好理论吗？如果一个理论带有特殊目的，那么会有什么问题？所有这些问题不仅和科学家的活动有关，也和我们日常生活中关于理论和信仰的困惑有关。

大道至简

在研究生院的时候，我遇到过一位教授，他总倾向于提出高度复杂的理论——比我能想象到的任何可检验或是可用确切的方式去证明的理论都复杂得多。他这样为自己辩解：“如果宇宙是椒盐卷饼状的，那么你最好做出椒盐卷饼状的假说。”我会慎重地回应：“如果你以椒盐卷饼状的假说开始，那么这个宇宙最好也是这种形状的，否则你将永远不会发现宇宙是什么样的。最好从一条直线开始，随后从那里展开。”

我们将反对复杂化称作“奥卡姆剃刀原理”：理论必须简洁，不必要的概念需要被剃掉。在科学领域，最简单的理论最有说服力。我们只会在更复杂的理论比简单的理论可以解释更多的证据时才放弃简单的理论。我们更喜爱简洁的理论，还因为它们更容易验证，在更讲求精确的科学领域内，那样的理论也更容易简化成数学模型。

托勒密对自己的建议实践得并不好。下页图为托勒密绘制出的火星围绕地球运转的路径，展现出了由本轮连接起来的可观测到的火星运动轨迹。本轮即行星绕地球运行的周转圆。在托勒密的时代，有一个强有力的假说是，宇宙是建构在精致优雅的几何原则之上的，其中特别会用到圆。如果需要用大量的圆来模拟出行星运动，那么就这样做吧。

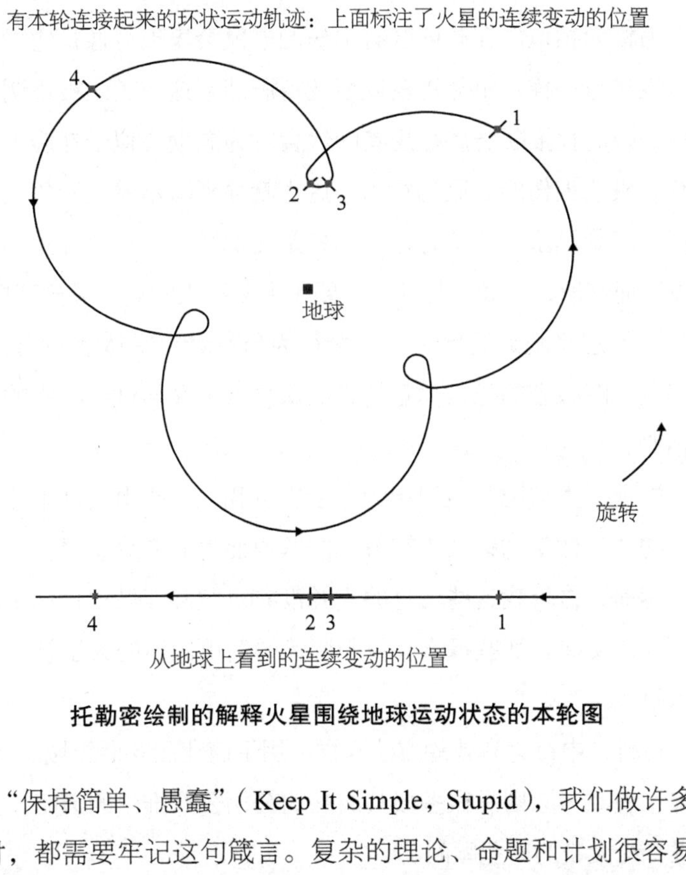

托勒密绘制的解释火星围绕地球运动状态的本轮图

“保持简单、愚蠢”（Keep It Simple，Stupid），我们做许多事情时，都需要牢记这句箴言。复杂的理论、命题和计划很容易让一切落入混乱。就我的经验而言，那些弃用了复杂和混合性的人总能借助简洁的思路找到答案，即使不能解决最初的问题，也至少能有些微收获。

即便你明白简单的理论并不能有效解释所有证据，你也最好依靠它们。验证更复杂的理论总是更耗费精力，并且也更容易将研究者引入歧途。

在我学术生涯早期，我研究过肥胖症患者的饮食习惯。我发现这些人的行为与那些腹内侧下丘脑（VMH）有机能损伤的老鼠的行为极为相似。在此脑区有损伤的老鼠会表现得像是它们总处在饥饿状态一样，不停进食以至变得肥胖。这一类比被证明是有效的，因而我推断肥胖症患者的饮食行为高度类似于在腹内侧下丘脑有机能损伤的老鼠的行为。这也就强烈暗示着肥胖的人无时无刻不感到饥饿。我认为，他们总是在试图在为自己体重的“标准点”而辩解，而其“标准点”要比大多数人的高。最佳证据是，那些并不想减肥的肥胖者的饮食行为与有着正常体重的人相同，而那些试图减肥的正常体重的人的饮食行为又与试图减肥的肥胖者相似。

饮食行为与肥胖症领域的专家告诉我，这些事实并不能依靠简单的“为体重的标准点辩解”的假说而得到充分解释。确实如此。然而，告诉我这些信息的人并没有对肥胖症做出什么更深入的研究，反而是那些探索有关肥胖症的简单假说的人了解到了不少东西。

在科学中行之有效的方法同样适用于商业和其他领域。“保持简单、愚蠢”原则是很多极其成功的公司公开推崇的策略，并且被推介给大量的商业顾问。

麦肯锡公司告诫其商业顾问首先要保证所做的假设尽可能简单，而只有在迫不得已之时才借助复杂工具。

给初创公司提建议的人会坚持认为让公司行事简单是最重要的：尽快推出产品以获得市场反馈，而不是竭力造出可能的最完美的产品；寻找能尽早获得利润最大化的市场，而不是定位于一个范围广的市场；在行动之前不要寄希望于能掌握有关市场的所有情况或商业活动的全部方面；向潜在投资者尽可能简单地展示商业模型。

正如人们评价谷歌一样："行动比完美更重要。"

人们解决一个问题时所用的过度复杂的方法有时被称作"鲁布·戈德堡机械"。戈德堡是一个漫画家，曾在画中表现出解决一个简单问题的迂回曲折的复杂方法。

奥卡姆剃刀原理所强调的要尽量去除多元假设之说并不完全适用于医学领域，尤其是医生们在做诊断时。当我们试图决定在所有解释中哪种最恰当，以及它应当如何被验证时，有越多假说越好。我不希望自己的医生只接纳那个最合理的假设。我希望医生能找到哪怕有一点点合理之处的所有可能性，而且最好能对我的症状提出两种或以上的假设。甚至在医学诊断时，极简的原则也不是全都适用的。医学院会教导学生们采取简单和经济的诊断步骤，而非更复杂和耗费更大的步骤，首先追求出现概率最高的那些可能性。（"想想马，而不是斑马。"）

简化论

许多哲学家和科学论辩关注的核心议题就是"简化论"，这个原则乍看之下与奥卡姆剃刀原理很相似。简化论中的一个观点是，一些看似复杂的现象或者系统不过是其各部分之和。简化论中的其他观点有时会更进一步，即从复杂性的层面上来看，各部分本身比整体的现象或系统更容易得到最佳的解释。这个现象反驳了事物发生的可能性——现象并不能单纯通过在最简单、最基础的层面上的发生过程来解释。关于现象发生学的最佳例子是人的意识。意识具有一些属性，而意识之中包含一些物理、化学和电子现象层面的东西，但那些属性并不存在于这些细分层面中（或者，至少到目前为止，我们还无法从这些层面上解释）。

如果你的确在上述任何一种情况下远离了简化论，那么你的胜利都无可非议。然而，研究现象学的人总会在某个层面上自然地成为那些认为事物只是副现象而拒绝考虑简化论的人的对手，副现象是指那些对于潜在事件而言是次要的事件，它们缺乏真正的因果显著性。

一些科学家认为宏观经济学（经济作为一个整体的总体性行为和决策）可以借由微观经济学（个体所做的选择）获得充分解释。另一些科学家认为，微观经济学可以通过心理学获得充分解释。还有一些科学家指出，心理学现象可以由生理过程充分解释，或者在将来的某个时候一定能做到这一点。如此继续下去。生理过程可以通过细胞生物学来充分解释，下面是分子生物学，继而是化学，而后是电磁力的量子理论，再是粒子物理学。当然了，没有人会最终做出这样的简化过程。但是，至少有一些科学家还是实践了这个链条中的一个或更多的简化动作。

许多简化的努力是很有效的。极简的原则要求我们在最简单的层面上解释现象，只有在必要时才添加一些复杂要素。努力只通过一条路径来解释事物是很有用的，即使当我们最终得出的结论中存在一些阻碍我们获得充分的简单解释的属性时，简化也是有用的。

然而，一个人的简化思维在另一个人那里可能是“头脑简单”。其他领域的科学家一直在试图解释我们心理学领域的一些现象，并确信他们“只不过”是在以一些较低层面的复杂性来寻找原因。

我会讲述两个针对心理学现象的简化论的例子，而它们在我看来是大错特错了。充分传达：请记住我是一个心理学家!

大概在 10 年前，颇具声望的《科学》杂志来了一位新主编，他声称在自己主管期间，这本杂志将不会接受不带脑图的心理学论文。这反映出他认为心理学现象总能在神经层面上获得解释，或者可以这么说，我们在心理学领域获得知识进步至少要理解一些大脑机制。只有很少的心理学家和神经科学家会认为，单纯以心理学原因解释心理学现象是不充分的或是无效的。这位主编所坚持的生理学简化论是极其不成熟的。

一个影响更大的例子是哲学家丹尼尔·丹尼特所谓的“贪婪的简化论”，这是美国国家心理卫生研究所的领导在大概 10 年之前制定出的一个政策，即美国国家心理卫生研究所拒绝支持行为科学领域的基础性研究。

不过，美国国家心理卫生研究所会继续支持神经科学和基因领域的基础性研究，这反映出那里的领导者极具争议性的观点，心理疾病源于生理过程，因此这类疾病主要或只能通过这样的过程来解释，而不能借由环境因素、心理表征和生物过程等综合因素来解释。

尽管美国国家心理卫生研究所每年要在基础神经科学研究上投入 250 亿美元、在基础基因研究上投入 100 亿美元，但这两类研究都没有为心理疾病带来什么新疗法。在近 50 年中，精神分裂症的疗法并没有重大进展；而在近 20 年中，在治疗抑郁症方面人们同样裹足不前。

对比之下，在行为科学的基础研究中发现了许多针对心理疾病的有效疗法，而通过更多的科学干预，原先那些不被认为有心理疾病的普通人在心理健康和生活满意度方面都有了提升。

我们可以先看看嗜酒者互戒协会所秉持的原则，根据协会的联合创始人所言，他们的原则借鉴了威廉·詹姆斯的理论，即宗教在人们的生活中扮演了驱散绝望和无助感的角色。

可用于评估一个有自杀企图的人是否需要就医的最佳诊断方式是对其进行内隐联想测试。这种测量方式最初是由社会心理学家设计的，用于评估人们的内在人格，以及对于各类事物和人群的潜在态度。如果一个人关于自身的内隐联想与死亡而不是生命更有关联，那么他很可能会有第二次自杀企图。而个人的自我报告、治疗师的判断或任何其他精神类测试都无法像内隐测试一样预测出第二次企图。

应对恐怖症最有效的疗法源于针对动物和人类学习行为的基础性研究。

对于心理创伤的最佳干预法源于社会心理学的基础性研究，这在第 10 章中也讨论过。

当然还有其他许多事例可供列举。

最后，行为科学领域中的一些无效或者实际上会带来损害的心理健康干预法饱受诟病，而这些不佳疗法是由非行为科学家发明的。

知己之长

我们并没有意识到建立有关这个世界的各类假设极其困难。如果我们了解这一点，就会去除一些假设，或者至少以更加审慎的态度对待它们。在我们学到了某种相关性时，便源源不断地创造因果理论，并且轻易地为各种失败的事件寻找因果解释，以此确证我们的假设。

我们没有意识到，解释清楚那些看似与我们的假设相矛盾的证据有多么困难。而当一个假说事实上为假的时候，我们也没有发现一种可证明其为假的方法。这是确认偏误中的一种。

科学家会犯所有这些错误：他们有时太轻意就得出一些假说，他们可能没有意识到要反驳相反证据是多么困难的一件事，他们可能找不到证明其假说为假的步骤。在科学领域中，一些更有趣也更重要的争议包括对无约束条件的理论的反驳，对于明显矛盾的证据的过度轻率的解释，以及无法对虚假命题进行证伪。

一位美国心理学家曾写信给弗洛伊德，描述了一些他认为可以支持弗洛伊德的抑制理论的实验。弗洛伊德回信说，他会无视那些声称找到反击他理论的“证据”的实验，因此他也不得不无视任何声称支持这一点的实验证据。在他的精神分析同行中，弗洛伊德对那些“彻头彻尾的美国人”嗤之以鼻。

鉴于弗洛伊德是一位致力于研究神经科学和催眠的极其成功的实验者，他的那种贬低同行的行为看上去有些奇怪。然而，他在精神分析方面坚持的科学原则是，他从病人那里获得的启发是通往真理的最佳途径。他常常明确告诉那些贸然反驳他的学生或同事，任何不赞同他上述看法的人就是犯了一个严重的错误。

科学界不接受那种某个研究者单独提出的判断证据。如果一个理论附带的条件是只有其发明者（或其助手）能证明其真实性，那么这样的理论会被排除在科学之外。

弗洛伊德那种确定和武断的态度表明了他的证据基础并不牢

靠。在今天的许多（若不是大多数的）心理学家和科学哲学家看来，这种摇摇欲坠的证据是弗洛伊德大部分理论的立足点。

然而，弗洛伊德的研究工作还是带来了许多利用普通科学方法可以证明的假设，其中一些也获得了强有力的支持（而且并不仅仅是美国人的支持）！第 3 章中讨论过的无意识是一种先觉现象就是这样一种假设。到今天已经有强力的证据表明，人会同时接收到大量刺激，只有其中一些会让人们的大脑产生有意识的反映，而那些无意识的刺激则会明显影响人的行为。科学研究也有力地支持了其他一些精神分析理论。这包括了移情（父母或其他重要个体在孩子童年时期对其的影响会或多或少投射到孩子成年后和其他人的关系上）和升华，即在对于某个人的愤怒无法发泄和性欲无法满足时，这些感觉会投向其他不具威胁性的活动，比如艺术创作。

在许多精神分析的支持者那里，精神分析理论缺乏足够的约束。对于弗洛伊德和他的许多追随者而言，怎么解释都可以。如果我说这个病人有“俄狄浦斯情结”（想要和自己的母亲做爱的欲望），那么谁会说这是荒谬的？而这种说法的证据又何在？“俄狄浦斯情结，”正如一位犹太裔母亲所言，“只要他爱自己的母亲就行了。”

弗洛伊德的心理性欲发展阶段理论（口腔期，肛门期，性器期，潜伏期，生殖期）强调了，人可能在其中任何一个早期阶段停止发育，而这会对行为产生重大影响。幼童如果不能获取吮吸母乳的快感，抑制自己的口腔活动，那么在成年后会在性格上表现得吝啬小气，并且有强迫症。弗洛伊德从未想过在他的咨询室之外为这些假设寻找支持，认为那不值得。而我则十分怀疑即使他尝试了，也未必能成功。

我们今天会说，精神分析学家获取其假设的一种简单方式是利用典型性启发法，基于他们发现的事物之间的相似性把原因和结果匹配起来。

精神分析理论家布鲁诺·贝特尔海姆推断了童话故事中公主不喜欢青蛙的原因，它的那种“黏糊糊、湿漉漉的”感觉会让孩子联想到性器官。谁说孩子们不喜欢他们的性器官？（以及黏糊糊，湿漉漉的感觉？好吧，没关系。）公主不喜欢青蛙是因为它皮肤上的隆起会让她联想起疙瘩，这会给她带来恐惧感，怎样反驳这样的观点呢？又或者她只是一个无端惊慌的人，会被青蛙的快速移动吓到？

一直到 20 世纪 20 年代，快乐原则引导着弗洛伊德理解了人的本性。生命关注的是满足个体的需求，满足身体需求和性欲，驱除愤怒感。梦总是有关愿望的实现。但是就那些经受过战争创伤的受害者而言，他们会不断回想起自己遭遇的灾难事件，这种情况与实现愿望和个体追求生活满足感的欲望的动因是相互矛盾的。弗洛伊德也注意到孩子们有时候会在游戏里想象他们喜欢的人死去。有着痛苦回忆的病人，若其回忆先前是被压抑的，便会不断追溯那些记忆，并且找不到出路。而临床治疗师常常会遇到受虐狂，这些人会有意识寻找痛苦。

很明显，这些人不是被快乐原则驱动的。因此，必然存在某种与之相反的动因。弗洛伊德将这种动因称为“死亡本能”——回归无机态的欲望。

典型性启发法在这些假设中扮演的角色显而易见。人们在生命中的主要目标是追求快乐，但有时候他们似乎在追逐着相反的状态。因此，存在一种趋向生命灭亡的驱动力。这种想法并不成熟，并且也不可证明。

有关典型性启发法在精神分析假说出现的过程中扮演的角色，我最喜欢的一个例子是对发表在《美国精神病学杂志》上的一篇论文的回应，这篇论文的作者是朱尔斯·马瑟曼，他时任美国精神病学会主席。这篇论文本来是作者的玩笑之作，内容是讲向内生长的脚指甲代表男性渴望和对子宫的幻想。然而，让马瑟曼懊恼的是，该杂志竟然满篇都是对于他的洞察力的溢美之词。

一些更重要的理论和比精神分析理论得到了更好证据支持的理论也面临着约束条件、证实和证伪的问题。

进化论已经产生了千万种可证明且被证实（或者频繁地被证伪）的假设，这些假设关于生物体的适应性的特点。为什么有些物种的雌性会对唯一的雄性保持忠诚，而另一些物种的雌性则表现得很“花心”？可能是因为在一些物种中大量稳定的伴侣能提高群体繁衍的可能性，而这对另一些物种无用。的确，这种看法被证实是真实的。

为什么有一些蝴蝶有艳丽的外表？解释：去吸引伴侣。证据：那些被研究者将翅膀颜色弄得黯淡的雄性蝴蝶在求偶上不太成功。为什么一种北美的黑色蝴蝶要近乎完美模仿帝王蝶的外表？因为对于大多数脊椎动物来说，帝王蝶都是有毒的，而这可以让那种北美黑蝴蝶获得一种优势。一种动物如果不想让自己因吃了帝王蝶而中毒，只要避免去追逐任何与帝王蝶相似的东西就行。

但是，这种适应性的观点被大量滥用，而且不仅仅是那些不切实际的进化学家会滥用。

一个在认知科学家和进化理论学家那里都很流行的构想是“心理模块”——通过进化而形成的认知结构能引导我们形成应对

这个世界各方面的能力。心理模块相对于其他心理状态和过程显得比较独立，而且几乎不是通过学习获得的。最明显的一个心里模块的例子是语言。在今天，不会有人试图解释人类的语言是一种纯粹习得的现象。证据是，在一定层面上，各类语言的潜在交织情况太明显了：在某种深层次上，人类语言都是相似的，在所有文化环境中，人们都是在差不多同样的年纪学习语言，语言被存储在人类大脑的特定脑区。

然而，进化理论学家的模块解释太容易被引用了。看到一种行为，就能为它设定一种进化的模块。对于这样的解释并没有明显的约束和限制。它们就像许多精神分析解释一样随用随取，缺少限制。

除了许多进化假设过度轻率的特性，以及它们对奥卡姆剃刀原理的破坏之外，许多这样的假设目前也无法得到有效证实。我们没有义务关注那些无法证实的理论。这并不是说我们不能相信那些目前还不能证实的理论，只是说我们需要意识到这些理论的缺陷。我可以相信任何我希望这个世界呈现出的内容，但是你只能在我提供了证据或者以缜密地逻辑证明了它们之后才能严肃对待它们。

心理学领域中有许多过于简单随意的理论化的例子。强化学习理论告诉我们许多支持我们获取和“灭除”学习反应的条件，比如老鼠按压杠杆而获得食物。这种理论引出了一些重要应用，比如对恐怖症的治疗方法和机器学习步骤。然而在这种传统下，那些希望借助巩固观点探求人类复杂行为成因的理论学家们有时会犯许多精神分析和进化理论学家犯过的相同的错误。小奥斯卡的学习成绩不错，因为他在孩童时期形成并强化了认真的行为习惯，或者其他人的认真行为为他做出了示范。可是我们如何获知这些信息？因为他现在在学校表现得认真，并且成绩不错。如果他不是小时候强化了认真的行为或者为了得到嘉奖而模仿别人的认真习惯，那么有什么其他原因让他变得这么认真呢？上述假设不仅仅是太轻易也没什么约束限制，并且以现在的方法来看，它还有循环论证和不可证伪的特点。

持“理性选择”观点的经济学家有时也会和精神分析学家、进化论学家以及学习理论家犯同样的错误，得出缺少约束的假设，进行循环论证。所有选择都是理性的，因为如果一个人认为某个选择得不到最大利益的话，便不会做出这个选择。我们知道，一个人认为某个选择符合其最大利益是因为这个选择是他自己做出的。这种对于“人类的选择是理性”的近乎宗教信仰般的执念让这些经济学家提出了既不可验证又在同义反复的论断。曾获得诺贝尔经济学奖的经济学家加里·贝克尔认为，一个人开始药物成瘾应当被视作一种理性选择，如果这个人生命中的简单目标就是获得一种即刻的快感的话。这真是一种轻率、循环又无法反驳的说法。如果一位理性的选择理论学家可以将药物成瘾“解释”为一种理性行为，那么这种理论就要在他这里毁灭了。我们预先知道所有选择都是理性的，因此对于任何特定选择的理性这一点我们无须了解更多。

当然，我的批评并不限于科学家，你我都会犯这种错误。我们在日常生活中遇到的许多理论都会有缺乏限制的问题。它们廉价而且懒惰，只用肯定性的证据证明，因此很容易在面对矛盾证据的时候陷落。

朱迪斯，一个我们认为极具天赋的年轻化学家，凭借她的活力和聪明才智，她肯定能在科学职业生涯中取得不同凡响的成绩，后来她离开了科学圈而成了一位社会工作者。她一定是对成功充满了恐惧。我们太轻易就得到了这个结论，并且太轻易套用它。那么什么可以让我们确信这个事例中没有包括对成功的恐惧呢？

比尔，一位为人温和的邻居，在一家大型商店里对他的孩子大发雷霆。他一定是被什么令人愤怒和残酷的事情刺激了，只不过我们先前没看到。典型性启发法、基本归因谬误和小数“定律”彼此相互影响作用，以至产生了那些乱成一团的理论。

一旦产生，那些被认为是反驳了假设的证据就应该很容易解释得通。我有一个理论，即大量的由小投资者运营的初创企业，即便只能获取有关公司的少量信息，它们也往往能取得极大成功。这适用于新成立的Bamboozl.com，因此它将会获得巨大成功。但是Bamboozl破产了，而我又可以为它的失败找到一大堆理由。商业管理不像我想得那么智慧丛生。竞争的压力来得很快，比人们预想的要快得多。

我相信美国联邦储备系统发布的信息，将要削减“量化宽松货币政策”，这带来股票市场的恐慌，导致股价下跌。美联储宣布放缓量化宽松的步伐，股市又回升了。因为……凡是你能说的，都可以说。

詹妮弗的私生活一团糟，她永远也做不了一个好的报纸主编，这个工作需要遵守截稿时间，同时要从网络那些虚假的把戏中获取信息，给文字编辑安排任务，等等。你瞧，她却成了一个挺棒的编辑。她早先从前辈那里获取的经验和指导一定将她从那因糟糕的性格所带来的后果中拯救出来了。

我不是说我们不能做出上述假设，只是要认识到我们得出这些结论有多么轻易，我们多么轻易地推倒了那些矛盾证据，这些应当提醒我们要审慎地相信这些信息。

问题是，我们没有意识到自己作为理论家时的优点。

对于理论验证的讨论会引导我们去思考以下问题，即哪类理论可以被证伪，而哪类证据在证明过程中有用。

可证伪性

如果事实不符合理论，那么就改变事实。

——阿尔伯特·爱因斯坦

一个实验只有在被理论确认之后，才可相信。

——亚瑟·S·爱丁顿，天体物理学家

“这是一个实证问题”这句话本来可以结束许多（无益的）对话，但事实上并没有。

演绎推理遵循逻辑原则，如果前提是正确的，则由演绎而得出的结论不可辩驳。然而，大量的知识是通过积累证据而非逻辑推理获得的。哲学家们把那些通过实证方式得到的结论称作一种“可辩驳推理”。这也的确代表“可以辩驳的”推理。如果你能找到合理的证据支持你的假设，而且证据确实可行，那么你就得到了一个合理的假说。如果数据无法支持你的假设，那么你就得寻找其他途径支持你的假设，或者对此假设合理存疑。抑或，如爱因斯坦所言，表明是“事实”出错了。

如果一个人提出了理论性的论断，却无法告诉我们什么样的证据对结论不利，我们就得特别对他的论断提高警惕了。通常情况下，人们只是简单告诉你某种意识理念或宗教教义揭示了什么，他们在实践一种先知的模式，而没有遵循实证的传统。

现在，可检验原则已被美国好几个州写入法律，作为评断事物是否符合科学（从而可以被教授）的标准。如果事物无法被检验，那么它就不属于科学，并且不能被教授。这一点主要反驳了创造“科学”的观点。一个典型的神创论者的观点可能是：“人类的眼睛太复杂了，以至于感受不到如此烦琐费劲的进化过程。”对于这个命题的适当答案是：“谁说的？”这样的论断根本无法验证。

可检验性的要求会让我们保持一点儿紧张感，因为我也无法确定进化论是否可以验证。达尔文相信它可以。他写道：“如果我们不能证明存在任何复杂的器官，而它们都可能是经过了无数连续微小的修正变化而成形的，那么我的理论绝对就土崩瓦解了。然而情况并非如此。”

并没有人反驳达尔文，或者说能够反驳他。如果一个神创论者说器官不可能如此这般进化，那么一个进化论者只要说：“是的，它能够。”并不能完全令人信服。不过，现在也没有什么实证方式去检验这些说辞。

然而，关于生命的起源，还没有其他什么观点能驳倒进化论，也许只有两种吧，即上帝造物和天外来客的创造。进化论获得了胜利，并不是因为它是可检验的，或是还没被证伪，而是因为：它是高度合理的；它解释了成千上万种多元且明显并不关联的事实，结果令人信服；它创造出了一些可验证的假设；正如伟大的遗传学家费奥多西·多布然斯基所言，“除非在进化论的框架下研究，否则生物学的一切都毫无意义”。

进化的假设和上帝的假设自然相互抵牾。“上帝以神秘的方式让他的奇迹上演。”进化则实际上是一种不那么神秘的方式。一种全能的生物可能会选择艰难开始自己的生命，并让自己不断奋斗前进，一直到成为今天的模样。

恰好，多布然斯基是一个有宗教信仰的人。弗朗西斯·柯林斯是人类基因组计划的领导者、美国国立卫生研究院现任院长，他秉持进化论，又是福音派基督徒。柯林斯从不假装他对进化论的坚持与他对上帝的信仰是同一种，而他一定是第一个承认进化论不可被检验。

波普尔与谜语

在奥地利出生的英国科学哲学家、伦敦大学经济学院的教授卡尔·波普尔推崇的观点是，科学只能被猜测及其被证实或证伪而推进。波普尔坚持认为，归纳法是不可靠的。以波普尔的观点来看，我们不能（不应该）简单相信一些命题，因为它们获得支持的证据是我们从“这些命题是正确的”而归纳出来的。我们认为“所有天鹅都是白色的”，是因为我们看到了上百万的天鹅都是白色的，没有看到其他颜色的天鹅。奥地利的天鹅就是黑色的。假设只能被推翻，却无法被确证。

波普尔的劝告在逻辑上是正确的。看到大量的白色天鹅并不能概括出一个事实，即所有天鹅都是白色的。这里存在一种非对称性：由实证研究而概括出的结论可以被反驳，却不能被证明为真，因为它们依赖于归纳式的证据，这种证据会在任何时候被一个例外推翻。

尽管是正确的，但波普尔的论断没有实践效用。我们必须对这个世界做出回应，而证伪只是我们在获取知识以指导行动的过程中遇到的一个很小的部分。在大多数时候，科学进步是我们通过发现事实去支持一种理论，从而归纳出结论。你得到的理论或许来源于对其他理论的推演，或许是基于对观察到的事实的归纳，或许只是一个突如其来的灵感。接着你设计了检验那个理论的方法，如果实验支持了理论，而不缺乏证据，那么你更有可能会相信理论是正确的。如果实验不支持那个理论，你会信心大减，转而寻求其他检验方法，或者将那个理论暂时搁置不谈。

当然，证伪在科学中是很重要的。一些足够有力的事实可以完全解释我们对一些假设的困惑。我们观察黑猩猩，发现它们在中了箭毒之后会变得行动迟缓、明显嗜睡，这便引出了一个假设，即箭毒会削弱生物体的意识。当我们第一次发现人在被注入这种箭毒后，始终保持了清醒状态并能感受到外科医生对他实施的所有折磨时，这个理论自然无效了，我对此也感到惊讶。而在 1969 年尼尔·阿姆斯特朗登上月球后，月球是由绿色奶酪组成的假设也不攻自破了。

一旦你知道了被击破的事实之后，理论自然也就不成立了。（目前，许多被推翻的理论只是做了一些修正就又重出江湖。）然而，大多数情况下，研究总是一个艰辛的过程，人们总是会有各种发现，它们或多或少地支持或反驳理论。

在科学领域中，最闪耀的荣誉不是颁给那些证明了他人甚至自己的理论为假的人——可能他们的研究会带来这种自我颠覆的效果。桂冠总是会被授予另一些科学家，他们可以基于新理论做出一些预测，阐明有些重要事实支持了某些理论，而那些事实在缺乏理论依据时很难解释得通。

科学家比科学哲学家更有可能认为自己会接纳波普尔反归纳的立场，然而我认识的那些科学家全然错了。很多时候，科学都是依赖归纳而进步的。

波普尔曾经还顺带着抨击过精神分析理论是无法检验的，并因此认为这种理论应当被忽略。在这个问题上，他错了。在前文中我提到过，这个理论中的许多部分的确是可以被检验的，当然它也有自身的缺陷和错误。在精神分析理论中有关治疗原则的核心论断如果还没有被反驳的话，至少也是可疑的。并没有很好的证据证明挖掘深埋的记忆可以让人们的状态更好，让治疗师可以通过此法治愈病人。毫无疑问，精神分析的概念本身并不能保证精神疗法会更加有效。

一位著名的科学哲学家曾告诉我，波普尔实际上对精神分析理论一无所知，他不过只是在各种随意的谈话中获取了这一信息。

那么爱因斯坦粗暴的评论——如果事实不支持理论，就要改变事实——该怎么解释呢？对此评论有许多说得通的解释，我比较偏爱的是，我们可以继续相信一个得到充分支持的令人满意的理论，即使可能有些事实与此理论相悖。如果这个理论足够强大，那么所谓的“事实”最终会被推翻。爱丁顿的调侃则表达了相似的观点：如果我们相信一个没有合理的理论支撑的所谓事实，那么我们就站在了悬崖边上。

赞同爱丁顿的原则可能会让我研究的社会心理学领域陷入巨大的尴尬境地。这个学科的顶级杂志刊载了大量有关超自然觉知的令人难以置信的论断。一个研究者让实验参与者预测计算机从预先准备的清单中进行随机选择的结果，且参与者需要预测相当多次。据说，实验参与者预测计算机行为的准确性在一定程度上超越了瞎猜。这就是有关超自然预见未来能力的一个论断，这个论断借助计算机提出，而计算机本身并不具备预见未来的能力。这种超自然的预见计算机行为的能力看上去就不太可信，也没有证据能支持这个理论。有一些好事者试图再现这个发现，但并没有成功。

特别解释与事后解释

我们可以使用许多技巧让自己忽略那些看似和我们的推测相矛盾的证据。有一种托词就是对于假设的某种可疑的合理修正。特别解释是对某个理论的完善，它不是直接从理论生发出来的，而只是为了使理论合理而存在。特别解释的字面意思是“针对这一点”。（特别委员会是整体委员会的下属机构，其任务是解决某一具体事务。）

回忆一下第 14 章中提到的亚里士多德发明的“轻质”的特性。这就是一个针对“物体具有重力，因而会向地面坠落”这一理论的特别补充解释。“轻质”可以解释有些东西会浮在水面上，而不是下沉。轻质的概念是专门为了修正亚里士多德的重力概念而设计的，旨在补充这个理论的不足之处。它并不是以一种合理的方式从某种基础理论推断出来的，这可以算作一种“自我安慰”。没有什么东西可以真正被解释清楚。法国剧作家莫里哀曾嘲弄过这种解释，他借戏剧中的一个人物之口说出，这是将安眠药的效果归功于它“让人入眠的优点”。

托勒密提出的本轮概念也是针对天体绕地运行的轨道不是正圆而提出的特别解释，而那个时代的人普遍认为天体运动轨迹是正圆。

第 14 章中讨论过的，爱因斯坦提出的宇宙常数，也是对广义相对论的一个特别修正。提出这个常数只是为了解释宇宙会维持稳定状态这一“事实”。宇宙可不会维持稳定状态。

一位天文学家提出了一个特别解释去弥补水星绕太阳运动轨

迹不符合牛顿理论的漏洞。这位天文学家简单地假定，当且仅当问题当中的行星是水星时，太阳的重力中心会从其中心转移到表层。这实在是一次为了拯救这个理论的剧烈（故意安排的荒诞的）改写，使用的工具就是特别解释。

特别理论通常也被称作事后解释，字面意思是“在此之后”，意思是为了解释事先没预见到的情况而在事后弥补。事后解释是如此容易，以至一旦一个例外发生，它就随之而来。“好吧，我是说过我敢肯定琼能赢这场拼字比赛，但是我并不知道她在比赛那天早上会因为在数学考试中表现糟糕而心情低落。”“是的，我说过查理会因为不善社交而无法成为一个成功的经理，但是我不可能猜到他娶了一个能让他克服了这个缺点的女人。”

在我的学术生涯早期，我总是习惯性地对他人妄加揣测，认为自己推断的某人成为系主任或者期刊编辑的原因十分可信。当这些推测被证明是错误的时候——其实通常都是错误的，我总能找到借口开脱。这让我觉得有必要重新思考自己的理论，即在什么样的特定情况下、什么东西会带来成功。我可以很高兴地说，现在我在做预测的时候已经不像从前那样绝对化了，或者至少我对自己的观点有所保留。这让我不再遇到那么多尴尬。

对此，我已然默默接受了对于科学研究和理论建立的常规认知，即它们都遵循着老套的步骤，以清晰的原则建立假设，寻找证据，接受或反对假设。然而，实际情况远非如此简单，我们在下一章中将展开讨论。

小结

我们应当让各类解释简单化。它们应当包含最少的概念，以尽量简洁的方式被定义。同样的结果应当以相同的原因来解读。

简化论在我们追求简洁的过程中是一种优点，但是它自身可能会给我们造成一些困扰。我们应当尽可能在最基本的层面上解释事物。不幸的是，并没有什么良策可以引导我们获知一个现象究竟是没什么原因的偶发现象，还是一些简单事件相互作用的结果，以及它还有哪些简单事件无法解释的特性。

我们没有意识到制造出一些合理的理论并非易事。典型性启发法是我们制造解释的一个极其丰饶的资源：我们总是不由得认定自己为一件事的发生找到了特定的原因，如果我们能找到一件与之类似的事情的话。我们一旦得出了一些假设，总是会不切实际地相信它们，因为我们不愿承认自己在缺乏知识和深入探索的前提下制造出如此多的假设。

我们验证假设的方法存在缺陷，是因为我们总愿意寻找可以确证这个假设的证据，而不寻找反驳的证据。不仅如此，当我们面对一些明显的反驳证据时，我们总有高超的技巧推翻它们。

一个无法详细解释某种反驳证据的理论家是不可信任的。我们可以相信不能被证伪的理论，但是要确定它们是以可信的方式得出的。

一个理论的可证伪性只是一种优点，确证性更加重要。与波普尔的观点相反，科学和那些指导我们日常生活的理论主要都是依赖支持性证据而推进的，而不是靠发现一些反驳性证据。

我们应当对那些明显只为了对付反驳性证据而不针对理论本身的所谓“理论发现”持谨慎态度。特别解释和事后解释都颇为可疑，因为它们太容易被提出了，而且明显有投机取巧之嫌。

第16章 真实，真实

在现今的物理学领域已无新发现可言。我们的全部工作只是让测量越来越精确。

——威廉汤·姆森，开尔文男爵，绝对零度的正确值的发现者，
1900年对英国科学促进会成员发表的演讲

科学中的“非理性”（或称准理性）实践时常发生，甚至有时会和线性的、理性的教科书上所讲的科学过程相反。有时候，科学家会放弃那些被广泛接受的理论，并致力于研究一些可能还没有太完备证据支持的理论。他们对新理论的接受度就像他们最初相信逻辑或数据一样。

科学理论有时候可以在特定的世界观中寻到踪迹，而这些世界观在不同学术领域、意识形态和文化环境中迥然不同。这些个性十足的理论有时甚至是相互矛盾的。

这些科学中的非理性方面可能会有利于那些自诩为解构主义者或后现代主义者的人去反驳一些客观真实的概念。如何反驳这些虚无主义呢？我们应当对那些坚称“现实”仅仅是一种社会建构产物的人说些什么呢？

范式转移

就在开尔文男爵宣告“物理学的未来是乏味无聊的”5年之后，爱因斯坦发表了他关于狭义相对论的论文。相对论因而取代了艾萨克·牛顿的力学理论——这套描述运动和力的理论在过去两个世纪里从未被撼动过。爱因斯坦的理论不仅仅是物理学领域的一个新发现，它更预示物理学的新未来。

在爱因斯坦的论文发表50年后，哲学家和科学社会学家托马斯·库恩写就了《科学革命的结构》。他提出科学发展并不总是要经历提出理论、搜集证据、修正理论的艰难过程，相反，革命才是科学取得巨大推进的常规方式。这一论断震撼了整个科学界。

旧理论逐渐过时，新现象不断出现，进而有人提出了一个亮眼的新想法，这迟早会推翻旧理论，或至少让旧理论变得不那么权威和有趣。新理论通常不能涵盖旧理论中的所有方面，而新内容在一开始只能由一些人们不感兴趣的数据支持。新理论常常并不着重解释已有的事实，而只是希望预测出一些新现象。

库恩的分析在某种程度上让科学家困惑，因为它将一些看似非理性的元素带入了科学过程的概念里。科学家不会因为旧理论不够完善或有新数据出现就轻易抛弃已有的认知。只有当一个新想法在一些层面上比旧观念更令人满意，且有科学证据表明其更值得玩味时，范式转移才会发生。科学家在寻找“容易摘到的果实”——那些由新理论推出的令人吃惊的发现，且不能以旧理论解释，它们已经成熟了，可以被采摘。

新的理论方法通常不能将我们带往某个确切的地方，尽管有大量科学家在这条路上孜孜不倦地探索。然而，有一些新的范式似乎在一夜之间横空出世，打破并取代了旧有的观念。

心理学领域就提供了一个特别鲜明的例子，一个新范式极速出现，而几乎在同时旧框架就被抛弃了。

从 20 世纪初到 20 世纪 60 年代晚期，心理学领域一直被强化学习理论掌控。伊万·巴甫洛夫向人们表明，一旦一种动物“习得”某种随意的刺激预示着一种强化机制，那么这个刺激会和这种强化机制一样引起生物体同样的反应。在拿出肉之前，摇铃声同样会让狗有流口水的反应，就像它们看到肉本身会流口水一样。伯尔赫·F·斯金纳提出，如果通过强化过程，一个生物体习得了某种刺激的意义，那么当这个生物体希望发生这种强化时，它就会做出相应的行为。如果老鼠明白了它压下控制杆就能获得食物，它就会这么做。后来的心理学家根据各类原则设计了无数实验去验证巴甫洛夫和斯金纳的理论。

在学习理论如日中天的时候，心理学家认为，大量的人类行为都是模式化的结果。我看到简做一件事而让她获得了某种“积极的强化”。那么，我也学着去做同样的事而得到积极的结果。或者我看到她因为做某件事而受到了惩罚，那么我就避免做这件事。“替代强化理论”是很明显的，并且很难通过严谨的方法来检验，除非通过温室实验表明孩子们有时会在短期内模仿他人的行为。打一个洋娃娃，孩子可能会模仿此行为。但是这并不能表明一个长期具有攻击性的成年人是因为观察到别人因攻击行为而受到褒奖从而模仿其行为，让自己也变得具有攻击性。

对于具有科学思维的心理学家来说，应用强化–学习理论来理解各类心理学现象是不可或缺的，无论是涉及动物还是人类行为。而提供其他类型证据的科学家总会被忽略，甚至情况更糟。

强化理论的一个弱点是它实质上是一种渐进式变化。一道光出现，不久之后会有电击。动物会慢慢明白光预示着电击。另一种情况是，动物按压控制杆而得到食物，它们因此逐渐领悟到按压控制杆的动作就是它们的饭票。

然而，当动物几乎在瞬间明白了两个刺激之间的联系时，又会出现新的现象。例如，一个实验者可能长期对老鼠实施某种刺激，在它听到蜂鸣器响之后电击它。老鼠以后在任何时候听到蜂鸣器响都会表现出恐惧（具体行为可能是蜷缩起来或紧张得排便）。但是，如果蜂鸣器响之前有光出现，则不会有电击，那么老鼠会表现出较少的恐惧感——在第一次有光出现的时候老鼠就会这样。而在第二次这样做的时候，老鼠就真正一点儿恐惧感也不会表现出来了。这给了许多人一种启示，一些学习类型最好通过对老鼠复杂行为的因果分析来进行理解。

几乎在同一时期，人们发现了一些暂时性的令人困惑的现象。马丁·塞利格曼对于传统学习理论的最为核心的一个论断提出了尖锐的质疑。塞利格曼认为下述观点大错特错，即人们可以将随意的两个刺激组对，呈现给动物，而动物会领悟到它们之间的联系。回顾一下第8章提到的，那种动物们没有“准备”去学习的联系是不会真正被它们领会到的。狗可以很容易地学会向右边走，如果有光在右边而非左边出现的话，但是如果光在上方而非下方出现时，狗就会不知所措。一个学习理论家虽然试图教鸽子不在灯亮时啄食便会得到食物，但鸽子最终还是被饿死了。

用来解释动物迅速领悟事物之间的联系和无法理解一些联系的学习理论是有缺陷的，但这种缺陷并不像人们起初认为的那么严重。学习理论的危险并非来自于这些异常现象，而是源于看似不相关的认知过程，包括记忆、视觉认知模式的影响、对事件的理解和因果推理。

许多心理学家开始注意到，真正令人激动的现象与思考过程而非学习过程有关。几乎在一夜之间，大量研究者开始研习思维的运转规律，以及学习过程突然停止的现象。

没有被证明的学习理论很多，但这比不上它被忽略的程度。现在反观学习理论，它可能是被看作科学哲学家伊·拉卡托斯称之为“退化的研究范式”的研究项目了，对它的研究再也没有发现什么有趣的东西。人们做的研究越来越多，而其中真正有价值的东西越来越少。

新的机会出现在认知领域（随后即为认知神经科学领域）。仅仅几年间，就不再有人研究学习理论了，也很少有认知科学家纡尊降贵以学习理论解释他们的发现。

正如在科学领域中一样，在技术、工业和商业领域的巨大变化也通常得益于革命而非渐变式的进化。蒸汽机被发明出来，这让世界上许多地方的主要纺织材料从毛线变为棉线。火车被发明出来，让工业生产不再局限于一个地区。工厂开始进行大规模生产，终结了远古以来的生产技术。在很短的一段时间内，互联网的出现几乎改变了一切。

科学范式的改变和那些技术商业领域的变革的一个不同点是科学领域的旧范式通常不会彻底消失。认知科学不会取代所有学习理论的发现，甚至那些旧有发现背后的解释逻辑也不会消失。相反，新的认知科学是建立在以往大量研究工作的基础之上的，如果没有学习理论的框架，那么认知研究甚至不可能出现。

科学与文化

伯特兰·罗素曾观察过研究动物行为的科学家，发现他们在看待实验对象时会带有自身的文化背景的特征。具有实用主义倾向的美国人和理论旨向的德国人在看待事物时会有完全不同的理解。

> 美国人研究的动物们会疯狂地奔跑，以一种不可思议地方式活蹦乱跳，最后在偶然情况下得到想要的结果。德国人观察的动物会安静地坐着、思考，最后会从它们内在的意识中逐渐寻到答案。

任何心理学家都知道罗素的这段讽喻里隐藏着不少真理。实际上，认知革命的奠基工作是由西欧人完成的，尤其是德国人，他们主要关注知觉和思维，而不是学习过程。美国的认知理论研究土壤就贫瘠得多了，若不是欧洲人的推进，他们对于思维的研究还不知道要多久之后才会出现。由欧洲人奠基的社会心理学研究起先并没有“被行为化”的确不是偶然的。

在理解范式转移的非理性方面时，科学家也需要注意，文化观念也会深刻影响科学理论。

古希腊人相信宇宙的稳定性，因此从亚里士多德到爱因斯坦，期间那么多科学家都被束缚在那种观念中。相比之下，中国人却深信世界是持久变化的。中国人对情境的关注让他们对声学、磁学和重力有了正确的理解。

欧洲大陆的社会科学家对美国社会科学家的那套僵化的“方法论个人主义”嗤之以鼻，并对其不能结合更宏大的社会结构和时代精神的科学分析大失所望。在关于社会与组织论题的思考上，主要的进展源于欧洲大陆而非美洲大陆的盎格鲁—撒克逊传统。

西方的灵长类动物学家没有看到，脊椎黑猩猩群体中的社会互动比一对非洲黑猩猩彼此间的行为复杂得多，直到日本的灵长类动物学家指出黑猩猩群体的行为中所体现的复杂社会性。

在不同文化之间，甚至连人们所偏爱的推理形式都有所不同。逻辑是西方思维的基础，而辩证法则是东亚思维的核心。这两种思维类型甚至会带来矛盾的结果。

科学理论中的极速且不甚成熟的转向，再加上人们了解到文化因素会影响科学观点，这些都与科学一向所呈现出的纯粹理性和以确定性的事实来说话的面貌大相径庭。这些变化可能会导致人们用一种彻底反科学的方法理解世界，而这个趋势在 20 世纪末期发展猛烈。

作为一种文本的现实

> 在走出教堂之后，我们（塞缪尔·约翰逊和他的传记作者詹姆斯·鲍斯韦尔）站在那里讨论了一会儿贝克莱主教机智的诡辩法，他试图证明事物的非存在性，即宇宙间的所有事物都只是人们理念中的。我（鲍斯韦尔）表示，虽然我们都同意主教的观点并不正确，但是没办法反驳。我永远都忘不了约翰逊灵机一动就给出了答案，他伸脚用力踢向一块大石头，直到他被弹回来——“我这样反驳了它。”
>
> ——詹姆斯·鲍斯维尔，《塞缪尔·约翰逊传》

在今天，并不是每个人都会像约翰逊看待现实一样轻易就确认了现实的存在。

回想一下第 1 章中的那个裁判，他只承认自己贴上了标签的动作和球的概念，除此之外便否认其存在。许多自诩为后现代主义者或解构主义者的人会赞同这位裁判的观点。

在雅克·德里达的论述中有："文本之外空无一物。"有这种想法的人有时会否认世界上存在"不可解释之物"。"现实"只是一种建构，除了我们对它的理解，什么都不存在。人们可以广泛分享，甚至在宇宙范围内分享对于世界的一些方面的理解，这种事实是无意义的。这类观点只能表明存在被分享的"社会建构"。在这场运动中我最喜欢的一句表述是，并不存在事实——只有"真理体制"。

这种极端主观主义的观点在 20 世纪 70 年代从法国传到了美国。解构主义背后的主要观念是，文本可以被拆解，以展现意识形态倾向、价值观和个人的主观视角，这些东西暗藏于我们对世界的理解当中，包括那些被当作有关自然的事实的主张。

在我们学校，我熟识的一个人类学家曾被学生问及，人类学家如何看待在研究其他文化中的人类信仰和行为时所面对的可靠性问题？换句话说，在面对不同人类学家的多样性解释时该怎么办？她回答："这并不是一个问题，因为我们人类学家所做的事是理解我们看到的东西。我们认为不同的人会有不同的理解，因为他们有迥异的设想和观点。"

这个答案让我的学生和我都感到震惊。如果你在做科学研究，那么一致性就是最重要的。如果观察者都不能认定一个特定的现象是否存在，那么更遑论得出科学解释了。你面对的情形将会一团糟。

我的错误在于认为文化人类学家必须把他们自己当作科学家。在我开始研究文化心理学的时候，我试图和一些文化人类学家沟通。我希望从他们那里学到东西，期望他们会对我关于由文化差异带来的思维和行为差异的实证研究感兴趣。我惊异地发现，大多数自称为文化人类学家的学者都没兴趣和我对话，也不会采用我的数据。他们并不打算给他们的概念一些“优待”，不会用我的证据支持他们的观点。

令我震惊的是，后现代主义的虚无主义却席卷了许多学术领域，从文学研究到历史学，再到社会学。为什么这种趋向如此强烈？一个熟人告诉我，他问自己的学生是否会将物理学定律仅仅当作关于自然的武断主张。“是的。”这位学生确定地说。“那么，当你乘坐的飞机上升时，你能想到一些让飞机停留在空中的物理学定律吗？”“肯定会。”她答道。哲学和政治科学家詹姆斯·弗林在一所名牌大学对学生们进行了一项调查，他发现大多数学生认为现代科学仅仅是认识世界的一种观点。这些青涩的学生诚实地给出了他们的想法。他们在许多人文和社会科学课程上听到的东西鼓励着他们这样讲。你可能会认为在那些领域的教授仅仅是在和学生开玩笑或者试图让学生加强对这方面知识的理解。但是，再想想那些物理学家和后现代主义者的故事吧。

1996年，纽约大学的一名物理学教授，艾伦·索卡尔向《社会文本》杂志递交了一篇文章，这个杂志以其后现代主义立场引以为傲，杂志编辑也多以学术水平高而著称。索卡尔文章的标题是：“超越界线：走向量子引力的超形式的解释学”。他想检验一下如此著名的杂志究竟能在多大程度上吸纳学术垃圾。这篇文章中充斥着后现代术语，声称“一个外部世界的属性是独立于任何人类个体之外的”，这个所谓的外部世界是“一种教条式的认知，是长期以来由后启蒙运动霸权所操控的，在西方知识分子群体中盛行”。因为科学研究代表着“逻辑自洽的理论，充满自我指涉意味”，因此“借助来自异见群体或边缘群体的反霸权话语来看待这件事时”，它“肯定不能拥有一种在认识论上的优先地位”。在文中，量子引力仅仅是一种社会建构。

索卡尔的文章没有经过同行评审就被接受了。在他的文章被《社会文本》杂志发表的那一天，索卡尔在《混合语言》杂志上揭露了这件事，说明他的文章只是一个伪科学的骗局。《社会文本》的编辑们回应，这篇文章虽是一次“拙劣的模仿，却也没有实际上改变我们对它的兴趣，它本身，可看作一个问题文案”。

乔治·奥威尔曾说，有些东西极其愚蠢，以至只有知识分子才会相信。但是公平点儿来说，没有人会真正相信现实只是一个文本，尽管有许多人确信他们相信这一点。或许是真的吧。后现代主义正逐渐在北美学术圈中消逝。在法国，这种观念消失已久，正如我的一位法国人类学家朋友丹·斯佩贝尔所言：“它从来也没有被冠以法国出品的称号。”

如果你发现自己在和一位后现代主义者对话，当然我十分不建议你这么做，不过试试下面的方法吧。问问他，人们信用卡上的收支记录仅仅是一个社会建构吗？或者问他，社会中的权力差别仅仅是一种观念中的解释吗，还是说它们是有些现实基础的？

不过，我得承认，由后现代主义者关注的一些议题所生发出的有关权力、种族和性别问题的研究看上去是有效且重要的。比如，人类学家安·斯托勒就针对荷兰在印尼殖民地的身份认同问题做了十分有趣的研究，荷兰人会用一些不可靠的，有时甚至是滑稽的标准判断一个人是否是“白人”。没有什么比美国人判断一个人是否是黑人的规则更直接了，他们会看一个人是否有哪怕“一滴”非洲人的血液，这当然是一种社会建构，没有任何深刻的现实基础。斯托勒的研究引起了历史学家、人类学家的浓厚兴趣，那些关注人类如何对世界进行分类、人们的动机如何影响其对世界的理解的心理学家也从斯托勒这里得到了启发。

我发现关于后现代主义者尤其讽刺的一点是：他们对现实的理解总是那样，却从来没有证据；他们这么解释世界也完全没有什么基于心理学研究的背景知识。不过，那些心理学家的发现所支持的论点只是比这些后现代主义者的论断保守了一点点，两者不过是半斤八两。心理学家最伟大的一个成就是证明了哲学家的格言，即所有事物，从运动知觉到对我们思维工作方式的理解，都是一种推断。世界上没有什么东西是我们直接获知的，或是由直觉告诉我们准确无误的答案。

虽然“一切事物都是推断”是事实，但这并不表明任何推断都是无可辩驳的。如果你发现自己在动物园遇到一位后现代主义者，千万别让他趁机告诉你，你认为一个有象鼻和象牙的大型动物是一头大象的想法只是一种推断——因为那可能是一只带有腺分泌问题的老鼠。

小结

科学不仅仅建立在证据和充分证实的理论之上，信念和预感可能会让科学家忽略已有的科学假设和被广泛认同的事实。几年前，著作代理人约翰·布罗克曼询问了大量科学家和公众人物，让他们告诉他一些自己认为无法证明的东西，而后布罗克曼将人们的回应结集成书出版。在很多例子中，一个人最重要的工作都是被假设所引导的，而那些假设永远也无法被证明。我们这些普通人就更别无选择，只能如此这般行事。

那些隐藏于某种特定科学工作中的范式，以及那些科技、工业和商业领域中的范式，都会受到人们没有意识到的变化的影响。这些变化在最初常常无法借助证据而“被充分说明”。有时候新的范式会和旧范式形成一种不易分辨的复杂关系，有时候新范式会完全取代旧的。

不同的文化实践和信仰会产生不同的科学理论、范式，甚至是推理形式。同样的情况也会发生在商业领域。

科学家进行的准理性实践，以及文化因素对价值观和推理结构的影响，可能会促使后现代主义者和解构主义者更加确信，并不存在所谓的事实，只存在人们对于现实的统一的社会性解释。他们显然没有按照自己相信的这些观点去生活，但是他们在众多大学中教授、研究并不遗余力地传播这些虚无主义的观点。这些教导是否在今天导致了人们反对科学，让个人偏见盛行呢？

总 结 MINDWARE Tools for Smart Thinking

常人科学家的工具箱

本书既为你带来了一些坏消息，也传递了一些好消息。

坏消息是我们对于世界的许多重要问题的看法通常错得离谱，而且我们进行判断的方式也总是存在根本性缺陷。

我们认为自己可以借助一些可直接感知的事实从而直接了解世界，这被哲学家称为“朴素实在论”。关于世界每个方面的每一种认识，其实都基于大量的推理过程，我们通过思维完成这项观察不到的工作。我们依赖无穷的模式和启发法来对事物进行准确分类，甚至对最简单的事物也是如此。

我们时常看不到情境在人产生某种行为时所发挥的作用，情境甚至对某些物体的变化也有影响。我们也经常遗忘社会因素一直在左右着我们的判断和行为。

我们不知道有无穷无尽的刺激会让我们的信仰和行为发生变化，有时我们甚至意识不到这些刺激的存在。

我们以为自己知道头脑中的思维过程，事实远非如此。当我们能正确辨识出进行判断或解决问题的思维过程时，这并不是我们感受到了这个过程，而是应用了一些有关思维过程的理论。不过，那些理论通常是错误的。

我们会被轶事证据过度影响。当我们不能理解与手头决策相关的大量信息的重要性时，这种过度影响的效果会被放大。我们会以为大数定律也适用于数量较少的样本。当我们在做一些最重要的判断时，我们尤其会对自己搜集的证据的不充分性视而不见，比如在判断他人的性格特点时。

想要找出甚至是非常重要的事件之间的关系，对我们而言极为困难。如果我们认为事件之间有某种关联，那么我们可能会刻意发现，即便实际上它们并没有关联。如果我们认为事件之间不可能有关联，那么我们通常会“发现”不了它们的关联，即便它们之间的关联实际上很强。

我们总在肆意制造有关这个世界的各种理论，却不能认识到我们如此轻而易举就能造出的东西并不代表它们是正确的。更确切一点儿来说，我们都是任性的因果理论家。针对某个结果，我们会轻易地，甚至是不由自主、未加深思地就得出一个关于其原因的理论。即便我们想到需要检验这个理论，我们还是凭直觉行事的科学家，在验证时漏洞百出。我们倾向于专注找寻能确证理论的证据，同时在寻找可能是反驳性的证据时表现消极。当我们不得不面对驳斥了理论的证据时，我们却在找托词上天赋异禀，不曾意识到我们是那么容易就为自创的理论找到特别解释和事后解释。

最终的结果就会这样：我们的信念常常错得离谱，我们对自己获取塑造这个世界新知识的能力过度自信，我们的行为时常不能让自己和我们关心的人受益。

不过，坏消息的另一面则是好消息。在读这本书之前，你已经知道自己会频繁犯错误了。现在，你了解了究竟是什么让你屡次犯错，并且明白如何去补救。这些知识会帮助你更准确地认知世界，行事更加理性。你读到的内容也会成为你抵御他人错误言论的武器，无论是你的朋友、熟人，还是公众人物。

你总是会主动应用自己学到的概念和规则，甚至都觉察不到你在使用它们。这种状态会随着时间的推移越发明显。

试着多使用几次本书中讲到的新的思考工具吧，这样当你需要它们的时候，就能感到得心应手。你不会忘记大数定律以及它所需要的证据数量，你每使用一次大数定律，你在未来继续应用它的可能性就会增加几分——在你遇到的范围更广的事件中。你不会忘记多关注事件发生的情境，借助情境解释你和他人的行为。同时，你还会不断反馈出一种信息，即你比从前更加准确地理解一些情况，这种积极的反馈会强化你使用新思维工具的行为，让你在未来更频繁地使用这些有效的概念。从此以后，你会拥有沉没成本和机会成本这样的概念工具帮你进行分析。

这样，在日常生活中，你就会成为一个更好的科学家，比你在刚翻开本书时“聪明”得多。然而，我也不想过度卖弄，说你读过此书便会在思考的方法上有极大改变和飞跃。我自己就经常会违背本书中倡导的大部分原则，并且会不断犯错。我们的一些心理惯性是根深蒂固的，通过学习一些可削减其不良影响的原则并不能将这些惯性彻底消除。但是，我知道这些犯错误的倾向是可以被修正的，可以将其危害控制在一定范围内，只要你知道它们的存在，并了解如何对抗它们。

读罢本书，你也成了一个更理性的消费者和更具批判性的媒体评论者。让我们来看一些我在写就本书最后一章过程中读到的新闻报道，以及一封给一家声誉卓著的报纸编辑的信。

- 《纽约时报》报道，那些举办了盛大婚礼的夫妻比婚礼规模小的夫妻的婚姻维持得更长久，也对自己的婚姻更满意。但我敢打赌，你肯定不会鼓励你的朋友赶制出更多的婚礼请帖散发出去。我只是希望你能明白，这些有着更盛大婚礼的人，一般来说，更成熟，经济条件更好，彼此相处的时间更久，而这些因素可能会让他们比那些婚礼草率的夫妻相爱更深。所有这些因素都与婚姻幸福相关。我们并没有从这个发现中得到关于婚礼规模和婚姻满意度之间准确的相关关系。
- 美联社报道了2011年基于大量数据得出的各类型车的公路安全情况。例如，在每百万辆汽车中，斯巴鲁力狮轿车和丰田汉兰达混合动力运动型多用途汽车所造成的死亡率要远远低于雪佛兰西维拉多1500小型运输卡车和吉普爱国者运动型多用途汽车。我希望，如果你读到这篇文章，会明白每辆车导致的死亡率是比每公里的死亡率更不准确的安全衡量标准，因为毫无疑问不同类型的汽车行驶的平均里程数是完全不同的。更重要的是，驾驶不同车型的司机的性格也是有差异的。哪种类型的车会更有可能由一个众所周知的小老太太驾驶，从帕萨迪纳市或者纽约州的韦斯切斯特县来，或者可能司机是个亲自驾车接送孩子参加课外活动的母亲？哪种类型的车最有可能由喜欢惹是生非的得州牛仔驾驶，或是由骄纵的加州青少年驾驶?

•《华尔街日报》2012年刊登了一封来自麻省理工学院的一位气象学家和其同事的来信，他们声称全球气候变暖的情况正处在最低谷，明显要停止了，他们援引的证据是自1998年以来全球气温就不再上升了。我希望你能在考虑这个问题时想到，在统计不同年份的气温变化时的标准差是什么。实际上，气温的变化情况非常大。此外，对于任何带有随机性变化的过程而言，在长时期内都会有相当多的变化。温度变化，就像许多现象一样，不是以直线形式变化波动的，而是会无规则地变化。事实上，2014年是有史以来最热的一年。(这封信还有很多值得怀疑之处。在这封信上署名的还包括一位遗传学家、一个宇宙飞船设计者，以及某个被形容为前任宇航员和美国参议员的人，这暗示着这信中内容的专业性颇为可疑。而在此信中还将一位期刊编辑因为写文章质疑气温变化被解职的事，类比作苏联科学家因为质疑李森科的遗传学观点而被监禁和判刑。这真不是开玩笑的。)

因此，在很多情况下，你要能够反驳一些你曾经接受的由熟人或是媒体提出的论断，或者至少有一些成熟的理由去质疑。但是与过去相比，你能够在遇事时更有可能意识到，自己只是没有工具检验某个特定的论断。我们当中很少有人能带有批判性地看待以下论断，比如“对于大多数主动脉堵塞问题，做支架要比冠状动脉移植术更好”，“来自撞击了地球的彗星上的氨基酸为地球上的生命提供了基础元素”，“美洲大陆架上的石油储量要超过沙特阿拉伯的储量”。对于我们遇到的几乎所有领域的各类信息，我们最多也只是常人科学家。因此，通常你需要求助其他信息源。而这可能是你所关注的相关领域中人们公认的专家。那么，你应该以何种态度面对某个特定领域的专家呢——如果你的确找得到的话?

哲学家伯特兰·罗素用他的“温和命题”告诉我们如何处理专家的意见:

- 如果专家们认同，那么与其相反的观点就不能被确定为真。
- 如果专家们不认同，那么由非专家提出的任何观点都不能被认为是确定的。
- 当专家们不能给一个既有的正面观点提出充分证据时，则常人最好对专家的判断存疑。

的确是挺温和的命题。或许有点儿太温和了?

许多年前，我听过一次心理学系的报告，演讲者自诩为一位计算机科学家。当时，并没有太多人会使用“计算机科学家”这个名头。这位演讲者是这样开头的:“我想要解决这样一个问题，即未来若有一天计算机能够击败最厉害的国际象棋大师，写出比任何人创作的更好的小说或交响曲，并且能解决这个世界上连人类历史上最伟大的知识分子都解决不了的基本问题，那么人到那个时候该如何定义关于自身的概念。”

他接下来说的话则让听众们发出了惊呼。“我想首先明确两件事。一是，我不知道计算机未来是否能做那些事。二是，我是这间屋子里唯一对此问题有发言权的人。”

他说的第二句话从那天起始终在我脑海里回响。这位演讲者的话警醒了我，原来我们都有让他人和自己的言论去贴合专家论断的习惯。你时常会听到人们说起一些十分确定的观点，而这些观点可能会有专家的意见支持（实际上你知道的确会有）。从专业性的角度来看，这个人有发言权吗，就像我多年前听到的那位计算机科学家的发言一样？这个人相信自己的观点是基于专家的观点吗？这个人了解在专业领域有关该观点的所有情况吗？甚至是，这个人知道该领域是否有专家？这个人是否关心有专家存在？

科学家们自然关心是否有专家存在。他们通常借助向专家们的既有观点挑战而推动知识的进步。我的学术生涯就证明了这一点。总会有大量的所谓专家的发现最终被证明是错误的，当然我自己研究早期的许多发现也是如此。下面就是一些我发现的极其错误的专家观点：

- 正如专家们（和我）认为的那样，许多肥胖的人并不是吃得过量，而关键在于他们的脂肪组织。
- 诚如认知心理学家（包括我）所相信的，人们的思维过程中不存在内省通路。相反，人们当下思考一件事，是因为他们恰好有让自己获得特定判断或者解决特定问题的正确理论。然而，这种理论常常是错误的。
- 就像大多数人学习统计推理一样，我也十分确信，学了统计原则就能让我们在日常生活中进行推理时花费最少的精力。谢天谢地，我错了，而写就本书的一部分原因也是这个发现。
- 经济学家和强化理论心理学家一直相信刺激（通常和金钱有关）是改变人们行为的最佳途径。然而，金钱刺激实际上常常无效，甚至带来更糟的结果，其实有更多其他不会花费很高，也不是强迫性的方法可以改变人的行为。

- 大半个世纪以来，智力研究领域的专家认为智力，即智商，的确可以通过标准测试来测量。它受环境因素的影响很小，并且白人与黑人之间产生智商差异的一部分原因是基因。而上述所有观点都是错误的。

我有一些专业知识，因此我有机会接触所有这些领域的专家的观点。然而不幸的是，我的专业知识只限于少数一些领域。对于其他所有事物，我真的只是一个常人科学家，所有人都是这样。那么我们要如何看待我们需要了解的领域中的专家呢？

我比伯特兰·罗素走得更远一些。你要做的不仅仅是当专家肯定了一个观点之后，你对这个观点的反面持怀疑态度。相反，简单地不接受专家的观点也不够明智，除非你有充分的证据可以让自己相信你的其他专业知识足以让你怀疑人们的普遍共识。如果你相信我们的无知，或者一个脱口秀娱乐明星的言论会比专家的认识更有指导意义的话，那么就愚蠢得无可救药了。

当然，在很多事情上要看出专家的共识到底是什么相当困难。的确，从“平衡”的角度而言，媒体常会竭尽所能让观众揣测是否存在一种共识。如果媒体先推出了一位专家就某一议题给出其观点，接着便会有另一位“专家”出现给出迥异的观点。当我看到有专家强烈支持某种观点时，我常常能看到媒体的“平衡”动作。在气象学家那里，这种近似普遍性的共识是，变化会持续发生，而这至少有一部分原因在于人类活动。而有报道称福克斯新闻台的董事长罗杰·艾尔斯对台里有一项指示，任何发表此观点的人都必须被一个否定共识的正确性的人反驳。

因此，人们很容易就会被媒体误导，无论是出于政治目的还是更经常出现的这种具有误导性的坚持平衡的行为，媒体呈现的信息让人们相信专家之间存在明显的意见分歧，因此在纷杂的立场中进行挑选是很有必要的。相信我，你总是会发现一个拥有博士学位的人在支持一些稀奇古怪的观点。进化论？胡说八道。外星人来访我们的星球？毋庸置疑。接种疫苗引发孤独症？当然如此。大剂量的维生素C可以对抗普通感冒？准没错儿。

不过，对于一个特定话题，我们去了解专家的共识到底是什么变得越来越容易了。幸运的是，在一些我们必须要了解准确信息的领域，比如健康和教育，现在已经有一批信誉度颇高的网站，比如梅奥诊所和有效教育策略资料中心，它们让我们获得信息更方便。不过，互联网并非万能的。我可以确定地告诉你，任何有关行为的性别差异的讨论，以及生物学层面上的性别差异论题，都必须要谨慎看待。

如何质疑那些专家提出的对你自身或是整个社会都很重要的问题的观点呢？我给你以下建议：

1. 努力辨别关于这个问题所涉之事是否存在专业知识。关于占星学就不存在什么专业知识。

2. 如果讨论的议题确实具有专业性，那么就研究一下该领域的专家是否对此问题存在共识。

3. 如果存在共识，则这个共识的认可度越高，你对是否接受它的怀疑就越少。

温斯顿·丘吉尔曾说："民主是最糟糕的政府形式，只是所有其他形式已经被尝试过了。”专家其实是你最不该咨询的人，只是所有其他人你也可能都询问过了。

那么，请在这一刻告诉自己，我就是能够解决所有专业问题的专家！

致　谢

在写作本书的过程中，有许多人都给我提出了极有价值的批评和建议。他们包括雷·巴特拉、萨拉·比尔曼、多夫·科恩、克里斯多夫·达尔、威廉·狄更斯、菲比·埃尔斯沃斯、詹姆斯·弗林、托马斯·季洛维奇、伊格尔·格罗斯曼、基思·霍利约克、戈登·凯恩、北山忍、戴林·雷曼、迈克尔·马海瑞、迈克尔·莫里斯、李·罗斯、贾斯廷·萨尔基斯、诺伯特·施瓦茨、斯蒂芬·斯蒂克、卡罗尔·特拉维斯、保罗·萨伽德、阿米拉姆·维诺库尔、肯尼斯·沃纳以及蒂莫西·威尔逊。我真的十分幸运，有约翰·布罗克曼和卡特里娜·马特森做我的文稿代理人。

我对睿智的编辑埃里克·钦斯基致以深深的谢意，有他做同事，真是无价之宝。彭·谢泼德和法勒·施特劳斯·吉鲁出版社的所有同人也付出了极大的耐心，对我帮助良多。

苏珊·尼斯贝特让这本书在各方面都变得更好，从我们一起讨论书中的概念到最后的编辑过程。她也让我的生活在各个方面都变得更美好。

我从密歇根大学得到了相当多的支持，那里的学术环境鼓励我进行跨学科研究。在密歇根大学，许多崭新的科学研究领域都是从旧学科的碰撞中被创造出来的。参与到这个酝酿着新事物的进程中，我看到，在某种程度上，科学真的是一张没有缝隙的网。